河南省高校人文社会科学研究一般项目（2022-zzjh-376）

地方主流媒体乡村振兴传播发展研究

宁　威　著

中国农业出版社
北　京

图书在版编目（CIP）数据

地方主流媒体乡村振兴传播发展研究 / 宁威著. —
北京：中国农业出版社，2022.8
ISBN 978-7-109-29845-3

Ⅰ.①地… Ⅱ.①宁… Ⅲ.①农村—社会主义建设—研究—中国②媒体—研究—中国 Ⅳ.①F320.3 ②G219.2

中国版本图书馆 CIP 数据核字（2022）第 150067 号

中国农业出版社出版
地址：北京市朝阳区麦子店街 18 号楼
邮编：100125
责任编辑：司雪飞　　文字编辑：喻瀚章
版式设计：李文强　　责任校对：刘丽香
印刷：北京中兴印刷有限公司
版次：2022 年 8 月第 1 版
印次：2022 年 8 月北京第 1 次印刷
发行　新华书店北京发行所
开本：700mm×1000mm　1/16
印张：18
字数：270 千字
定价：68.00 元

前言

FOREWORD

面向三农的媒体传播对于促进乡村振兴、提高乡村物质文明和精神文明建设、建设面向未来的社会主义新型乡土社会有重要意义；对于引导广大农民发展生产，学习种植养殖知识和农副产品加工技术，拓宽销售渠道，以及拓展视野，进行务工知识与技能培训，融入更广阔的城乡经济社会和就业市场有巨大功用；在完善农民个体发展、培育职业农民和农村合作组织、发展现代农业产业，促使我国农业在面向科技、面向市场、面向产业变局、面向现代化的过程中具有引领、提升、带动功能；对于农村乡土文化建设、先进思想理念的传播、农村“善治”土壤的培育发挥着巨大的教育、辐射、启示功能。

本书以对当代农业传播和三农社会发展现实的调查研究为基础，结合国家乡村振兴发展战略，分析国内地方主流媒体三农传播的概念性质、产生发展、功能作用、节目特色，分析研究它们在新的融媒体格局下的收视市场和未来发展策略。通过阐述地方农业电视、“两微一端”（微博、微信及新闻客户端）新媒体、地方党报、地方广播等主流媒体的发展历程、性质特色、责任义务以及工作性质，阐释这些主流媒体在我国农业农村发展史上的功能与成就，阐明主流媒体在今后乡村振兴战略以及建设社会主义文明、美丽、富裕农村中的重要宣传和支撑作用。

本书通过对地方媒体的传播业务与农业信息化的关系研究，分析、探索对农宣传各主流媒体作为农业传播的重要机构，如何发挥专业性，畅通传播渠道，从而影响广大受众；通过对典型涉农电视频道、广播频率、栏目节目、融合化新媒体平台和党报三农报道的分析，对三农传播的内容创制、融合模式、媒体经营以及人才培育、职业操守等方面提出发展建议和策略。

当前，在乡村振兴战略的号召下，地方主流媒体正在面向农业、农村、农民，凝心聚力，服务于地方特色报道，逐渐成为推进农业发展和农村建设的重要资讯源泉和文化力量，承担的责任重大、意义重大。

本书的酝酿、写作和出版旨在引起各级政府及其涉农部门、媒介机构和社会各界重视地方主流媒体对农传播对于发展三农事业的重要性，在对农宣传工作过程中，不断探索和把握新形势下农业传播的规律、不断适应媒介市场发展的新要求、不断提升对农宣传的传播效率与影响效果，占领主流舆论阵地，为在21世纪中叶实现乡村振兴目标的全面达成，在地方三农事业发展的宣传引领方面再立新功。

目录

CONTENTS

第一章 绪 论

一、三农传播与乡村振兴战略

三农传播以传播现代农业科技资讯、关注乡村百姓生活动态为主要内容，以现代电视、广播、报纸以及固定和移动媒体为传播手段和表现形式，具有广泛、快捷的传播特性，节目内容涉及农村生产、生活的方方面面，栏目编排特色观照农民这一特定群体和农村这一特定区域，满足农业受众对于生产、科技、市场信息与文化娱乐的需求，三农传播是推进现代农业和社会主义新农村建设的重要传播力量。

根据农业传播的特点，地方性的媒体具有地缘接近的优势，能够近距离地开展线上、线下的新闻报道和舆论引导工作，便于下乡采风、走基层，便于做群众工作、调查研究，在因地制宜地开展对农传播工作的环境和条件方面，契合程度较高，应当持续发力，切实做到推动当地农村、农业和农民的信息化生活的全面提升。

农业电视、农业政务“两微一端”、地方党报和涉农广播作为地方对农宣传主流新闻机构，在实现乡村振兴的过程中有责任挑起政治与政策、文化与思想、科技与知识的传播重担，在当代对农媒介传播体系的嬗变以及乡村振兴任务的共同要求下，必然要把提升三农传播的社会影响力的目标工作提上日程。在媒介技术日新月异的今天，地方主流媒体的对农宣传工作需要积极进行融媒体改制，营造多维度的对农宣传新闻矩阵，这是适应地方三农工作新形势、提升影响力的重要举措和必由之路。

在当前乡村振兴新征途上，地方主流媒体要打造对农宣传的两个影响力：内容影响力和技术影响力，做有威信力的三农媒体，以主人翁的姿态牢固守卫对农宣传的思想舆论高地。

二、地方主流媒体的媒介角色

"'媒介角色'这一概念被用来指示媒介在社会生活体系中的地位和身份定位"①，地方主流媒体是具有公信力的信息传播平台。之所以具有公信力，一是来自人们对政府媒介权威的认知，来自主流媒体数十年深耕细耘的实践；二是来自主流媒体固有的以真实性和指导性为前提的政治性、政策性、舆论性，它的严谨性和公益性与那些个体性、随意性较强的自媒体完全不同，也是后者不可比拟、难以超越的，尽管后者目前占据了大量的媒介市场份额，看似发展得轰轰烈烈。同时主流媒体的社会影响也与一般性质的民生类、消遣类的报刊、广播电视有区别。

主流，就是能够代表事物的主要构成，能够体现事物的整体性、系统性、合理性发展的主要方面和主要方向；主流代表着社会主流趋势，是绝大部分主客体所牵涉、所需求、所服从的要素与条件，具有稳定本质、理性特点和可进化趋势，它维护普遍认可或具有普适价值的思想或思潮，兼具传统性和现代性，从政治经济文化的角度，它是大道大业，从社会与生活方面来说，它是天理人心、公序良俗，是生活化的哲学。

主流媒体也具有以上基本特征，它如旗帜般高高飘扬于媒介丛林之上，能在媒介矩阵中显露出真理的力量，能在自媒体的舆论噪声中发出最清晰、最响亮、最客观的声音，在信息传播和说理开智方面，它如同柏拉图《理想国》中所描述的"那富有先知先觉、能够引领航船、劈波斩浪前进的哲人和智人"。国内地方主流媒体主要包括地方党报、电视台、广播电台等，在新时期的历史征途中，它要配合党和地方政府的中心任务展开工作，积极主动地调整自身定位，努力探索新的发展维度。

融媒体时代，地方主流媒体积极进行融媒改制，全方位提升影响力，

---

① 宋书文．管理心理学词典［M］．兰州：甘肃人民出版社，1989：201－202.

地方政务新媒体脱颖而出，农业政务“两微一端”成为最便捷的政民互动平台，也成为主流媒体之一。现在，各地地方电视台正在积极打好差异牌，注重对农传播专业化和分众传播，地方广播也在积极寻求发展的突破口，在实地化、可视化办广播上下功夫、找出路，与地方党报和政务新媒体平台成为地方主流媒体中最为突出的方面，而且它们的工作维度朝三个方向拓展：第一个维度是以内容精准化传播为方向，以卡茨的“使用与满足”媒介理论为指针，以大数据、云计算的角度统计受众对农业资讯报道和节目的接触需求，向内容专业化、丰富化的维度拓展，着重电视、广播等媒体的专业化建设；第二个维度是基于“交往间性”概念的政治与民间、政府与民众的交流互动，以报纸融媒发展以及新媒体“两微一端”智能终端应用为拓展方向，发挥地方主流媒体对农传播的阵地优势；第三个维度是在媒介竞争变动格局下，传统媒体如何补齐短板、拓展市场份额，改变过去内向型发展模式，不断激发生命活力，运用积极外向型传播策略，“动起来”“走出去”，向基于媒体品牌化和影响力生成的维度拓展。

在我国新闻与传播业中，地方主流媒体具有较高的政策话语权，信息集成度和传播覆盖面也较高，是维系一个区域媒介生态的宏观尺规。它既是主流的，又是大众的，地方主流媒体的受众不仅包括具有较高文化程度、辨别力、鉴赏力的人群，也包括各个社会阶层和不同文化程度的潜在受影响人群，所以应将其打造成质量较高的对农宣传媒体。地方主流媒体对各地地方三农领域工作经验的介绍和推广，对推进农业农村的生产生活进步的作用极大，对于普通受众来说，媒体导向是人们了解外部事物变动的风向标，媒体内容是可资利用的价值型信息，是用以排除生活不确定性的消息来源，是确定和安排生产、生活的坐标系和参照系。

三、地方主流媒体三农传播的发展历程

华夏民族农耕文明历史悠久，经过封建社会的漫长发展，到了清末民

初，一批有识之士在西风东渐、西学东进的影响下，在农学、园艺学、教育学以及资产阶级改良运动和民族报刊业兴起的同时，开始创办涉农刊物，以期改变千年来耕读传家、自给自足的小农生活的社会传统。我们国家对农宣传的意识起步较早，从历史上看，最早先出现的是涉农的印刷品，包括印张形式的报刊和单独印装的小册子、单页等，1897 年以农学家、教育家、考古学家罗振玉为主编，上海农学会在上海主办、出版了《农学报》，并逐步从半月刊改为旬刊，致力于倡导改良农业经济，辑刊古农书，刊载英法和日本的农业发展与科技文章，联合社会名流创办农会，联系各地工商路矿公司开设涉农买办业务，筹办水利和围垦事宜，协助政界、学界兴办农学堂等，在当时风雨飘摇的中国顽强存续了 9 年时间。在辛亥革命前后，"湖北农务总会编辑的《湖北农会报》、江西农工商矿局主办的《江西农报》，广东的《农工商报》和浙江的《农工杂志》"① 等，已经面世。20 世纪 20 年代，一些农村试验家开始研究并实践用广播这种新生技术对农村进行政治宣传和文化教育，如教育家晏阳初等人，在河北等局部农村地区取得了较好的试验、试办效果。

面向农业、农村、农民的专门传播作为一项事业明确确立起来是以后的事情，20 世纪 50 年代之后，社会主义新闻传播网成立了，这是党的事业，也是人民的事业，无论是对农村经济结构的社会主义改造还是人民公社化运动，无论是开展社会主义教育运动还是开展农村卫生、科技知识的传播工作，面向农村的宣传紧扣时代，依靠报纸和广播取得了巨大的成效，"这些涉农媒体都是国家对媒体资源统一配置、并以行政力控制发展的结果，实质上是一种以大众媒介为外在形式的组织媒介，表现为社会动员与社会整合的工具"②。

一直到 20 世纪 60 年代初，"全国建起的广播站有 1 600 多个，广播喇叭 604 万只，成为我国发展乡村广播的第一阶段"③，这个时候以"九

① 王桧林，朱汉国．中国报刊辞典（1815—1949）[M]．太原：书海出版社，1992：10.
② 吕尚彬．中国大陆报纸转型 [M]．上海：上海交通大学出版社，2009：50.
③ 赵玉明．中国广播电视通史 [M]．北京：中国传媒大学出版社，2006：278.

台式”广播，即以当时能够遍布乡村、从公社到大队、小队的双绞线电话线路串接起来的农村广播喇叭，来转播中央台和省级台的对农广播节目，而且这种形式“因时制宜”，发展迅速、势头很猛，适合当时农村的实际收听条件以及当时我们国家广播业的物质与技术条件。到了“1962 年以后，大多省委机关报创办了农村版或农民版，但‘文化大革命’开始后，绝大多数的农民报停刊”[①]，之后十几年，对农传播侧重于政治动员与思想宣传，宣传红旗渠精神、发扬大寨精神等农业先进典型。

1978 年冬十一届三中全会的召开，开启了国家发展新的历史阶段，中国开始掀起改革开放的序幕，蓬勃发展的春天即将到来。中国的改革是从农村拉开帷幕的，为了把联产承包责任制的利国利民的好政策传播下去，在 20 世纪 80 年代前期出现了大规模的持续性报道，带领全社会解放思想，发展家庭农业生产、搞活农村个体经济，积极地宣传推进农业生产大包干、发展乡镇企业、集体经济，有力地推动了农业农村大发展。此时，正是国内报纸、广播、电视发展的黄金时期，“信息传播是政治认同产生的必要条件和先决条件”[②]，农村改革，宣传是开路先锋，广大农民在政策舆论的指引下，欢欣鼓舞、大干快上，极大地促进了农业生产力的发展。可见，政策和策略是党的生命，国家政策的出台对于三农发展起着至关重要的作用，深刻影响农村发展的历史进程，左右着农民的前途和命运。

从 20 世纪 80 年代中后期开始，经济大潮的风起云涌，主流媒体的“角色定位也从过去的社会动员与整合工具回归到大众传媒，实现了一个巨大的转型”[③]。从 20 世纪 80 年代中期开始的四级办广播电视机制，“使我国的广电人口覆盖率由 1998 年的 88.3%提高到 2003 年的 94.9%”[④]，

---

① 方汉奇．中国新闻事业通史（第 3 卷）[M]．北京：中国人民大学出版社，1999：260.

② 唐玉环．论构建促进农民政治认同的信息传播机制 [J]．湖南师范大学社会科学学报，2006 (06)：11－14.

③ 吕尚彬．中国大陆报纸转型 [M]．上海：上海交通大学出版社，2009：86.

④ 全国村村通广播电视工作电视电话会议召开 [N]．人民日报，2004－8－3 (02).

全国共有11.7万个村完成“广播电视村村通工程”。特别是20世纪90年代，电视机在农村的基本普及使得电视业迎来最大的市场机遇，1990年到2005年的媒介市场，电视和报纸的对农宣传并驾齐驱，在宣传“建立和完善农村市场体系，发展农业产业化经营，加快中西部乡镇企业的发展，深化粮食流通和购销体制改革，建立农村社会保障体系”① 等方面营造了良好的舆论氛围，特别是对2006年全国取消农业税等引发的一系列对发展前景的宣传，鼓舞了人心，凝聚了共识。

2006年是中国农业发展的分水岭，“皇粮国税”的取消使得农民获得更大的自由，从那时起，中国农村的“半耕化”发展态势明显，出现了农村“主业”副业化、“主要劳力”非农化的现象，农村经济发展开始逐渐由“农业支持工业”向“工业反哺农业”转变，发展格局由“城乡分割”向“城市带动农村”的新的发展阶段迈进，大量农村人口进城务工。国家2006—2011年新闻事业的发展纲要明确提出“将大力扶持面向农村、农业、农民的各类报纸，调整出版资源配置，促进报纸出版工作为社会主义新农村建设服务”②。同时期，各地纷纷对主流媒体的对农传播业务进行改革，《河南日报农村版》重磅出台，成为“全国第一家面向农村发行的省级综合性党报”③，专业性强，能适应河南作为农业大省的新闻传播业的发展需求，提升了地方省级主流媒体面向三农宣传的高度；广东的《南方农村报》将“‘新农村推动力’的口号作为自己的办报理念，深度介入新农村建设，探索涉农媒介在社会主义新农村和现代民主国家构建过程中所发挥的作用和能力”④。在报刊业大力发展三农传播的同时，涉农电视节目的种类越来越丰富，专业的三农频道也开始设立，吉林、山东、河北、陕西、河南、浙江等农业大省强省，审时度势，适时地开办了农村频

① 顾海英．新中国的农业改革与发展［J］．财经研究，1999（10）：60－63.

② 新华社．全国报纸出版业“十一五”发展纲要（摘要）［EB/OL］．http：//www.gov.cn/govweb/zhibo15/content_386648.htm.

③ 河南日报农村版今日创刊［N］．河南日报（农村版），2005－01－01.

④ 毛志勇，侯江华．新闻媒体对村务管理的介入及功能——以南农实验为例［J］．东南学术，2011（02）：79－84.

道，对接农村发展新形势，服务三农社会。

地方主流涉农媒体几十年来形成了以严谨、认真、务实的工作作风，特别是在十一届三中全会以后的各个历史时期，紧密配合党和国家的三农工作中心任务，始终秉承“爱农、懂农、为农”的责任意识，引领农业社会向前发展，客观、理性、实事求是地开展新闻工作，承担起作为新闻触角和舆论喉舌的使命，取得了一定成绩。

四、媒介变革大时代下的主流媒体融媒发展

涉农报纸、广播、电视等作为三农传播的各传统主流媒体，从其诞生开始，便在党的领导下部署于全国基层地方行政体系，在对农宣传工作上，紧紧围绕国家和地方的农业、农村发展实际，认真履行职责。但是，随着互联网技术的发展，作为传统媒体的电视、报纸、广播等也面临媒介技术的发展带来的问题，需要涉足互联网领域，积极开展融媒改制。2009 年，是互联网 2G 时代，高性能的多功能智能手机还没有出现，河北广播电视协会预见到未来媒介格局将要发生的重要变革，“联合河北农民频道、全省各地有条件的电视传播机构和省内各级涉农报刊、网站等上百家媒体以及省直主要涉农厅局的宣传和新闻信息发布机构在石家庄市成立‘河北省对农宣传协作体’，旨在走全媒体传播的发展之路”①，从那时起，10 多年来，各地主流宣传机构“在技术支持下，涉农媒体相互依存和融合的程度也在加深，从分化到融合的趋势明显”②。

媒介技术发展日新月异，社会传播生态、媒介环境以及受众获取信息、消费信息方式发生着变化，传统主流媒体比一般的消费型、娱乐型、社交型的媒体在发展态势上有一定的差别。英国传播学者丹尼斯·麦奎尔

① 央视网．河北省对农宣传协作体今起成立［EB/OL］.（2009-12-07）［2021-01-15］. http://www.cctv.com/cctvsurvey/special/02/20091207/102733.shtml.

② 汪奇兵．我国对农传播弱势的原因解析［J］. 延边党校学报，2009（08）：72-73.

曾指出，“要研究一个媒体，必须先研究其所处的生存环境”①，当代网络化媒介的兴起改变了主流媒体的发展环境，随着市场的挤压、受众的流失以及各种新旧媒体之间激烈的竞争，主流媒体与新兴网络媒体的市场占有率发生明显偏向后者的倾斜，涉农传播与其他内容的传播呈现明显的不平衡发展态势，使得传统媒体必须要审时度势，立下目标，走与网络媒体融合发展的路子。“媒体融合的范围划分为技术、业务、市场三个方面，媒体融合是动态的演变”②，是对原有媒介机构中即将产生的新型传播载体的激活，是原有机构中人力、资金、设施、物资等资源的重新配置，是面向多平台、多体裁的采、写、编、播，是原有新闻业态工作组织、工作制度、工作程序、工作步骤的变化，是传统传播等数字化、移动化、传受关系互动化等方面的不断加强。

这些变化，体现在业务拓展上，要多元对接各种新兴融媒技术与服务平台；在阵地巩固上，要生成多平台、多角度的三农宣传舆论场，站在政治高度上加强宣传与引导能力建设；在传播效率上，要注重资讯的到达效果，注重受众的接触率和满意率，线上、线下加强对农新闻工作的开展，逐步建构起对农工作的话语统领权，通过工作水平的提升，动员和组织群众为实现美好幸福生活而奋斗。

对农宣传的融媒发展工作程序复杂、任务繁重，必须认识和把握新形势下对农宣传发展的特点和新时代的传播规律。需要不断开动脑筋、克服困难，破解发展过程中面临的一个又一个困局，适应当代受众的媒介接触习惯，增加宣传渠道，完善主流新闻机构对农宣传的互联网建设，稳定融媒运营，打开媒介市场突破口，寻找影响力的增长点，与时俱进，努力把涉农融媒体系建成传播三农科技、资讯和先进文化的前沿阵地，建成提供公共服务的有效平台。

综上所述，三农传播建立起来的农村信息化系统，可使农民、政府、

---

① 丹尼斯·麦奎尔．麦奎尔大众传播理论［M］．崔保国，李堪译．北京：清华大学出版社，2010：176.

② 许逸．媒介融合背景下的传媒集团化研究［D］．安徽师范大学，2011.

媒体、企业获得多方共赢，农民依靠信息交互及时参与市场，政府借此提高公共服务水平，媒体拓展了社会影响力，涉农企业也方便地打开了农村市场。同时，农村的政治、经济、文化、法治等多个方面的建设与发展也由于信息渐趋发达而逐步缩小与城市间的差距，这是对农传播在信息时代和知识经济时代的意义所在。

第二章 农业电视：专业传播“主擎手”

一、农业电视与三农社会

（一）农业电视节目与农业电视频道

农业电视节目以传播现代农业资讯、关注乡村百姓生活为主要方向，以关注农村、关心农业、关爱农民、关怀农村工作者为主要任务，以三农政策宣传、乡村动态报道、农业知识科普以及提供文化娱乐等为主要内容，为三农社会提供时政、市场、科技、法制、文化等方面的信息服务，是农业信息发布的平台、农民供需交流的平台、农业市场变化反映的平台，也是交流推广农村发展建设经验和农民致富经验的平台。

农业电视频道是由国家广电主管部门批准设立，为发展现代农业和宣传建设物质富足、科技发展、村容美丽、村风朴正的社会主义新农村而设立开办的电视频道。当今，国家的农业政策积极支持农业发展，农业科技与经济不断进步，三农领域各项事业正步入快速发展与转型时期，建设发展生产、美丽富裕的社会主义新农村，是党中央提出来的摆在我们面前的战略性重大任务，利用电视手段传播政策、传播科技、传播信息，反映农村面貌的深刻变化，反映农民生产、生活的巨大改观以及崭新的城乡关系的形成，具有极其重要的宣传意义。农业电视有精心策划的节目内容、视听声画的直观形式以及广泛的传播覆盖，这样的传播优势明显高于其他媒介形式，是我们国家三农传播的第一传播渠道。

中国的改革是从农村开始的，是从解放农村生产力开始的，在发展现代农业的阶段，我们依然需要依靠农业电视这一最有效的大众传播形式去激发三农活力，助力乡村振兴。通过农业电视节目，人们可以看到农村的实际样貌和状态，各地农业生产技术的推行情况、乡镇企业和农村小城镇建设的布局发展以及农村生活设施与人们生活面貌的真实状态都能准确地反映给观众。农业电视节目对方方面面的具体事例进行报道，这些专业化的内容打开了人们观察和了解农村社会的窗口，丰富了农民的见识和头脑，启发了农村的致富能人、科技能手和专业农户。为培育农业科技示范户，培养农村实用人才，把农民培养成有文化、懂技术、会经营的新型农民和外出经商、务工人员做出了很大的贡献。从生产一线农民、合作经济组织骨干到基层村组干部，对农业电视的发展都寄予期望。

农业电视不断传播农业政策、宣传城乡动态，那些有技术教育与服务意义的农业节目使人们知晓如何从传统的土地耕作方式向集约化、立体化和生态化的种养殖方向转型，以及农业经济如何向农、工、贸一体化和系列化迈进。农业电视通过策划农经、农技等相关栏目和节目，将有技术、有文化的成功农民的经典案例通过电视专题报道出来，展示他们在农业、副业综合生产方面的做法，为更为广泛地建设小康农村形成经验化、示范化的宣传推广。

农业电视对农业生产经营、社会服务等农村经济社会发展等领域都有涉猎，各地农业电视栏目的名称各具特色，东北、华北、华东、中原等各地的节目饱含浓郁的地方特征。以省级地方农业栏目为例，有吉林乡村频道的《天天二人转》《乡村四季》，有河北农民频道的《非常帮助·帮大哥》《农博士下乡》《村里这点事》，有山东农科频道的《乡村季风》《农资超市》《山东三农新闻联播》，有重庆新农村频道的《天天农事通》《周周致富经》，四川乡村频道的《美丽乡村》《天府先锋》《乡村会客厅》《乡村好声音》《华西论“健”》，还有以整合频道资源为基础，面向全省播出的福建乡村振兴·公共新农村频道、安徽乡村·科教频道等，这些专业对农频道开办的地方性农业节目，如《风物福建》《多彩闽茶》《八闽正春风》《皖美乡村》《大地江淮》以及《乡村普法剧场》《乡村欢乐购》《田园公开课》《乡村振兴进行时》等，这些节目将指导性与通俗性结合起来，具有政策性高、地域性强的特点。

尽管十几年来专业化的农业电视频道和节目有了长足的进展，但是目前在全国各级电视台的频道节目中，有关三农的电视节目比重不高，频道占比不到5‰，有的省区没有专门的农业频道，地市级电视台设有涉农频道的更是寥寥无几，有的省份还将已有的三农频道撤销，专业化的三农电视频道与节目的数量和我国农民人口占比极不相称。现有的一些针对三农的电视节目，在乡村文明和农业知识方面的传播上效果还不够好，很多市县一级的电视台缺乏自创专题三农节目，而以播放一些影视剧来填补播出时段，很多电视台缺少专业的面向三农传播的新闻人才，农业节目的广告经营效果也不乐观，农业节目收视的市场影响力低。

（二）农业电视创作与传播的发展

我国对于农业电视节目的采编制作意识起步较早，早在1958年，作为中央电视台前身的北京电视台，在开播的第一天就播出了中央新闻记录电影制片厂制作的节目《到农村去》，到了20世纪80年代初、中期，各种农业专题性内容穿插安排在其他形式的新闻报道节目中播出，极大地推动了十一届三中全会以来农村各项发展政策与精神的贯彻性宣传，对农业建设日新月异的喜人图景和农村各地新鲜事进行报道，促进了联产承包责任制的推行，吹响了农村向现代化、工业化征程迈进的号角。尽管当时农村电视机的入户率很低，但仅凭村里的几台电视机，也使农民的眼界极大地放开，思想得到了极大的解放。到了20世纪90年代中期，面临市场经济变革下的农业发展，中央电视台在第二套节目中播出了与农业部合作由中国农业电影电视中心承担制作任务的《农业教育与科技》栏目，同期各级电视台逐步加重了对三农问题报道的比重，陆续开办了一些定期播出的农业节目，节目播出量逐步增多，内容和形式从原来侧重于科教、社教发展到多种多样的专题片，包含致富信息、乡土风采、农村文艺等各种内容的节目品种越来越丰富，封闭的乡土社会逐渐地因媒介传播所带来的现代文明、城市文明、工业文明、媒介文明变得开放。

20 世纪 90 年代，国内较早开办专业化对农频道的是吉林和山东两地的电视台，因为这两省当时都属于农业基础扎实的农业大省，农业人口众多，农业生产与产值在经济社会中占有重要的位置，吉林的粮食种植业发达程度在东三省位于前列，涉农人口比重较大；而山东尽管工业产值比重占国民经济的绝对优势，但农业是“基本盘”的理念始终没有放松。从地市级涉农电视的发展来看，当时由于国内经济发展正在爬坡上升阶段，市县级电视台由于发展重点的倾斜，还不具备开办农村栏目的能力和条件。另外由于过去零散的农业节目的广告效益低于电视剧、综艺节目等的制播效益，加之缺乏设立专业采编人员、配置相关部门的整体采编播系统，使得农业节目在节目设置、编排和播出数量上都难以满足广大农民受众的需求，人们迫切地需要通过农业节目来了解自身、了解农村、了解外部世界。还有个别电视台受经济效益为主思维的影响，安排在黄金时段播出的对农新闻也从原时段撤出，即使有少量的农村电视节目，也由于节目数量少、播出时间段少，加之节目时长短或不定时等原因，导致收视率不高，影响力不大，对农传播的效果差。

20 世纪 90 年代是我国农业电视节目发展过程中承前启后的重要时期，从单纯的数量有限的农业节目开始酝酿建立专业化的农业电视频道。经过发展，全国经广电总局批准的有一定影响的省、地级地方农业电视频道有 10 余个，除了早期的吉林乡村频道、山东农科频道、河北农民频道、浙江公共新农村频道（已撤销）、河南台新农村频道和陕西农林频道外，湖北垄上频道、重庆新农村频道、四川乡村频道（原四川电视台公共频道、公共·乡村频道）、福建乡村振兴·公共频道等一些省级卫星电视频道也相继推出，一些农业大市、大县也相应开播地县级的专业涉农频道，如亳州农村频道、寿光蔬菜频道等。

河北农民频道作为一家省级对农频道，秉承“关爱农民，由心开始”的经营理念，立足农村、沟通城乡，坚持政策、文化、科技“三下乡”常态化，编辑记者的采编选题全面面向当代乡村生活，节目内容“贴地气儿”，在省内有较高的收视率。安徽省的亳州农村频道始于2000年创办的《药都时空》，开办之初就成为收视率最高的地方性电视原创新闻栏目，在此基础上，为了服务当地的药材、花卉产业，2002年增设《走进农家》栏目，在皖北地区影响力很大。寿光电视台蔬菜频道是在当地市政府的大力支持下于2011年开办的专业性频道，以《菜乡播报》《弥水两岸》《田园采风》《菜乡人菜乡事》《经济广场》《菜乡英雄》等品牌栏目和20个联办栏目组成，除了播放中央和省级以及其他地区的涉农新闻外，光自办专题节目就达到每天4至5个小时的制播量，并积极向省内外开拓传播市场，2011年至2014年，寿光电视台每年直接创收的广告效益达三四千万元，促进寿光当地蔬菜业的发展，形成了巨大的间接收益。

（三）农业电视的专业性与综合性

农业电视节目具有专业性和综合性的特点。

农业电视节目的专业性是指通过策划报道与农业、农村、农民有关的各类新闻与专题来关注三农社会，特别是在新闻报道方面，制作播出包括各种三农政策、三农信息的节目，包括通过传播党和国家关于农业工作部署的大政要闻、农业市场、科技信息、地方农业动态等来体现。另外，专业性还表现为采编、制作、播出的各种专业和专题节目，从农业气象、农科讲座到致富项目推广，带“农”字头，打“农”字牌，并涉及农业经济管理、农业公共行政等诸多领域。

“新闻报道是一种含有目的性的理性行为，报道者只有在确认了它的社会意义，并且符合媒体的社会宗旨时，才会加以传播”[①]，农业电视节目的目的性是由采编、创作主题与收视对象在意图与需求分布上的一致性所决定的。

从创作目的和主题的专业化来说，传受双方的一致性是指农业电视在

① 蔡雯．新闻传播的策划与组织［M］．北京：新华出版社，2001：177.

宣传发展现代农业、促进社会主义农村经济持续发展、建设美丽新农村的过程中，是依照国家农业战略发展规划和党的农业政策，并按农民的收视需求和习惯去策划节目形式、编排节目内容的。三农节目的采编报道对象是农业，农民是农业节目的主角，农村是农业节目的背景。以农业经济栏目为例，地方台的节目组下乡，进村入户进行采访和节目制作，能够更快捷、更真实地反映当地农村经济发展状况，这种经济节目可以拓宽农产品、农业产业、农业技术等信息互动的渠道；从收视对象需求的一致性上讲，涉农受众除了可以获得丰富的三农资讯，各种农业专业户、加工企业可以与电视栏目组进行电话、网络的联系，推介自己的产品，介绍自己的家乡，这种节目还为农民销售农产品带来了广告效应。

农业电视的综合性是指节目内容包罗万象，既有介绍各地农业传统种植养殖业的生产与加工的信息，如传统的农林牧副渔等业态的科技与市场信息、农业产业化项目信息、农产品深加工以及农机、农化、农资供销流通等信息，也有广大农民朋友喜欢的科教、娱乐、影视节目等，还有有关农业行政管理、政策法律、农业教育、村镇建设、农业金融商贸等农村经济社会发展方面的新闻报道内容。

农业节目综合性还意味着虽然农业电视的狭义目标受众是从事农村建设与发展的群体，是广大的普通农民、外出务工人员、农技人员、乡镇企业人员、县乡农业职能部门的干部以及村组干部等，从广义的层面和现实情况来看，很多城市受众也十分关心国家的三农发展与农村建设，因此一切关心农业农村发展与关注三农问题的社会各阶层、各行业人士都是农业电视的受众。

农业电视要研究农村发展和时代变革，分析媒介市场的需求变化，在农业生产、经营、服务以及农村文化发展等领域，突出对象性、针对性和有效性，着重面向农村基层组织建设和促进农业生产、农村科教文卫进步，及时准确地提供丰富多彩的精神食粮，以满足广大农民朋友、县乡基层政府、涉农部门以及其他关注三农发展的广大受众的多方面、多层次的需求。

（四）“后农业社会”的农业电视与农业信息化建设

“后农业时代”是农业的生产与发展高度仰赖信息传播和知识普及的时代，后农业时代的农村是以农业生产社会化服务为基础的社会。其中，最重要的因素不是体力劳动或物质资料，而是信息与知识的传播，以及由传播所能创生的一切可能性，如一种新型农业社会和新型农民的出现。农村社会的变化与农业生产力的进一步提高来自传播的影响，信息与知识的传播所能创造出的价值不亚于其他农业物资，如农药、化肥、劳动力数量所创造出的价值。后农业时代是农业 GDP 总产值虽然在国民经济总产值所占比例逐渐降低，但内核愈发坚实，国家以信息与知识产业对农业的支持和力度所占比例愈高的时代，是农业发展质量和效益不断优化的时代。

如果说以重视农业产品数量和质量的“产出型模式”属于“前农业时代”和农业时代的特征，那么以重视信息化带来的农业循环化高质量新发展，则是“后农业社会”的典型特征，因为此时，原有土地的出产数量和出产质量在达到一定的程度之后，需要重新在产业格局、供给侧布局、技术与市场，甚至是农民文化与知识综合教育等方面进行调整，可见农业信息化对于农业进步有重要的作用。

目前我国“后农业社会”的特点是农业生产力整体发展水平较高，农作物耕种综合机械化率超过 70%；农业产出以种子、农药、化肥以及其他农业科技为支撑，改变了过去过度仰赖天然资源，如水资源、土地资源等“靠天吃饭”的农业经济形态；土地流转政策形成了大田集约化生产，逐步代替分散小户生产，农业生产的产品更多地用于销售而不是自用；农民就地转化为农工或外出务工，农业经济 GDP 的贡献率主要以转移到农村的第二产业为主。向“后农业社会”迈进的转折关键点是农村社会几十年物质发展的极大积累，信息、知识、教育在农村的普及，主要劳动力转移到加工和服务为主导的第三产业和外围产业，如制造业、运输业、商业等，农业的生产与发展依赖知识产业和信息产业。

信息流通是“后农业社会”农村社会发展与农民生计发展的重要的影响因素之一，在过去资讯传播不发达、媒介工具不普及的年代，地区之间、乡镇之间、村落之间、农民个体之间呈现不同的发展状态。这种发展差异出现的原因有很多，或是气候地理因素，如同一县区的山地与平原因出产和交通的差异，会导致的发展不平衡；或是地缘因素，如靠近城市的县域、靠近县城的城乡结合区域，经济发展的就比较好。在以上地理、地缘条件以及地域性的农耕发展史、文化发展史相同或相似的情况下，还有一个对当地农业发展起到影响的重要因素就是获取和掌握信息的难易程度，而这些因素会影响和制约一个地方的农业发展和物资交流。在古代，如果一个农业地区位于水陆交通便利之地，或位于城邑通衢之郊，那么各种信息来源，从渠道的广度到内容的丰度一定高于闭塞的荒僻边远之地。同理，在当今时代，一个村的带头人如果有信息意识，主动关心时代的变化，主动搜寻能够带给整个村庄带来发展机遇的农业资讯，就会或内引外联招商引资，或号召大家调整种植养殖结构；一个农户的当家人，如果有信息意识，就会敏锐地捕捉来自外界的哪怕是“丁点儿”的、稍纵即逝、零散不齐的信息，在种植养殖、副业加工等致富领域和外出务工领域不断搜寻、打探消息，然后进行过滤、判断，进而做出择优选择。

对农民而言，信息的获取“主要有两种渠道，一是政府制度化渠道，二是社会大众化渠道，即通过大众传媒获取信息。电视这种大众传媒具有三大优势，一是常规化和专业化，二是客观中立，三是成本较低，有利于节约社会成本”[①]。近年来，信息化浪潮席卷全球，渗透进各个行业、各个领域，我国农村也不例外。我国农村信息化建设日新月异，但是因为地域差别，特别是基础设施和经济文化水平发展不平衡等多种地理和历史因素的条件限制，我国的农村信息化建设还处于需要进一步完善的境地，如果不加以改变，城乡一体化的发展目标就不可能实现，城乡差别不仅不会

① 高丹莉．农民思想政治教育的现状、对策——充分发挥大众传媒在农民教育中的功能［J］．当代传媒，2008（01）：114－115．

逐步缩小，也很有可能因农村和城市对于信息获取的差别而造成信息分享不平衡，造成农业无法真正融入现代市场经济的发展格局中，从而滞缓农村向现代化迈进的步伐。

早在1999年，国家广电总局、信息产业部、财政部、国家发展改革委和农业部等部委联合实施了村村通广播电视工程，投入巨资发展全国农村有线电视网络。2005年国家广电总局和农业部又联合下发了《实施中央电视台农业节目进村入户工程的通知》，根据通知精神，各地大幅度地提高农业节目的入户率，使得农村电视事业不断发展壮大。我国农业电视节目形成了以中央电视台第17套农业节目和各农业大省的省级地方农业电视为主的两级覆盖，节目内容以服务三农为主要任务，提供时政、市场、科技资讯以及文化娱乐、影视戏曲、法制宣传等资讯服务。

农业电视传播应该及时根据农村的实际情况，围绕涉农信息进行采写创作和编辑，为农民带来实用的内容，使其成为各种农业政策信息的发布平台、农业供需交流的平台和引领农村文化信息发展的平台。我们以农副产品生产与销售信息的传播为例，来看一下农业电视节目的好处：目前，我国农业部门初步在全国范围内建立起多渠道传播的信息采集平台，建设了一批囊括大量全国性和区域性三农资讯的数据库，农业电视节目可以充分利用这些农业信息系统和市场信息，向农民及时宣传。随着农产品市场的不断扩大，准确地掌握市场信息成为农民增收的必然需求，农业电视节目在推进农业信息化工作方面，有专业的采编队伍，进行检索、搜集、筛选、分类、汇总工作，通过专业的长期运作，发布农作物、农产品、农资、农机、市场等信息的数据、资料，而且能够做到与不同时期的农业发展重点相契合，信息可以做到每周、每日的实时更新。在电视节目中，可以及时、准确地抓住当下农业供需的关键内容，促进农民和涉农企业的生产、销售这一主线，解决农副产品以及农资产品、货物销售消息不灵、信息不畅的问题。另外，农业记者下乡采写的新闻和资讯都是结合时事和实际的，具有针对性和时效性，可以做到农业信息服务与农业发展及农民的切身利益挂钩、与农民的现实信息需求相结合，这样一来，通过广泛覆盖的涉农电视的宣传，农民可以及时地从收看的节目中获取信息，得到实惠。

二、农业传播学意义上的地方农业电视

（一）农业传播主力与先锋：农业电视

在加强农民群体与国家农业发展的关联上，在推行三农政策、法规的贯彻施行上，在提高农村政治、经济、文化、法制的整体面貌上，农业电视与受众的接触率最高，是三农传播的主力军。

目前，农业电视节目走的是以电视覆盖支撑播出的低成本之路，农民可以在打开电视收看一般节目的同时，根据需要可以将频道转向农业节目进行收看，农业电视就是利用我国普及化的电视收视渠道，利用成熟的途径，结合农民实际的信息与文化需求，以最低的成本和农民容易接触、获得的方式传播农业信息。农业电视是乡村最为普通和实用的知识传送和娱乐休闲工具，也是最有效率、被广泛使用的传播工具，最为贴近我国农村实际情况，制作播放农业电视节目是贴近农民生活的最有效果的传播手段。地方农业电视节目完全可以依靠逐渐遍及城乡的有线电视网络的架设将农业电视节目延伸到村村户户，即使一些因地理因素导致收视困难的地区，如偏远山区，相关部门也可以通过加设卫星天线，进行频道解密使农户达到收视条件。

从对农传播的历史进程上看，在没有形成专业化、系列化程度较高的农业电视节目之前，农业传播主要是以广播、报刊为主；另外，在 20 世纪 50 至 70 年代，农村里的宣传工作，还以乡村板报、广播喇叭以及社员大会的形式为主。改革开放后，很多地区的农村为了搞活经济，在村组的公共场所设立信息栏，有些地区搞起了农业科技进村服务，20 世纪 90 年代之后，有各种文化、科技、法制、教育、储蓄、医疗卫生以及家电、农资、农机等项目相互组合的“三下乡”活动，利用各种方式进行农业信息

传播，但是受益面有限；还有遍布国内各地县乡、传统形式的春、秋物资交流大会、庙会、集市，这也是传统习惯和意义上的信息集散场，这些民俗性活动是过去农村汇聚、散布各种信息的重要场所和主要渠道。

电视是当下最为被农民接受的电子媒体，它不需要下载App，也无需用户注册，各种信息由专业的电视频道编辑部门结合当前实际编播推送出来，在公信力和权威性方面具有其他媒体不可比拟的优势。通过农业电视节目，农民坐在家里，不受时间、地点的限制，可以看到自己所需的种养技术、市场行情、农业政策以及劳务信息等资讯。我们可以想象，假如没有农业电视节目，没有农业新闻，农民只能通过报纸或村里的板报等传播速率较慢的渠道或以其他传播方式获取信息，很难知晓广阔农村天地发生的事情，跟不上时代步伐，农业生产也跟不上市场发生的变化，可能会导致农产品滞销，外出务工的也会不知所措，不知去向何方，赶不上招工期。

农业频道借助现代化设备，最大限度地汇集整合各层次农业信息资源，采用农民喜闻乐见的方式，多手段、多层次地将三农资讯资源经过采、写、摄、录、编的步骤，筛选、把关、编辑加工后广为传播，有效地推进农业传播事业的发展。农业传播注重感官接受效果、普及率，有农业专业化的特点，重点抓农民群众关心的问题，使它成为农业传播中的主要内容，在普及信息与农业教育、改善农村受众媒介素养方面可以产生宏观效果，而且我国国有体制、公共性质的电视传播行为不以营利为目的，是实现农业传播节目多样化的有力支撑。

农业电视是提供三农信息的重要途径，在三农领域可以产生较为广泛的影响，农业电视节目不但面向广大农村受众，也是全社会关心三农发展的受众普遍选择的第一媒介。鉴于目前很多网站媒体和移动自媒体主要涉足的是娱乐化、碎片化、社交化的内容，这些主创人员没有意识、没有兴趣、也没有能力将创作精力和制作主题放在三农领域，导致这些媒介领域，特别是现在占据市场的新媒体领域的涉农新闻、涉农信息少；再者因为这些网络媒体中很多网站和自媒体平台本身的公信力不强，采写、制作或传播的内容不但真实性较差，而且采写水平较低，甚至错别字满篇，视频内容也流于“三俗”，如果用这些目前所谓“流行的”媒介渠道和媒介形式来传播三农新闻或农村新鲜事，只能是贻误群众、危害视听。因此农业传播通过电视这一普及化的大众传播工具，专门开辟三农频道，或在普通频道中，配合当地农业发展形势与任务，制作出丰富的农业专题节目，积极进行涉农报道，显得十分必要。

从目前国内媒介格局来看，农业电视是传播三农事业宏伟画卷最重要的传播源，是作为“排头兵”的主流传播媒体，是开展媒体服务三农发展、服务乡村振兴的关键渠道之一，对于建设社会主义新农村、发展现代农业、引导广大农民致富奔小康发挥着巨大作用，成为推进农业发展和农村建设以及党和政府三农宣传工作的一支重要力量，承担的社会责任也越来越重，而目前的农业电视媒体的资源配置与内容建设与我国现在庞大且产业门类众多的三农事业存在明显的数量上的反差，目前农业电视的发展现状还未满足这种弥补反差的需求，需要不断加强自身，各地政府和广电部门需要高度重视农业电视的发展问题，应将其当作当地新闻事业管理与媒体发展的重点来看待。

（二）接近、接地的地方性传播效果

电视传媒特有的技术特性决定了地方农业电视节目信息能做到快传播和广覆盖，可以每日推出有价值的内容。地方涉农电视除了宣传报道中央的农业大政方针和各地的农业新情况之外，还要将重点聚焦本地区的三农发展，认真地调查研究区域内的具体问题，要大兴调查研究之风，要使当地的农业生产、农资市场、农业科技、农村人口发展紧随时代主题的动态变化和地方农业政策的调整推进，进行充分的调研分析，下乡工作、蹲点工作要做到常态化，要选派德才兼备的干部到农村担任乡镇负责人、驻村第一书记、村主任等职务，要通过常态化的下乡采风、采访工作，展现日新月异的农村“现在进行时”，推送最新鲜的三农时政和产业信息。

地方农业电视节目的开办宗旨是为农业发展助力，为农村幸福生活描

绘蓝图，全面面向农村的生产、生活。它既“站得高”，权威发布党中央国务院的农业发展方针，统筹各地的农业发展政策，它又“看得细”，针对当地的情况，为农民增产、增收、致富提供及时实用的市场信息和农业新技术。

传播的接近性与接地性表现在地方性的农业电视采写制作的节目是面向当地农时农事的新闻报道，具有明显的地域特性，可以指导、督促各个时节农业生产工作的展开，如华南地区省份什么时间种植火龙果，北方地区省份什么时间播种冬小麦，可以精准到5至8天；有些地市级的涉农电视甚至对当地山地、丘陵、平原各种不同地貌地带的收种时间做到3到5天内的精准督促，及时提醒不同区域的农民及时安排农事。农业节目的接地性、接近性还体现在节目内容重农、侧农的特征上，以农民视角观察社会，按农民的收视需求和收视习惯决定节目内容和节目形式。大量对农节目走出演播室，以广阔田野为背景，以农家院落为现场，从农民的身边事说起，传播农民想知道的信息。在制作上使语言、画面贴近农民朋友，使他们看得懂、用得着。例如陕西农林科技频道的《每日农高会》节目，在内容上以介绍农业专业技术、经验为主，满足专业农民和规模农户在农业生产科技方面的特定要求，例如，在农田种植专业性方面，节目的采编细化到田间作业的每个环节，如怎样确定植株土壤埋藏深度、如何根据虫害选择农药、怎样密植提高单产、怎样疏植提高光照度，等等，以一线农民最为关切的技术性问题制作节目，解决生产实际问题。

山东农科频道的栏目《乡村季风》每天在山东台卫星频道的黄金时间播出，《乡村季风》是一档面对农民朋友资讯服务类节目，从宣传农业新科技、新项目和新市场入手，强调实用性，帮助农民认识市场，了解市场，具有前瞻性。通过典型村组、典型农户的致富事例去带动农民，如哪些农副项目易行可选、成本低、收益高、前景好，启迪农民的思维，启发农民创业的思路。《乡村季风》把农业政策、最新的科技与市场信息传递给农民，是宣传介绍山东农村、农业、农民新面貌、新经验的一个窗口，主持人把书面文稿转化为老百姓能听得懂的家常语，晦涩难懂的农业科技知识体现为深入浅出的解说词，内容通俗易懂。一般来说，农业科技的专业性是比较强的，如何根据农民朋友的接受力、理解力，简洁明了地把内容说清楚，是节目制作过程中为达成接地性效果要思考的问题。编创人员必须做受众研究，必须化难为简，使信息直观、形象，有时还需要增加趣味性，经过摸索，《乡村季风》已经探索出一套办法，如把演播室搬到蔬菜大棚、加工基地，叙述重要信息并辅之以动画画面等，这样的制作手法，深受观众欢迎。

创新农村节目形式，以节目接地性带动科学性、专业性，节目中的语言既专业又接地气，这样说理效果会比较好。山东农科频道的《山东农广校之窗》在知识性和接地性方便做到了很好的平衡。例如，在进行农村沼气工程建设推广和经验介绍的 30 分钟节目中，前 10 分钟深入农户家中，采用实景拍摄，中间 15 分钟用动画模拟沼气池的结构与沼气发生原理，并用将工程技术图纸做成动画进行辅助说明，后 5 分钟用实景镜头展示泥瓦匠怎样砌砖，用画外音介绍需要多少块砖、多少袋水泥，以及建好后如何使用和维护等。农业科技信息讲座节目充分利用电视镜头的拍摄手段和可视化技术操作，如动画模拟、画面回放、镜头特写等，使农民对节目的内容能有全面的了解，看得懂、有兴趣，加强节目的传播效果。在语言上要贴近农民朋友，叙述平白大方，画面直接，使人们听得明白、学得会。

由于农业电视需要针对三农话题进行宣传，必然要考虑当地农业受众的喜好及需要，并且要把节目易于理解和接受的元素放在首位，因此必须从当地农民的视角开办栏目，栏目组编创人员要有感同身受的意识，要成为体贴农民的自家人、贴心人，要多从农民的身边挖掘题材。如河南电视台的新农村频道（河南电视台第九频道）结合河南农村的实际情况，设置了具有浓郁地方特色的各种节目，打造中原地区泛农传播的“第一电视品牌”：《9 号直播间》以新闻报道的形式，从河南各地城乡融合发展态势以及市民和农民两个角度关注乡村和外界的社会变化、时代变化和城乡互动；涉及河南省内各地市的节目《市县新闻联播》将关注视角朝下，以记者饱满的职业热忱和快捷的独家报道，展示河南各地新农村建设中出现的新经验、新动向；《村长开“汇”》《每周农资质量报告》注意舆论监督，反映在河南农业生产和农村生活中存在的问题，防止农民朋友上当受骗，规避风险；在乡土文化的传播方面，《社区达人秀》栏目与相关乡镇、街道、村组合作，推出村里村外的乡土明星的评选活动，加强了基层政府、农民、媒体之间的感情交流与心理沟通；《欢乐中原》《乡音剧场》等栏目，精心策划，侧重于“接地气”的内容，例如《乡音剧场》中播放为当地百姓津津乐道的豫剧、道情、弦子等，减少了陈旧老剧、传统折子戏的安排，突出时代性，制作、播出大量反映现代农业题材和乡村生活的农村小戏和戏曲电视剧，力求获取最大的收视群体，很多现代剧目，不但年老的观众爱看，也吸引了相当一部分城市受众和年轻受众，传承和弘扬了优秀的乡土文化。

陕西农林频道的《三农信息联播》《天天农高会》《科技大篷车》《阳光大地》《农民讲习所》等，是在策划和制作上贴近关中大地农村生产生活的节目。《科技大篷车》将农业知识通俗易懂地介绍给电视观众，介绍新的农业产业链和深加工新产品，《阳光大地》报道三秦农村发生的新鲜事、有趣事。各类栏目的创作风格体现了内容上的接地性和形式上的接近性，报道围绕发生在农民身边的人、事、物的变化，记录并反映当代农民的生产生活和喜怒哀乐，节目贴近农民、贴近农村、贴近农业，内容接近农业农村发展现实，镜头客观真实、场景朴实实在。很多栏目如《村里村外》报道农村基层组织建设、法治建设，《当代农民工》追踪省内打工者的人生历程，直面焦点，抒农民胸臆，直击城乡协同发展过程面临的新的社会问题，宗旨就是要把涉农节目办成农民的知心朋友，办成展现陕西农村风土人情的广阔舞台，各农业频道的制片和策划人员积极与农业信息主管部门、农业高校专家、农业企业联手，采撷各地建设新农村的新经验、新事物、新风尚，采访地点从镇、乡、村组到田间地头，采访思路和采访线、链从种植、养殖延伸到百姓餐桌，记者要“走下去”，走到当地农村和百姓中间，深入现场，只有这样的接近性和接地性，在乡村振兴变动大潮中，在所报道的农业地区的变动过程中去看、去听、去感受，去捕捉、挖掘，去发挥、创造，才能采写、制作出有地域特色的节目，才能体现贯彻国家政策层面和大局意识的宏观性，以及地方农业发展任务和农村建设格局层面的中观和微观性，节目有国家层面和时代的整体性，又有地方层面和局部的特殊性，不流于一般化、同质化。这样才称得上颇具“当地水土风物”特征的地方三农题材好节目。

（三）从政治到教育的统筹传播意义

我国幅员辽阔，农村经济发展不平衡问题较为突出，西部地区，特别是山区、老少边困地区的农村在一定时间和一定范围内还处于待发展的潜力蕴藏阶段，而东南沿海经济发达的市县的农村地区已经全面进入小康社会，面临着产业转移、升级等问题，还包括党中央、国务院、农业农村部关于三农工作的大政方针、顶层设计、决策部署以及省、市关于农业发展的各项决议，以及很多涉及三农发展的政策、法规、理念、经验需要及时传播、推广出去，利用主流媒体向大众传播是最广泛的传播途径，但是我国农村人均读报率偏低，很难做到一户一报，广播又面临着受众流失的发展瓶颈，目前我国农村互联网尽管已经普及，但是受制于网络平台涉农内容的资讯数量少、专业性低和质量良莠不齐等，加之很多内容需要受众自己在搜索栏进行内容搜索，内容碎片化，并不适合进行广泛的农业传播。而农业电视节目是经过记者编辑精心策划和编排的，根据不同时期的三农工作中心任务，有意图、有目的、有针对性地制作、播出，内容上具有系统性、准确性，在政治引领和教育影响上效果明显。

农业电视属于农业传播的媒介范畴，电视画面是直观生动的形象化传播手段，把大众传播与农业传播两个领域结合起来，政治传播、经济传播、文化和科技传播统筹结合，经济的发展离不开政治与政策的影响，而文化和科技传播又属于教育传播的范畴，因此，从大的方面来说，农业电视可以提升到政治、政策高度层面和侧重于育农、育人理念上的教育层面，由于电视机的全面普及，同时收看电视节目又是当前大多数民众的不可或缺的一种获取新闻、资讯、知识和娱乐的方式，因此通过对各种涉农题材内容的采编、制作和播出，使农民在市场经济的大潮中，通过收看农业节目，来感受时代三农发展脉搏，发现国家和自身周边的发展变化。

从教育的现实意义上讲，地方农业电视节目是培育现代农民的有效途径，在没有更好的教育软、硬件条件的情况下，以地方农业电视节目为主体搭建一个较为广泛的农村信息与文化的科教平台，进行远程教育和网络化教育，可以帮助农民及时掌握农业生产领域发展的最新成果和外出务工所需的技能，在高产粮食作物种子选育、优良性能牲畜日常饲养、农村电商页面设计、农产品市场营销与推广、地方名优食品小吃制作、家政服务的标准化操作等方面进行学习实践，可以就地培养农村实用人才和城乡两用人才，利用农业电视的这种培训教育形式进行教学，既经济又高效。

从城乡未来一元化统筹发展的意义上看，农业电视的传播不但对农村观众有影响力，对城市受众也有吸引力，农民对于农业电视节目有着强烈需求，而广大的城市受众同样想要迫切了解当前农业农村的发展情况，不论从消除信息的不确定性还是为了了解三农社会，或仅从娱乐休闲的角度来看，农业电视节目有相当巨大的收视市场，产生这种情况的缘由是节目富含知识性，是一种泛化的教育，这种教育具有很强的农业科学普及性和文化普及性，因此，不论是从争取农村受众群体的角度，还是从政治宣传、知识与教育传播的角度来看，电视传媒都应积极主动地开拓农村这个潜在的信息采集场。

（四）乡村振兴战略与各地农业电视传媒发展

1. 乡村振兴战略确立了地方农业电视发展的指导思想

我国是一个农业大国，党的十六大到十九大以来，国家一系列有关农业政策的出台以及社会各界对三农问题的关注，成为一个有利的三农传播的社会环境宏观背景。近年来，我国农村经济已经得到了迅速发展，已经进入从传统的农业社会到城乡统筹发展的社会转型期，如何“以更有力的举措，汇聚起更强大的力量来推动乡村振兴，由顶层设计到具体政策举措全面实施，由示范探索到进行全面的推开，由抓重点工作到五大振兴全面推进，加快补上农业农村现代化短板，赶上全国现代化步伐”[①]，这些内容的宣传贯彻，都需要从中央到地方的各级宣传部门及时地做好工作，将这些政策理念及时地传达下去，特别是地方对农宣传要配合地方党委政府，要全面推进新时代的乡村振兴工作，强化宣传、监督实施、部署动员，在建设农业农村“两个现代化”的方面建言献策、吹响号角。

党的十九大以来，党中央、国务院专门制定了《关于实施乡村振兴战略的意见》《中国共产党农村工作条例》，研究制定了《乡村振兴促进法》，对农电视要把党对加强农村工作的领导思想及时化作新闻工作的行动目标，把自身的新闻报道、政治宣传、舆论引导优势转化为推动乡村振兴的行动优势，围绕乡村产业、乡村治理、乡风文明、城乡融合发展等，做好新闻报道和节目策划，强力推进乡村振兴战略的宣传阵地建设。

国内农业电视节目数量较少和质量较低，不能与我们作为一个农业基础雄厚的大国相匹配、协调发展，现在农村是一个开放性的社会，各种资讯充斥其中，数量繁杂，导致主流声音难以直接有效地传达，人们对发展前景缺乏认知。因此，农业电视刚好起到宣传乡村振兴发展道路的作用，以凝聚思想、鼓舞干劲和多样性的节目内容填补人们精神需求的空白。在《国家“十三五”时期文化发展改革规划纲要》《中央办公厅、国务院办公厅关于进一步加强农村文化建设的意见》等文件中都强调要增加政府投入，加大新闻、信息、文化资源向农村倾斜，逐步改变城乡之间知识经济、信息传播发展不平衡的现象，各级电视台都要加大对农村和农业报道的力度，增加农村节目、栏目的分量和播出时间份额，在农民日常生产生活和思想政治方面，充分发挥电视传媒的宣传功能。

农业电视在国家乡村振兴的三农发展大环境下，要积极配合国家发展中心任务，深入宣传推进农业供给侧结构性改革，贯彻农业高质量发展的政策理念，充分发挥意识形态保障、信息资源供给、文化传播传承功

---

① 农业农村部．国新办举行全面推进乡村振兴加快农业农村现代化发布会［EB/OL］.(2021.07. 09)［2022-02-10］. http：//www.moa.gov.cn/hd/zbft_news/xczxnyncxdh/.

能，宣传走中国特色社会主义乡村振兴道路，全面宣传推进乡村产业、文化、人才、生态、组织振兴的重要意义，加快现代化建设，实现农业高质高效、乡村宜居宜业、农民富裕富足，在宣传建构城乡互补、工农互促、协调发展、共同繁荣的新型城乡关系等方面下足功夫，这是摆在电视媒体人面前的重要使命，要朝着这个发展方向确定报道思想、策划节目主题。

2. 各地三农不同情况决定了传播形式与内容的地方特异化

地方性的农业电视立足于地方经济社会的整体改观，可以直击目前城乡二元发展差异，容易找准当地农村生产力发展的不足因素，因地制宜地策划主题；同时，地方涉农电视的主创人员熟悉当地农村的种植养殖情况和农村第二、第三产业的结构特征，对当地的风土人情以及农村党建、村建等基层组织建设方面的发展情况也比较了解，在新闻报道上可以做到有的放矢；另外，地理位置上相对较近也是走基层方面的便利条件，紧急采访任务从采访到编辑播出当天可以完成，新闻时效性好，即使是长期蹲点和下乡调研，也不离本乡本土，对民情熟稔，采写出的稿件和内参可以做到见解深刻、掷地有声；在宣传发展当地的农村教育科技、医疗卫生和乡村文化等社会事业，以及在宣传加强农村环境卫生整治、美化村容村貌等方面，能结合某个县区、某个乡镇、某个村组的实际情况，有针对性地揭示和解决问题，在推进农村民主政治建设，提高农民的民主法制意识，推广其他地区优秀、成功建设经验方面，可以与地方政府的相关工作的开展进行协作，促使工作面的全面铺开，对于形成稳定和谐的地方农村社会治理环境和良好的三农发展舆论氛围作用巨大。

各地农业电视的发展应各具特色，节目内容丰富多彩且具有特异性，有鲜明的地方特色，从形式到内容克服创作的同质化。省级地方农业电视节目开办较早的是吉林电视台的乡村频道，吉林的经济总量在全国排名并不靠前，为什么在吉林会产生我国第一个地方性的专业农业电视频道呢？吉林是农业大省，农业问题、农民问题是关系吉林农村经济腾飞的重要问题，也是关系跟进国家现代农业发展目标、关系全省经济整体发展态势和指标的重要方面。在吉林省所有的土地资源中，林地、耕地、牧地配比均衡，吉林的农业机耕面积约占全省耕地的80%，农田有效灌溉面积占60%以上。吉林中部的松辽平原是著名的大豆之乡，是我国重要的大豆产区和玉米生产的黄金地带，玉米产量常年居于全国前列；吉林东部延边盛产优质稻米，经济作物葵花籽和甜菜产量分别居全国第一位和第六位；吉林省畜牧业也很发达，吉林西部草原为全国羊草草场的分布中心区，吉林中部低处多“水泡”等湿地湖泊，是冷水淡水鱼的重要产出基地。农、林、牧、副、渔多样性的农业经济结构类型，大宗农业经济作物的丰富产量，加之众多的农业人口，是吉林作为国家重要农业大省的现实状况，在乡村振兴、东北振兴的宏图伟业中，宣传是关键和重要一环，必须积极利用新闻媒体作为宣传排头兵，推进农村新一轮的发展建设，“电视是大头、节目是关键”，专业化农业电视的宣传工作对于推进东北地区的全面复兴，特别是宣传以推动农业农村“两个现代化”，带动其他产业的区域“赋能”与产业更新，是十分有效而且迫切的。

吉林是农业大省，具有多样的土地自然条件，省域西部北部多平原和湿地，东南部是山地，这两个区域发展规模化的种植养殖业和林业经济的自然条件好，本身农业基础也好，加之黑土地土壤肥沃的自然优势，自古以来就是发展农业的优势地区，省内四平、公主岭等地农业发达，是著名的商品粮基地，吉林省内各地农业发展的多样性与丰富性，为电视工作者进行新闻报道提供了大量可资采写的生动、鲜活的素材，新时代农村的广阔天地和黑土地多彩的农村文化又为农业电视节目提供了源源不断的创作资源，因此，地方电视可以因地制宜地在宣传推进以农促工、以农带贸、城乡一体化的地区发展，以及在宣传优秀农村文化建设方面来推动吉林全省农业经济社会的全面发展。

地方农业电视要打地方牌，走因地制宜的传播路径。以东、中部几个农业大省为例来说明地方农业电视传播的特异性，之所以称这几个省为农业大省，并不是说这几个省的农业产值在国民经济的总产值中所占GDP

比例很高，恰恰相反，这几个省的第二产业和第三产业压倒性地超越第一产业，且都在国内排名靠前，省域综合实力也排名靠前，如山东与河南，在2020年分别排名全国第四、第五位。说它们是农业大省，是指不论是现在还是在我国几千年的农耕文明史上，它们都举足轻重，从来不以轻视和牺牲农业来发展工业，农业受到人们重视，而且农业各项产业的发展呈如火如荼的态势。例如，山东自古以来就是中国经济棋盘上的“車”，近年来，山东农业经济取得跨越式发展，形成以外向型农业经济、海洋农业经济、集约农业经济和高附加值农业经济为主的现代农业发展模式，早在改革开放之初，山东的农业生产和乡镇经济就走在全国前列，通过当时的电视等媒体的广泛新闻宣传，这里走出了胶东半岛发展集体经济、村组经济的“蓬莱新八仙”，特别是从20世纪80年代开始，寿光的蔬菜大棚和胶东半岛的海产养殖的产业经验影响带动了国内众多省份的反季节蔬菜和水产养殖经济的发展，这些都离不开农业传播，离不开一批又一批新闻人、电视人的努力。2002年4月，山东电视台在1997年开办的《乡村季风》栏目的基础上开办山东农村科普频道，2009年1月，频道内面向农村的民生新闻栏目《一切为了群众》开播，2018年12月，《山东三农新闻联播》栏目开播，进一步提高宣传农业发展和农村建设的力度。山东农科频道正在积极宣传山东农业发展特有的“五化”概念，“五化”包括科技化、产业化、机械化、组织化、国际化，这也是其他省份的农业发展值得借鉴的，2020年重点宣传“农业产业化联合体”“订单农业”“托管服务”“家庭农场”“农业社会化服务组织”等36个重点典型，宣传这些示范型案例的个性特点和值得借鉴的共性经验，在全省、全国范围内介绍它们发展农业生产、为农服务、带农增收的新方法。

地方农业电视要注意“落地开花”，注意传播的广度。河北作为华北地区的农业大省，三农宣传一向紧抓不懈，河北电视台农民频道以服务农业、农村、农民为宗旨，解读涉农政策，关注农民生活，传递致富信息，目前无线和有线电视传输已经覆盖全省，采写、制作的节目内容涉及北起承德、张家口，南到邯郸、沧州的广阔农村，收视人口3 000余万，特别是在冀中、冀南的石家庄、保定、邢台、衡水等传统农业地市有广泛影响力，在农村地区的收视率排名靠前。

“河南作为中国第一农业大省、第一粮食大省、第一农业人口大省、第一粮食加工转化大省、第一劳务输出大省，农业丰产、农民增收、农村发展对于河南乃至中国来说，有着重要意义”①，2005年10月，中国共产党十六届五中全会上提出大力推进社会主义新农村建设之后，河南新农村频道酝酿而生。省有关部门非常重视，对新农村频道的筹建工作给予了大力支持，一周时间就给予建台批复，广播电视局党组从所属大型新闻单位选聘了一批精干业务人员组成筹备班子，将新农村频道交给新成立的企业化运作的省影视集团来管理。为了完成新农村频道的覆盖工作，广电局专门发文要求各地市免费传输新农村频道的信号，在频道内容上，要求电视节目紧紧围绕中原特色，围绕现代河南农村“生产发展、生活宽裕、乡风文明、村容整洁、管理民主”的主题下农村、走基层，记者的足迹遍布豫西山地和豫东平原，从黄河以北的安阳、濮阳到淮河流域的驻马店、信阳等，在省内十几个地级市积极开展对新型农业化、新型城镇化、新型工业化的多方位的新闻报道，宣传河南农业的“三化新途”。

三、乡村振兴视角下地方农业电视传播理念

（一）在思想上树立为三农服务的根本宗旨

与我国新农村建设配套的新农村报道，有没有落到关键点上，有没有有的放矢，农村报道的着力点在哪里，都是新闻工作者应积极思考的问题。建设富裕富足、美丽兴旺的社会主义现代化农村是我国全面进入较

① 张克宣．“7”彩梦想“9”在路上——河南电视台新农村频道（第9频道）创办7周年的思考［J］．当代电视，2013（06）：39－40．

为发达社会主义现代化国家进程中的重大历史任务，也是系统庞大的振兴工程，涵盖了农村政治建设、经济建设、思想文化建设等各个方面的提振与引领。对农宣传的根本宗旨就是要服务好“两个一百年”奋斗目标的中心任务，特别是在农业领域的第二个一百年的奋斗目标中，形成强大的宣传力，不断强化党对农村基层组织建设和乡村治理的指导思想，不断弘扬和践行社会主义核心价值观，吹响新时代农村物质和精神文明建设的号角。

当代的新农村报道，要与党中央的战略部署保持高度一致，坚持改革、开放、与时俱进、不断创新的根本指导方针，以先进的发展理念起到对农业、农村、农民的教育、引领、带动作用。对农电视节目的传播理念应体现在以下四个方面：一是大力宣传巩固和完善农村基本经营制度，深化农村土地制度改革的理念；二是大力宣传巩固脱贫攻坚成果，完善农村保障体系的理念；三是宣传构建现代乡村产业体系，大力宣传以现代农业科技为支撑和推进农业绿色发展的理念；四是大力宣传加强乡村公共基础设施建设，提升农村基本公共服务水平，加快城乡融合发展的理念。通过对这些内容的广泛宣传，为建设农业农村的工作开展营造良性发展的新闻空间和积极鼓劲的舆论氛围，并不断以创新思维为三农事业提供精神动力和智力支持。

例如为了大力宣传发展现代高效农业，应将重点放在对发展农业装备制造业、提升农业机械化、自动化水平的宣传上。为了做到将物联网农业以及设施农业等农业产业化知识在农村的普及与推广，在相关的农业种植养殖和农产品加工等方面的报道上，节目的记者与编辑应该精心组织报道策划。在记者采访活动上，走访、考察上至科研院所的专家，下至县乡基层的农机、农技与植保服务站，形成符合农民需求的节目内容，集中反映农民在生产生活中最迫切需要解决的问题，以带给农民实惠、得到农民喜爱为报道宗旨，带给农民打开优质高产农业之门的“金钥匙”。

乡村振兴离不开文化旗帜的引领，离不开面向农村公共文化的服务工作。在发展农村文化方面，要坚持两手抓，一手抓传统优秀文化的复兴、一手抓现代文明的传播，坚持不懈地推动农村精神文明建设。吉林乡村频道在这一点上一直做得特别好，以推广传承东北地方农村喜闻乐见的“二人转”“吉剧”为突破点，自办文艺类节目，《乡村四季》《乡村聚焦》《乡村综艺》等栏目均得到观众的认可和喜爱，形成了稳定的收视群体，获得了较高的收视率。特别是《乡村大戏台》节目，把舞台搭设到农村大集、村委大院，突出农民的参与性，以“农民演、演农民”为宗旨，以文艺活动寓教于乐，宣传效果好。除了自办文化类专题节目，乡村频道还大量播出农村题材的影视剧，与其他影视制作公司合作，投入资金和人力、物力摄制具有浓郁东北风情和乡土生活气息的电视剧，《种啥得啥》《都市外乡人》《我的土地我的家》《鲜花盛开的山村》等广受好评，其中《我的土地我的家》连获第29届中国电视剧飞天奖长篇电视剧一等奖、第十三届精神文明建设“五个一工程”优秀作品奖以及第27届中国电视金鹰奖优秀电视剧三项殊荣。

21世纪20至30年代将是我国新农村建设的纵深推进阶段和全面进入农村现代化的关键时期，建设美丽、富裕、文明的新型现代化农村是重大而长远的历史任务，要让人民群众明白未来乡村振兴的方向、重点和意义，要通过农业电视的传播，引领、带动群众，服务到乡土社会每一个角落、服务每一个农民个体，形成全社会共同关注和参与的强大舆论氛围。

（二）在模式上坚持高端化和公益化

高端化是指三农电视是党和人民的喉舌，面向农村的电视节目是助力社会主义三农发展大业，推动农业进步，造就有理想、有文化、有技术、有担当的社会主义新时代农民的社教平台，是推动农村各项事业可持续发展的可依赖的资讯支撑，它是农业先进理念的“播种机”和“宣传书”，它是党和政府三农工作的“宣传队”和“工作队”，它不但是大讲堂，还是“科技苑”和“文艺百花园”。

农业电视节目的宏观高端指导思想直接来自党和国家的农业战略部署，它高屋建瓴，全面、准确、客观地看待问题，以辩证思维统领发展农业全局，不以碎片化的视角看待事物。在报道上，记者带着问题下乡，抓难点、抓热点，站在政策理论的高度分析问题，采写的内容是地方性的，同时也具有全局意义，节目要做到举一反三，节目内容具有普适意义，在宏观统领、舆论引导以及政策扶持、示范展示等方面具有辐射、带动和影响作用。

农业电视事业是党和国家宣传事业的组成部分，它承担着社会责任，不以营利为目的，相反它依靠运用国家财政所配给的资金去制作节目，即使是有些栏目采编、制作的成本高，即使是有些节目是公益性质的，亏本制作，也要积极地运营下去，因为基于公益性运营的亏损是将“公利性”输送给社会和大众，就像是国有运营的铁路和邮政一样，不能因为一些边远地区的业务量少而中止线路建设。

农业电视节目以提高农民科技文化素质为主要目的，以传播技术、经验和信息等为主要内容，作为公共事业，属于扶持农业的公共性节目，不能以经济效益最大化为出发点，节目宗旨一经确定，就要坚持社会效益优先的原则，很多农业节目失败的先例就是在节目存续的时间里，在原则坚守上把控失措、把握失度，被经济创收指标影响，定位游移，不断改版。改版是属于创新性革新和变动，本是常规性操作，但这不是借改变栏目和内容以吸引广告的借口，不可偏离公益的初衷，特别是一些农业频道，既想办给农民看，体现农业性质，又想争取更多的广告投放，结果节目唯经济效益论，内容五花八门，很多似农非农的节目“插科打诨”，成了“四不像”。

地方农业电视创办的初衷就是为了农民群体的自身发展和切身利益的实现，服务于国家和地方的三农工作大局，鼓干劲、解疑惑、送信息，传国家政策、听农民心声。作为对象性较强的服务类节目，需要了解农民最需要什么，据此来确定节目的内容，吸取优秀、成功的经验，打造服务型媒体。例如河北农民频道早期的一档栏目《走进城市》就是一档策划成功的公益性节目，编创者善于站在农村外出务工者的角度去发现问题和展示节目编排的脚本情节。《走进城市》是一档服务于农民工就业的节目，以节目中推介家政服务员的内容为例，该节目每期推荐一名求职者，通过叙述她们的人生故事和技能展示以及与有需求的雇主进行现场热线互动等环节，帮助这些农村妇女在城市找到保姆、钟点工等工作。在节目中，把视点放在具体真实的农民个体上，把对农民的人文关怀体现在每一个求职者身上，只要他们愿意，在打工过程中有困难、有困惑，都可以联系节目组。《走进城市》栏目结合众多农民走向城市务工时发生的故事，使帮助与服务的对象具象化、真实化，把他们请到演播室，反映他们的喜怒哀乐，节目既有纪实特质，又有艺术化营造，能解决一部分农村外出打工者的务工就业的实际问题，具有较强的公益效果。

农村建设、农业发展与农民小康等三个问题是当前农业发展的三个重要方面，从建设的角度来考察三农问题，电视节目的基本着眼点应为如何推进农村经济、社会的全面发展，促进农村面貌的改观，促使广大农民群众普遍融入现代文明的生产、生活领域。各地方农业电视节目应不断创新节目的公益形态，提高媒体资源对社会、对他人的帮扶效益，努力做好地方农业电视节目的公益运营，这也有助于形成突出的口碑效应。目前，国内农业电视经过不断调整节目形态，已经初步形成功能比较齐全的公益节目群，如河北农民频道免费法律调解节目《非常帮助·帮大哥》、科技节目《农博士下乡》，陕西农林卫视培训专栏《农民讲习所》、普法类栏目《天天看法》等，制作播出了一大批贴近农民需求和政府需要的好节目，为我国农业和农村经济社会的发展做出了贡献。

（三）在形式上注重严谨性和易受性的统一

农业电视节目内容集政策、科技、知识、生活等为一体，因此要注意节目风格的整体性和各个节目风格的特殊性，涉及三农政策、经济类的新闻节目、政论节目、专家访谈节目等，如涉农会议的报道、决议精神的宣传以及涉及对农业法律法规、国内外农业经济信息等的报道要注重严谨性、准确性；而文化、文艺、知识类的节目，则要注意受众的易受性。

从源头上说，电视画面的采写制作与最后形成的风格有较大关系，镜头通过捕捉现场景物记录下画面，镜头语言具有记事性、纪实性、运动性等特征，通过影像、光线、色彩以及后期制作中的文字、图形的组合、配比，合成画面。镜头画面决定电视画面，镜头语言的运用决定了内容的风格，因此，电视记者在三农新闻现场或固定的场景进行节目的采访摄录时，至关重要的是要根据预设风格和节目特点，在把握眼前情境的基础上，如何将场景中的人和事物整理成一组逻辑有序的画面。在编辑时，把采集的镜头画面连结，既能体现新闻价值、又能体现节目风格，从而使观众对信息产生视觉、听觉上的感受。为此，遵从视听传播规律，如何对镜头语言进行策划与设计以吸引观众的注意力是十分重要的。

节目形式或严谨或通俗易受，无疑对新闻制作提出了要求：一是要注意长新闻和短新闻的搭配；二是要注意插图动画的使用；三是要注意主持人播报新闻的节奏；四是要注意严肃与活泼的有机结合；五是要注意画面与色彩的对比效果。现在某些学校一些刚毕业的编导，受某些网络编辑风格的影响，摄录、制作的画面跳动频繁，使人眼花缭乱；穿插各种突然出现的电脑生成的画外音，使用各种无聊、意义低俗的“反智”元素，如“斗图”“网络表情包”等，在栏目结构性要素，如新闻标题、导语、字幕以及片花的制作等方面哗众取宠，有的是大标题、“浓眉大眼”式创作，内容空洞无物或文不对题，这些都不利于农业节目的发展。新手编辑一定要学习老媒体人扎扎实实的编辑作风，学习优秀的采编摄录技术，在做节目前，要学习相关知识，农业节目电视采编工作的基础是掌握深厚的文史哲知识，要对区域发展史、区域地理有所研究，要对农业政策和农村生活深入了解，不能变成电脑设计手段的“低端秀场”，切不可花拳绣腿，华而不实。

除了政治类、政论类节目需要加强严肃性、严谨性之外，在消息类节目中，新闻排列与播放次序应注意按照新闻重要性的次序进行衔接，要按照当前三农工作中心任务的重点进行编排；在专题类节目中，涉及的每一条资讯都要挖掘与主题相关的内容，做到论点明确、论据充分、论证严谨。如拍摄一期关于某地农村河流、河道的污染治理、水系廊道建设的30分钟的新闻专题，可能要涉及几个县区、几个乡镇，这就要求每条新闻的若干秒的动态或静态画面要能提供数个主题高度一致的内容，用以说明、衬托以及表达论点意见。但是，有的节目为了节省外出拍摄和后期制作时间，采取了同一镜头多次采用、他地相关镜头移植、“移花接木”的做法，看似问题不大，受众不注意可能看不出来，实际上对节目的声誉影响很大，除了表现出采编人员的责任意识差之外，也违背了新闻的真实性原则。

农业电视作为大众化节目，还要在节目的通俗易受性方面要下功夫。

首先，在节目主题的易受性上，要接近时代、接近所处区域的实际发展特征。目前农村大量青壮年都选择外出务工，他们接触的是新鲜变动的世界，接触的是外来文化和城市文化，如“二代农民工”“90后”“00后”，这些农村人口已经和他们的祖辈、父辈在生活习惯和文化习惯上产生很大的隔阂和不同，对节目的兴趣和对信息的需求心理已经发生了巨大的变化，因此在创制农业电视节目时，需要加入时代元素，以此来引起这些潜在收视群体的共鸣，做出他们爱看的节目，扩大节目收视市场。以广东电视台新闻频道反映珠江三角洲地区社会与时代变迁的系列纪录片《南粤纪实》为例，节目所采写的人物身处人们日常生活和工作所熟悉的场景中，报道真实的人与事，无论是来自农村的打工人，还是坐地收租的城中村业主，他们面对着城市不断扩张、乡村逐渐消解，面对制造业不断地升级、转移、涨涨落落，面对外面多变的世界，他们的内心感受是怎样的，是如何考虑，又是如何应对的？我们的电视节目应该采用什么样的视角，采取什么样的画面叙事手段，去发现和记录芸芸众生的生活，以及城市与乡村、繁华与落寞、挫折与欢喜、机遇与跌宕、勇敢与消沉，是值得思考的。记者和编辑面对一个个或理性、或颓废、或成功、或失败的人生，如何用文字、画面、光影去处理新闻素材，使节目内容带有时代烙印，耐人寻味，引起思考，从而广受关注，是我们要思考的。

栏目创新是对农电视取得突破的关键，在内容上应拓宽报道面，民生新闻是对农电视节目取得突破的关键点之一，多播放一些具有浓郁地方风情、农民参与性强以及细致反映乡土农民和到城市务工者的生活面貌的节目，多反映他们的喜怒哀乐和苦辣酸甜，借此引起他们对节目的共鸣。

其次，在节目形式的易受性上，要考虑受众的接受能力与接受偏好。农业科技教育节目在编排上如果只是文字加上解说，课程化地讲解、介绍农业种植养殖知识，或者画面只局限于专家连线或远程教学，会使观众觉得枯燥，从而失去观看的兴趣，需要丰富编辑形式。在某栏目某期关于蝎子养殖的节目中，主持人先让蝎子养殖专业户的大嫂表演生吃活蝎子，消除受众的恐惧心理，进而再让养殖户大嫂介绍如何进行蝎子的科学、安全养殖，使电视机前想要养殖的农民朋友打消入手此养殖项目的疑虑，这样的宣传效果是书本上难以取得的。

最后，在节目内容的易受性上，要考虑传播效果。在涉农人口中，由于文化程度参差不齐，一些群众的受教育程度较低，看电视的动机主要是娱乐和消遣，偏爱影视、文艺和娱乐节目，有些群体对这些节目中生动有趣、直观的内容比较感兴趣，也容易接受这些节目所表达的主旨和意义，因而更易受到影响，因此，要研究如何发挥这些节目的文化效应和潜移默化的教育功能，从而“寓教于乐”。例如，在一些法制教育的节目中，可以把实际案例改编成微型电视剧，然后再带着观众“说事拉理”。

农业电视应把栏目办成农民的知心朋友，展现农村的广阔舞台，力求从农民生产、生活以及身边小事情说起，从围绕农民身边的人、事、物讲起，说农民的心里话，讲农村的实在事，聊三农的大格局，使节目氛围不说教、不生硬，把情理、道理融入故事之中。我们的主持人可以尝试利用个性化的语言，有些资讯型节目可以改“播”为“说”，改“正襟危坐”为“娓娓道来”，在节目中设计“小插曲”“小花絮”和小节目，强化节目的戏剧效果，提倡“参与式”“双向式”“互动式”的节目形式，充分尊重农民的主体性，以此来抓住观众。

四、地方农业电视在“两个现代化”建设中的禀赋功能

（一）解读农村新发展理念，引导监督政策施行

建设社会主义物质富足、生态和谐的新农村，是党中央从贯彻落实科学发展观、构建小康社会的全局出发作出的重大战略部署，是我国农业现代化进程中的重大历史任务，是解决三农发展问题的重大战略举措。地方农业电视节目的首要任务就是要传播农业新闻、传递国家政策，通过大力宣传，让农民了解、掌握国家出台的各项方针政策，对其中建设发展的理论和热点问题有深化认识。为了更准确、更生动地解读新农村发展理念，引导农村主流舆论，节目的制作、播出要与政府农业厅局、农业委员会等相关职能部门相配合，请相关农业部门的专家、学者和官员到演播现场进行采访、座谈；下乡的记者、栏目主持人也要与村组负责人和农民朋友坐到一起，分析当地三农发展的焦点问题，节目话题与当前发展的热点、难点等实际问题紧密结合，配合国家政策和地方办法，有利于问题的明朗化和进一步解决，即使一时解决不了，在节目的促进下，也可以推进解决条件的生成和各种矛盾因素向有利方向的转化，形成内参上报，引起相关部门和领导的重视，促进问题的解决。

农业电视节目可以将国家农业部门、各地农林厅局和媒体等有关方面的优势资源进行整合，有利于弘扬发展主旋律，确保权威性，有利于确保农业节目的宣传效果。福建电视台乡村振兴·公共频道紧紧围绕福建省委中心组开展工作，突出抓住社会主义美丽新农村建设的主线，设立固定的访谈类三农专栏，时常邀请农口主管部门领导、农业专家走进直播间，深入浅出地解读农村振兴的理念以及省里出台的新政策、新规定，多角度报道福建各地农村各部门贯彻国家和省政府在农业农村发展决策过程中的新思路、新举措、新经验，评说新农村建设中的新问题。在其他系列化的节目中及时向各地传达省政府关于三农发展的意见，全面阐述国家和地方出

台的建设社会主义新农村的各项决策的由来、任务、目的和意义，生动展示福建解决三农发展问题、振兴乡村发展的奋斗历程。

多年的农业电视传播实践证明，要积极跟进国家农业政策，定时、定期、定栏目地在电视节目中以三农新闻报道、电视专题片的形式，将三农政策、热点问题、焦点案例深入浅出地采编制作出来，将人们看不清、辨不明的问题，以视频、图示、解说、理论研讨、案例分析的方式，先列举真实案例，再通过“掰开了、揉碎了”的直观画面与通俗语言，以一期一个话题的方式去介绍政策，展示农户的成功经验，反映地区存在的问题，这是适应政策理论节目收视习惯的专业创作需要，节目内容既要体现政策的含金量，又要有效地传达政府与媒体的理念，使受众看过之后印象深刻，并且有深刻理解。例如在农村集体土地的流转、承包、征用等方面的新闻采写与报道，积极宣传国家在征地制度方面的改革措施，告诉广大农民朋友如何在符合国家土地规划与利用政策的基础上，确定土地的继承方式，进行土地的流转，利用典型案例结合政策文本的介绍方式，使得农民知晓国家土地政策，对于农民盘活土地资源、积极发展生产以及捍卫自身的土地权利和土地收益，效果显著，是农民朋友“不花钱的专家和律师”。

为了将党和国家的农业大政方针从国务院第一时间传到千家万户，农业电视节目的主创人员首先必须吃透政策理念和文件精神，再通过制作多层次、多角度的节目来进行宣传，例如每年国家都有关于精准扶贫、产业振兴的惠民补贴的下拨，这些财政投入的发放原则、发放标准、发放去向要及时地通过新闻节目报道出来，这关系到国家对农村财政投入是否到位、是否透明的问题；还有移民、搬迁、救灾以及农村社会福利等方面的报道，也要广泛地宣讲解读。对于这些事项，国家每年都投入大量资金，但是，财政投入配给到了基层以后，有的地方分配不公开、发放不合理、细目不明晰的现象时有发生，个别基层干部曲解文件精神，个别地方支农渠道结构不合理、支农资金的投入与使用等管理体制不完善现象较为突出，很多惠农补贴钱款并没有真正施行到需要它的项目和农户身上，这就需要电视节目通过广泛的新闻宣传和舆论监督，确保惠农资金的合理使用和分配，防止某些基层部门肆意截留或被个别干部违法侵吞挪用。电视节目中要有一定量的批评性报道，要对农业发展中出现的对三农政策精神贯彻的滞后、曲解、折扣现象予以曝光，对三农社会中出现的与政策相左的不和谐、不正常现象予以揭示和批评，深入人心地推广政策，更好地宣传、监督三农政策的落地生根、贯彻推行，让政策普惠于民，起到凝心聚力、鼓足干劲的作用。

农业电视还要多关注农业农村“两个现代化”建设中农民不熟悉的领域，正是因为陌生，才不能回避，要加强报道的力度。例如，在对国家关于三农发展的财政与金融领域的报道中，由于财经类新闻的专业术语难以被一般受众理解，农业财经新闻又很重要，因此，在做节目时，除了要注意在解释的深度和通俗性上做好平衡，还要加大对涉农财政资金、金融信托等领域的报道，力求让每个农民朋友通过收看节目，可以了解科技下乡、农机补贴等各种惠农政策的具体内容。

（二）传递各地新发展动态，交流现代化建设经验

为了扎实推进乡村振兴建设中的新闻报道和政策宣传工作，农业电视必须承担起信息交通员的责任，在消息报道和其他专题类节目中，把各地好的做法、好的经验推广开来，多采撷各地的成功经验与先进做法，进行广泛的推广，从而促使各地的农业工作者根据当地的实际情况，结合其他地区的先进发展经验，从实际的角度出发，因地制宜地制订发展措施。例如，在关于农村进行“六改”“四普及”“两免两补”（即“改路、改水、改圈、改厕、改房、改环境”“普及沼气、普及太阳能”以及“改房图纸免费、规划审批免费；补物、补钱”）的有关报道中，通过电视新闻报道中背景与实例的链接，说明建设的意义，深入浅出地讲情况，细致入微地做介绍，并对其中的要点进行解读，可以使人们根据他乡成功经验，可操作性地选择自身发展的举措与模式。

对农报道要多方面、多角度、多渠道地以新闻人的不懈追求采撷各地农村发展中的新鲜事，把值得其他地区可以借鉴的经验、做法以及地方性

的小政策、小规制广为宣传，进行推广，帮助农民发展生产力，建设美好家园。四川电视台乡村频道的省内传播面涉及二十余个地市，在农村住房改造、农村小城镇建设方面的报道上，独辟蹊径，并没有像其他地区一样同质化地宣传“土地集约、农民上楼”的农村社区商品楼式开发模式，而是积极采写报道那些极具地方发展特色的改造、建设、开发做法，把省内外那些善于紧扣地方实际、体现产业兴旺、生态宜居发展思想的地方做法，向全省一百余个县推广，节目立足四川山、川、原、峁等多样地形的特点，陆续推出一系列宣传既具有乡土村落气息又具现代时尚感的节目，向人们展示各地建设美丽乡村取得的进展和成效。其他地区的电视节目也要善于发现好经验、好典型，适时推广，将这些基层农村的灵活创造展现出来，从而使各地的新农村建设在村容村貌的现代化改观以及小城镇建设上各具特色，符合群众农业生产生活的实际诉求。

通过收视这些具有经验交流性质的农业电视节目，农村基层干部可以获得对农工作的启发和帮助，并应用到当地具体的农业管理工作中去；农业企业也可以获得在新农村建设中蕴含的商机，从而积极地内引外联、沟通有无、活跃市场。农业电视的交流性、沟通性作用就是调动和激发各地、各方面的积极性，节目应善于捕捉各地在新农村建设中的新动向，抓新事物、抓新经验、抓新成就、抓新风尚、抓新人物，同时反映新问题，促使人们把握当前农村发展的最新走向，对各项工作及时地做出调整、科学的正确决断，更好地建设我们的农村。例如，河南作为我国地域人口较多的农业发展大省以及农业生产力向全国辐射的农业强省，河南各地的农业生产呈现多样性和丰富性，有 5 000 年的农业耕作发展文明史，当代农业更是欣欣向荣，农业产业门类齐全、各种作物产量巨大，不少农作物和农产品的加工量位居国内前列，河南新农村频道（乡村频道）着力宣传中原农业发展的大好形势和新的发展契机，从 2015 年以来，在新闻、访谈、纪录片、综艺等各类型的节目中大力宣传“不牺牲农业和粮食生产”的新型农业化和新型城镇化的中原经济区发展理念，将好经验向全省推开，现在，从局部地区部署和诞生的发展举措，如高标准农田建设、粮食产业

“三链同构”、数字乡村建设、产业集聚区建设、“四优四化”、品牌农业等已经成为发展经验在省内外推广开来，深入人心，收获颇丰。

（三）拽耙扶犁，对农事农时的提醒与指导

三农工作头绪万千，其中生产是重中之重，特别是具有周期性、循环性的粮食作物、经济作物以及禽畜类的种、养领域的农事生产。我国是传统的种植、养殖业大国，有悠久的农耕文明史，从黍、稷、稻、麦到大豆、棉花以及各种菜蔬瓜果和家禽家畜的培育、种植、收获，年复一年、周而复始，构成了华夏民众的日常生活，一直持续到近代仍是如此。尽管这些只是初级农产品的生产，但是却在农业领域占有极其关键的地位，因为这些出产是大自然不求回报、没有污染、可循环持续、使人类社会得以存在、人类赖以存续的物质源与能量源，也是现代农产品深加工的原材料，这也是为什么第一产业处于基础性、根基性和根源性地位的原因，而且在现代农业产业结构中也涉及这些种植养殖业，所以，对农报道的很大一部分要聚焦在各种基础性农事的具体生产方面，及时按照农历时节指导、督促农民进行田间管理，“务好庄稼”，以免耽误了农时。

特别是现在农村大量青壮年外出务工，土地流转、两季作物变一季、部分地区边缘土地撂荒，出现在经济利益的驱使下人们无心专注稼穑的情况，导致农业生产的不力和后劲缺乏，需要引起重视。现在社会上对农村的空心化现象有民间顺口溜式的调侃，说农村的“‘80 后’不愿种田、‘90 后’不懂种田、‘00 后’‘不知’种田”，“不知”一词道出了对农业生产未来隐忧的无奈，有些农村青少年甚至不知道自家的田块在什么地方。20 年后，如果现在在农村主要从事种植养殖的这一代人老去，农业一线劳动力逐渐难以支撑劳作，未来的农业劳动力资源将后继乏人，更不用说提升生产科技了。尽管现在农业机械化、家庭农场、合作社等农业集约化生产方式的发展正在逐渐铺开，但是还远远达不到要求，即使未来达到了要求，职业农民以及农业工人群体的不断壮大，承接起了农事生产，但是也存在更新换代和知识供给的问题，除了书本、课堂等形式的培训外，依

然需要农业媒体，特别是具有良好传播效果的涉农电视要及时跟进，因为很多人是通过媒体而不是书本等方式习得农业知识和操作技术的，因此，如果再不加强对农业生产的提醒和指导，未来农业生产的状况将更加弱化。

根据传播意图的发起点，农业传播的传播动机是面向当代农村为引领和影响农民、服务农民而传播，从传播的内容组织来看，农业节目内容的设置与编排必须明确每一个时期三农工作的重点，按照各个时节的农时农事的变化对各项农事生产及时做好提醒和指导，契合位于一线生产的农业受众对节目内容的需求，进而提高媒介的接触率与收视率，这也是有效报道的基础。有些农业电视频道在这方面急农民之所急、想农民之所想，积极开辟节目源。例如，陕西农林频道的节目在设置上，根据各地农事生产的季节性不同，固定相关栏目的播出时段和比例，采集大量的生产型资讯，满足涉农群体对作物生产、产品交易的需求，在节目中重点突出农业科技、农经信息对生产一线的影响，近几年围绕“增产、增收”两大中心任务，从种植业结构的改革开展对中央1号文件、“两会”看农业等政策性内容的系列解读，在2016年至2019年间，每到玉米等农作物的种植、收获季节，对国内部分地区的“减玉米、增大豆、增马铃薯”的产业规划与调整作了大量宣传，对南方某些地区的部分农民以大量种植甘蔗、香蕉等经济作物提高收入，将原有基础粮田改成果田，甚至改成鱼塘，导致的危害18亿亩*红线以及忽视粮食作物生产的现象，每年都进行提醒和警示；每年还按照农时顺序，重点策划组织“春季禽流感防治”“夏秋田间驱虫打药”“测土配方施肥”“秋冬种工程”“冬季农田水利设施维护”等紧随农时农事的提醒报道；每逢“春耕备播”“三夏三秋”时节，面向全国不同地域，紧跟农时农事，推出大量与农民生产息息相关的实用信息，做到及时提醒、尽早安排。2020年国内生猪存栏量大幅下降、库存减少、市场供应不足时，积极组织畜牧专家、生猪生产企业和养殖大户联合摄录

* 亩为非法定计量单位，1亩≈666.7平方米。——编者注

节目，在电视上及时开辟“生猪繁育生产”等对养殖生产和社会需求有实际直接指导和帮助作用的节目；在2021年夏季的农历六月初一前后几天，根据农历农时，在连续一周的节目中提醒江苏、湖南、江西等双季稻地区尽早进行早稻收割，防止雨季时的损失。

再比如农业气象信息报道，农业电视的报道不但时效性强，对于农民根据气象变化安排农事有指导意义，而且对防止区域性自然灾害有预防意义。在“大田作业”等传统农业生产过程中，天气因素是影响农事生产的主要因素，每年夏季7、8月间，我国长江、淮河、辽河等流域发生洪水的可能时常存在，台风、暴雨、泥石流以及南涝北旱、局部小流域干旱、洪涝等灾害现象时有发生，而在冬季，北方新疆、内蒙古以及青藏高原局部地区还存在极寒、暴风雪等危害农牧民生产生活的恶劣气象，在西南贵州以及部分省区海拔较高的山区还有可能存在严寒、冻雨等危害过冬作物的恶劣天气，在农业节目中，提前作好天气和地质灾害的预报和警报，是必要的工作。地方性的涉农电视节目一般在灾害发生的半个月前就能做到对某些自然灾害的及时预警，如台风、热带风暴，能够对影响农作物的阶段性天气做准确预测，如预估当年是冷冬还是暖冬，从而提醒农民们是否采取覆膜或“压苗”等措施。一般情况下，农事天气预报可以提前3至5天将气象变化的模拟云图演化准确地呈现在观众面前，而且采编人员在一周之内就可以做好当地防灾、备灾等综合专题的策划预备工作，做好现场报道的物质与人员的准备，进行农事减灾的预防性宣传。

（四）聚集农经，对科技市场信息的筛选推送

农业知识对于农民来说是改变农业生产面貌的法宝，一个农业电视技术宣教节目相当于一所农业中专，一个电视机就是一个小小的空中课堂，家家户户电视机中的农业科教节目，就相当于经验丰富的农业各领域的技术员在手把手地对成千上万的农民受众进行着传授农业种植、养殖技术和产业加工技术的实践教学。

根据2021年第七次全国人口普查数据，我国居住在农村的人口约为

50 979 万人，除去在农村地域生产生活的人口，同时期，全国农民工总量为 29 251 万，其中，外出就业的农民工有 17 172 万人，当地就业的农民工有 12 079 万人，许多农民因为缺少技术和信息而没有走上致富路。面对这么庞大的农业知识传播与传授市场，农业电视大有作为，农业知识技术型节目与新型农民培育、培训节目不但可以在大范围、短时期内提升涉农人口的文化和知识素质，还能解决我国当前农业技术人员不足的难题，使很多农民在收看电视时能学到新技术，便利性、获得感都非常强。

要想提高农民的收入，除了有一个好的政策，还离不开农业科普。农业书籍、农业报刊都是宣传农业知识的渠道，但是出于特定的媒介接触因素，农民的读书、读报率较低，目前很多农业书籍只是摆在书店的柜台里，农业技术只是“躺在、藏在”在书本中，很多书店的农业书籍专柜无人问津，很多书出版之后无人购买，加之本身的印数也少，传播面很受限制，如果把那些能帮助农民提高实用技术、提高致富本领的知识，从书本上移植到电视节目中，结合各种电视编辑手段进行制作就可以取得实际的效果。新时代的农村是科技化和知识化的农村，急需大量实用的农科技术和生产加工知识，其实很多农业技术并不怎么难，关键在推广时要细化到每个环节，要能实现身临其境的讲解示范效果，这些技术如果没有电视镜头的直接捕获和脚本加工，是很难被群众学习、理解并掌握的。

通过农业电视教学节目、农业科普音像制品的播出，广泛地介绍科学种田与特色农业，将无土栽培、桑基鱼塘、矮化果树、“果沼畜”和“菜沼畜”等绿色产业、无公害农业的新概念广泛地加以介绍，打开农民的视野，提高他们的科学素养；把秸秆能源、免烧砖等星火科技项目等通过技术培训节目向农民展示，打开农业产业的致富门路；还要将节目内容采集的重心对准农业发展的前沿，对农资、农机行业的新材料、新设备、新机器以及植保领域的种子、化肥、农药的新品种、新产品、新配方及时地推广，并将目光对准国外发展新动向，跟踪世界范围内的农业科技热点，在这些方面多进行策划选题。

农业电视编辑部门要善于主动联系当地政府、农业部门、农业科研院所，相互协作，将知识与信息及时转化为生产力，提高三农信息资源使用的综合效率。例如，河北农民频道特别重视并尽力满足农民朋友希望能够获取农业知识的需求，《农博士下乡》是一档专门为农民传递科技信息、提供科技服务的节目，受益的是农业生产一线的广大农民群众，每期节目结合农民打来的电话，对农民在种植、养殖、农产品深加工等方面遇到的难点问题，邀请专家、农技人员和致富能手进行解答，整个摄制组驱车到实地、进现场，进行手把手地讲解，通过设立节目信箱、开通服务热线的形式，与农民连接在了一起，立足当前最新实用科技，而且在节目中注重策划，提供的农业知识和技术易学、实用、好推广。

与农业科技知识一样，农业市场信息对农业生产也举足轻重，特别是在买方市场时代，农业的生产经营发展离不开市场信息，要针对国内目前农业生产普遍存在的大而不强、多而不优、优质高端农产品供给市场不足等问题展开报道。以河南小麦生产为例，原有的主要种植品种和大宗产量作物中筋小麦已经不能满足市场对弱筋、强筋小麦产品的需求，“要把发展优质小麦作为推进河南农业供给侧结构性改革的第一任务，弱筋、中筋、强筋实行比例种植，不断适应市场需求”①，为了配合这一政策理念，河南乡村频道积极组织记者到豫北、豫中东强筋小麦以及豫南等弱筋小麦的适宜生长区，开展采访报道，对淮滨、延津、永城等8个试点示范县市，积极组织报道，带动其他地区根据当地土壤等自然条件对小麦生长的比较优势，开展不同筋性小麦的集中连片种植，引导农民群众改变混种、混收、混用的习惯，提高小麦生产的比较效益。

农业市场信息节目是展示各种农产品、农业物资供需状况的消息总汇，当前，分散的农民个体与农产品市场连接不够紧密，农民的交易圈小、信息不灵，跟大市场无法沟通，所以单个的农户生产经不起市场的冲击，无法抵御市场变动的风险。为了不使农产品在市场上卖不出去或者卖

① 中国农村网．以“四优四化”为抓手促进农业大省转型升级——访河南省农业厅厅长宋虎振[N]．河南日报农村版（农业周刊），2018-01-03（5）．

不出好价钱，影响农民增收，地方农业电视节目应及时将采编工作与国家农产品市场信息系统对接，与其他农业部门的农产品信息采集渠道相连接，组织人员从全国和地方性的三农市场信息数据库中做好信息的过滤、选择、加工、制作、播出服务。陕西农林频道每年在夏、秋两季都有相应免费的地方农产品公益销售广告节目，帮助偏远地区和经济欠发达地区的农副产品找销路。

（五）传播有益三农文化，丰富农村文娱生活

面向农村的文化节目可以分为社教综艺类和文艺综艺类两类。很多农业电视的社教综艺类文化节目将知识性与趣味性相结合，突出伦理性与社会性，将热点话题与轻松活泼的编排风格结合，突出节目内容与形式的搭配。《村里这点事》是河北农民频道一档主要由民间艺术能人创作演出的本土微剧小品节目，把节目作为民间人士展示才能的窗口，此节目提出“群众故事，来自群众；群众来演，教育群众”的概念，节目形式是反映家长里短和社会文明的日常小剧，潜移默化地传播社会主义核心价值观，故事取材立足河北乡村大地，对于演员的选取面向所有爱好表演艺术的人，演员全部是非专业出身，来自社会各界。这种模式相对于目前流行于社交自媒体的“网红”小视频等自导自演、自我炒作且过度庸俗的“造星运动”有极大区别，河北农民频道建立了平台，建立了民间文艺创作的主阵地，通过电视这一平台，只要具备一定演艺素养，有积极向上的艺术理想和职业操守的人都能在节目中担纲角色，此举措既保证了微型电视剧和电视小品的制作水准和艺术水平，又向社会和演艺界推出了一大批来自民间的优秀表演人才。非专业演员创作演出的节目在一定的艺术水准和传递主流价值观的基础上，也使每个人都可以成为民间文化、民间文艺的传承人，这些节目生活感强，很多内容都具有教育意义，这些微剧节目等被录制后在黄金时段播出，深受城乡观众的喜爱。河北农民频道还有一档综艺互动节目叫做《男过女人关》，是一档脱口秀节目，以主持人的幽默点评为主线，串起婚姻、恋爱、家庭琐事，以幽默搞笑的素材、台上台下的互

动串接起整个节目，在录制过程中，镜头后面的观众、嘉宾都作为构成节目的娱乐元素，与主持人自然交流，这种不拘一格的节目形式具有鲜明的特色。

很多农业社教综艺节目反映当代焦点问题，有反映进城打工生活和农村青年成长的题材，还有反映促使邻里关系、家庭内部关系和谐、和睦的电视小剧、小品，时代感强、乡土气息浓厚。为了提高传播效果，除了正面宣传，还要注意抓农村存在的负面问题，“正事反说”，通过节目反对赌博迷信，反对铺张浪费，抵制庸俗低俗，揭露农村社会存在的坑骗诈讹等涉及违反社会道德和法律的现象，通过电视将现代意识和时代文明注入农村，传播先进、文明的文化，能够起到改变某些农村存在的不良风气的作用。

除了社教类文化节目，面向涉农群体的文艺娱乐类综艺节目也是农村观众喜闻乐见的精神食粮。陕西农林频道的《三秦大戏台》栏目是一档戏曲节目，栏目为弘扬源远流长的中国戏曲文化、满足戏迷票友的戏瘾而设，播出各类优秀剧目，以观众喜爱的地方戏种秦腔、眉户、碗碗腔、陕北道情为主，兼顾京剧、豫剧、豫剧、黄梅戏等其他有影响力的戏曲剧种，有一定的中老年受众，还推出戏曲四小旦评比，有一定社会影响力，并联合戏曲学校、艺校开展传统文化展演、下乡等活动，保留和传承古老的剧种文化，并力求在戏曲文艺事业上“老树新发杨柳枝”。河南台的戏曲栏目《梨园春》老少咸宜，参赛的选手以河南各地的农民朋友居多，选手年龄层次分布广，每年年终的少儿擂台赛和成人组比赛，因擂主可以获得价值不菲的奖品（小轿车），吸引了众多的参赛选手和观众。除了在传统节目上推陈出新，农业电视还在创办之初就积极开发多种新型娱乐节目，河北台农民频道早期的《源来很快乐》是一档以当时的节目主持人——田源的名字命名的娱乐节目，由三个版块组成：“快乐源语录”以通俗的家常语言点评农村热点事；“源来看世界”由主持人带领大家看乡村奇趣；“小田记事簿”演绎农村小人物的百味生活。节目中的桥段由乡土笑话、幽默短评、搞笑视频等组成，而且素材均来自真实的乡土生活，经艺术化加工而成，节目用“笑眼”的角度去看农村生活，容易使农民产生对节目的亲近感，颇受农民喜欢。

另外，文化类节目也包括影视剧。农民看电视的动机包括娱乐和消遣，农村题材和现代农业题材的电视剧颇受农民欢迎，特别是那些有思想内涵、有教育意义的电视剧对于促使农民思想和观念的开拓和更新有积极作用。如这些年来反映东北地区农村基层党组织建设的主流电视剧《烧锅屯的钟声》，反映淮河流域农家乐发展和沿海地区渔家乐经营题材的轻喜剧《太阳月亮一条河》《欢乐的海》，反映长三角农村企业改革的《温州一家人》，反映农村家长里短有浓郁地方生活气息的《农家十二月》《乡村爱情》，以及反映农村环境卫生整治为主题的轻喜剧《幸福生活万年长》等都广受欢迎。以《我的土地我的家》《喜耕田的故事》《苦乐村官》《白鹿原》《岁岁年年柿柿红》《山海情》等为代表的农村主流题材电视剧在社会上反响强烈，在涉农电视月度、季度的播出安排上，要多引进和购买这些优秀涉农题材电视剧的播出版权，多安排此类影视剧的播放，以飨视听。

（六）常态化深入基层，协助做好乡村“善治”

农业电视节目的三农报道，要展示农村广阔的生活画卷，要让农民当主角，屏幕上要有他们的话语和身影，因此，我们走基层的工作要“在路上”，要多下乡和农民朋友打成一片，可以通过策划各种现场节目来增强“三贴近”（指新闻工作贴近实际，贴过群众，贴近生活）。例如以“宣传新面貌、展示新成就”为主要内容进行小康文明村的推选、评选，以引起当地政府、乡村和农民受众的广泛关注与参与。在此过程中，栏目组应走进村镇社区，和乡村干部一起制定评选内容和指标，贴近农村实际、贴近农民生活，如把村道卫生、农厕改造、五好家庭等方面列入评选条目。在活动中，使村镇社区踊跃参与的群众以及聘请的大众评审团走进参选村落，采取现场评审的办法，把现场颁奖与涉农综艺节目相结合，把文艺舞台搭到乡村田野，还可以借此机会将农资销售引入村组社区，搭建起互动桥梁。

诞生于2007年的浙江公共新农村频道，在2016年为了扩大传播面，转版改制成24小时滚动播出的公共新闻频道，并专门设有对农节目，尽管频道的名字改了，但是并没有脱离对农宣传的业务一线，而是更好地宣传了浙江高度发达的农工商经济以及紧密结合的城乡一体化，展示了浙江城乡发展一元化的时代进程。早在开办之初，为生动地展示浙江三农建设的生动样貌，频道采编人员分期分批奔赴全省各地，入农户、下田头、进海岛、进山区，进行蹲点式采访，一批批“送信息”“送技术”“送健康”“送文艺”的下乡栏目逐渐打响了名气，赢得了广大农村一线群众的好评。浙江拥山临海，《乡村振兴浙江行》《聚焦商海》的记者走遍浙江的山山水水，介绍从山区、丘陵、平原到海岛的生产致富经验，在衢州、龙泉与温州、义乌、宁波等地搭建城乡产品销售及劳务就业渠道，展示新时代浙商的精神风貌；《魅力长三角》《“浙”里风采》展示新时期浙江各地农工商贸高质量发展成果以及基本建成共同富裕的巨大成就，栏目组的足迹遍及杭嘉湖平原、宁绍平原、浙中山区和舟山群岛、嵊泗列岛的角角落落；镜头里展示的浙江农村，从新安江到钱塘江，像一幅幅乡村兴旺、经济繁荣的新时代的“富春山居图”。《流动大舞台》栏目组织了送文艺送服务下乡等系列活动，在海宁马桥、奉化溪口、德清武康、温州平阳、温州龙湾、金华东阳、嘉兴南湖等地多次进行现场演出，每次都是人山人海，热闹非凡。

记者也是社会工作者，每次走基层都要带着宣传任务下乡，除了反映情况，还要做调查研究工作，以及配合当地党务政务的开展组织化的宣传工作，所承担的职责相当于一名基层的农村工作者，他们的任务范围包括政策宣传、文化宣传、法治宣传等。特别是法治宣传，当下农村法治教育与普及仍是乡村建设的薄弱环节，法制文化资源稀缺，一些地区的农村迷信、赌博之风盛行，基层组织软弱涣散，在农村基层选举、物资统筹与福利分配方面存在管理盲区和违法犯罪现象。因此在法制、法规宣传等领域，涉农电视节目以及记者编辑承担的宣传职责十分重要，有些农业频道的法制编辑部，将农村某地发生的法制事件进行故事化的包装演绎，将法制事件中反映的民事或刑事案件生动地情景化再现，让农民在观看电视法制故事时，得到了法制教育，这种法制宣传的效果好，能潜移默化地教育百姓知法守法、懂法用法。

对于有些关于农村民事纠纷的小型、微型法制案例的普法宣传，通过节目的展示，教育村民平时在日常交往和经济往来中，要互敬互让，主动化解矛盾，小事不出村，对改变乡村部分村民的思想性、培育公民性有重要作用，对营造法治土壤，推动乡村“善治”有重要作用。例如，在农村家庭矛盾、邻里纠纷以及涉及村规民约等方面，我们的农业电视节目就可以通过下乡做工作来帮上一把。以河北农民频道的《非常帮助·帮大哥》栏目为例，这是河北电视台农民频道的一档具有公益性的法制调解类型的直播节目，倡导积极理性地进行调解，带着大家共同解决利益纠葛或走出情感误区，既向理也向情，鞭笞假恶丑，弘扬真善美，“不和稀泥”，有的农村家庭内部和邻里之间产生的矛盾难以调和，一些群众觉得受了委屈或觉得有理没处伸张，往往求助于“帮大哥”。节目围绕农村社区人们之间存在的小、微矛盾进行现场调解，演播地点就在矛盾发生地，如家庭院落中，节目真实、现场感强，对宣传公序良俗有积极作用，并通过这些调解案例的警醒和教育作用，呼吁电视机前的所有朋友通过节目反观自身。《非常帮助·帮大哥》中的主持人、调解人全为具有法律知识、善于做思想工作的专业人士，整个节目凭几位明事理、懂法律、深谙农村民约人情的老大哥、老大姐作为电视调解人的一片关爱之心、热忱之心和无私奉献之心开展。在节目的演播中，家长里短娓娓道来，是非对错分析评说，凭借电视屏幕上节目上的调解沟通，很多农民朋友了解知道了这档栏目，打造了节目的口碑。现在观众除了可以拨打栏目的帮助热线，去寻求帮助，邀请栏目组和“帮大哥、帮大姐”们前来解决问题，还可以通过发短信、语音留言的方式与《非常帮助》进行联系，不论事情大小，都一一回应。在某种意义上，《非常帮助》就是一把“打开心结的钥匙”，有很农村多家庭和个人因为节目的帮助而摆脱了烦恼，不但打开了各方的“心结”，也打开了广大群众与热心媒体之间的“扇扇心门”。

陕西农林卫视的《天天看法》也是一档以宣传法律常识、真诚服务三农为宗旨的农村普法访谈栏目，栏目突出实用性、新闻性和服务性，以点带面挖掘个案，面向真实的案例，注重法律问题，当事人、律师、观众等之间可以进行交流，对电视机前的观众有教育和启发作用。

农村社会治理与法制建设对于未来农村的发展来说具有基础性的重要地位，一些农村地区在经济社会的发展过程中，由于文化、教育与经济发展的不平衡，有的地方高利贷盛行，有的地方以言代法，以权压法，有的受地方势力、家族利益所左右，有的地方成为非法作坊、黑加工点以及传销组织的藏污纳垢之地；一些个体缺少自身道德修养和遵守社会公德的意识，缺少对法律的敬畏，有的青少年贪图享乐、不走正路。农村在现时代的发展中，会产生各种矛盾纠葛、利益纠纷，社会治理、法制宣传工作具有客观性和普遍性，任重而道远，如果问题解决不好，会阻碍农村民主法治化进程，会妨碍农村长治久安建设，危害现代化建设的顺利进行，因此，需要电视媒体积极做好农村社会的道德教育、法制教育的宣传，而且要将电视宣传和下乡宣传相结合，与经济宣传、文化宣传一样，作为政治宣传的一部分，把对农村社会治理的宣传做到常态化，将其摆在农业电视开展新闻工作的突出位置。

五、提高站位，做好农业电视经营管理

（一）谐频共振，与乡村振兴主线要点同程同步

1. 提高开办涉农电视的站位意识与责任意识

面向三农的宣传非常重要，而有些地区的宣传部门却忽视了对农业电视的功能和影响力的研究，有些地区的管理决策层对农业传播意义的认识高度有待提升，有些电视台对农业节目的创作重视程度不够，还有一些省、区还没有专门的地方农业电视，其他新闻性和专题性栏目中，涉农内容也偏少。从省级电视频道的建制来说，除了一般性的新闻综合频道、城

市资讯频道、影视娱乐频道、经济生活频道、社会法制频道等，我国涉农人口多，应该开设农业专门频道，可以走与公共、新闻频道等合台并播的制作播出模式，但是实际上，如今物质生产力和媒介技术力已经十分发达，有些地方还是没有开办地方性的涉农频道，农业节目也不多。有的省份甚至设有专门的购物频道，却没有专门的农业频道；有些地市级电视台有 3 到 5 个频道，可专门的对农频道却极少，而且其他频道也不转播中央台或其他台的农业节目；还有的省市，拥有众多三农人口，也是重要的粮、棉、油、生猪和经济作物的生产基地，省内各级、各类电视台 10 余个，频道数目总计 70 多套，拥有自办栏目数十个，却只有一些零星的农业专栏节目，难以满足广大受众对农业信息的需求。如果一个省的涉农人口数量占全省总人口一半以上，却没有专门的对农服务的频道，对农节目稀缺，这样很难起到丰富农民政策、拓展科技视野和带动区域三农事业向前发展的作用。

目前国内很多地方，对农传播的发展还没有完全铺开，农业电视节目的发展和三农社会的资讯需求之间还存在着较大的差距和不足，而作为现代化国家，我们开办或设置对农电视、涉农节目的物质、技术、人力资源已经完全具备，开发农业电视事业的手段已经完全成熟，各地的财政支持也完全可以确保农业电视频道的开播或专业节目的运作，一般不存在缺少资金、人员、设备的问题，即使存在，也可转置其他一些现有频道的内容和节目，所以关键是意识问题和重视度问题。因此，尚未开办对农电视频道或没有形成三农电视节目专业化的地区，在正在进行且将持续到 21 世纪中叶的乡村振兴的战略中，应该考虑到农业电视对三农发展积极的支撑作用，组织建设农业专业台以及开发系列化专业栏目的相关可行性论证工作，组织人马进行筹备、准备，积极迎接和配合当代最宏伟的、不断演进的乡村振兴这一时代宣传主题，从战略高度和责任高度上重视。同时，当地相关部门是否有开办的计划，以及计划何时开办，也是当地广大涉农干部、群众和电视机前所有关心国家三农事业发展的热心人士关注的问题。

2. 紧随时代主线，瞄准宣传要点与方向

在乡村振兴战略过程中办好农业电视节目，重要的是要对电视节目结合时代进程进行准确而清晰的定位，紧随时代发展主旋律，才能有的放矢，才能做好配合。三农传播是一种要求与不断变化发展的农村生产力和生产关系相适应的传播，首先要明确国家对主流媒体在农业传播中提出的任务与要求，办什么样的电视、做什么样的节目，才能圆满、高质量地完成国家赋予我们的任务和对我们工作的期待。其次，三农传播也是一种与不断发展变迁的乡村生活相随行的信息传播方式，目的是使广大身居农村的受众和外出务工人员及时获取和自身息息相关的社会变动信息，了解新事物，确定自身在时代坐标系里的位置，以及怎样应对时代的变迁。

中国农村建设经过 40 多年的发展积累，已经有了长足的进步，但是由于我国人口众多，尽管有 2 亿多青壮年农民经常在外务工，但是总的来说农业人口基数大，各地区发展不平衡的现象十分突出，一些地区农业生产的产品品类数十年不变，粗放经营，农业生产和粮食安全问题普遍不受到重视，生产科技含量低，一些地区农村文化信息的传播滞后，村庄“空心化”现象严重，一些地区农村中小学留守学生厌学问题突出。农村基层治理问题、农村中小学教育问题、农村鳏寡孤独弱势群体生活问题以及农村村容村貌的提升改观、村风文明建设等一系列问题亟待解决。要解决这些问题，除了政府部门要做工作，还要从加强新闻报道去反映情况、加强电视宣传去引导舆论入手，通过涉农电视媒体的宣传，从深入农业生产、生活的点滴细微着眼，打开宣传工作的切入点，从改变人们落后的思想意识、知识文化着手，来提升农业现代化的建设水平，不仅要做宣传工作的排头兵，也要建立促进农业发展的重要组织化渠道。

改革开放以来 40 余年，中国农村经历了 1978 年十一届三中全会和 1992 年的市场经济改革精神的洗礼，掀起了 21 世纪三农科学发展的新局面，经过 2006 年的农业税改革、2013 年的供给侧改革以及精准扶贫的全面深入铺开，农业农村面貌业已发生了巨大变化，现在正面临实现第二个一百年的奋斗目标和乡村振兴的伟大战略目标，未来几十年，是三农事业发展的关键时期，未来的三农社会，人员流动、物资流动、信息流动以及地区互动将更加频繁，以“物联网＋”“集约生产”“知识农业”“农业工厂化”等为代表的科技型农业与信息型农业将成为未来的主要发展趋势，种植养殖等生产一线的农民人口数量会越来越少，农业产业工人以及流入到其他省市并安家落户以及在城镇企业单位工作的务工者会越来越多，农业社会的人口结构和生产结构将发生变化，同时异质、多元的文化将逐渐流入并充满乡土社会，农村或将成为“半耕社会”。

在此情况下，各种人力流、政策流、资讯流、物资流、产业流以及农业产业化的涉农企业和商业运作都需要一个更为广阔的信息传播空间，农业电视节目在此过程中是将产品与市场、技术与文化、就业与发展结合到一起的最佳平台，有责任把三农信息的传播做到扎实、全面、到位，传播的内容要涉及农村社会发展的各条主线。

对某些宣传要点，如农村文化的培育以及社会整体道德水平、社会个体道德与文化修养的提升方面要着重加强宣传力度，目的就是通过提高“人”的素质达到“以知识传播改变生产、生活水平”“以道德传播提升社会治理的有效性”的目的，通过“人”这一乡村振兴发展主体的思想道德素质和科学文化素质的提升，达到农业社会的健康、有序、高速度、高质量、可持续的发展目的。因此，农业电视节目当前和未来宣传工作的重点之一，是把广大普通农民逐步影响、培育、塑造成有理想、有文化、有担当、懂技术、会经营的新型农民，要不断加大提升乡土文明教育的建设力度，提高村民知识层次和文明程度，在提升人的整体素质上下功夫、做文章，有责任、有义务培养一代又一代积极进取、文明向上的“新农人”，通过促进“人的全面发展”带动农业社会的全面进步。

（二）研究需求，开发提振人心、适销对路的节目群

1. 研究农业节目的电视受众

要研究涉农群体及其收视偏好，才能做到有针对性地开发节目。以农

业和农村一线的留守农民为例，他们劳作于土地，是物质出产的创造者，是维护粮食生产的主力军，他们生活在离县城十几公里、几十公里的农村腹地，从事各种农林牧渔等种植、养殖以及副业生产与加工活动，他们最关心的是自身的生产、生活。这些人中有很大一部分除了看一些电视剧、娱乐节目、天气预报等，很少收视国内、国际上的深度新闻，对国家乡村振兴的理念和发展步骤不明确、不清晰。一般电视频道的城市类、社教类的节目以及距离农村生活主题较远的言情剧、城市剧、新生代类主题电视剧，由于偏离乡土社会和延续固化的普遍价值取向，中老年农民对其不感兴趣，只有外出务工的青壮年较为关注。在过去，电视对农民来说，只是消闲、打发时间的工具，影视频道和综艺频道的节目是主要收视内容，这些泛娱乐化节目给农村中小学生带来了外来文化和消费文化的冲击，而真正走入农村生活的节目不多。

我国农村地域辽阔，农业人口基数大，农业电视各种节目的主题要关注农业受众的心理需求，制作出能与他们心连心、同感受的节目，反映他们的喜怒哀乐和精神追求。从历史来看，50 年前，农民生活在封闭、半封闭的乡土地区，在这片土地上休养生息，进行着种植、养殖等生产活动，村村之间阡陌交通，为满足衣食富足的欲望，人们进行着物质生产、物质交往，进而在此基础之上形成了人与人之间的精神交往和农村的社会文化交流。改革开放前，农村较为狭小独立的生产单元和生活单元不存在农业经营以及市场意识，“民以食为天”是以粮食生产为核心的人文生态文化，凝结着土地情结、民俗特质。那时候，一场电影或者一台戏就可以解决人们的文化饥渴问题，庙会、社火活动也是乡村文化生活，以至于 20 世纪 80 年代的一部电视剧的播映可以形成万人空巷的局面，如《红楼梦》《四世同堂》等，直到现在还为农村老者们津津乐道；进入 21 世纪以来，随着农村社会跨越式的迅猛发展，交通、信息产业面向农村地区全面建设，当代的农村已经是“后农业社会”，当代农民基础文化水平普遍提高，他们中有很大一部分人因外出务工，见过世面，有进一步接受知识和信息的能力，整个农村地区对文化与信息的接收与接受呈全面开放式发展，人们对于电视节目也产生了对内容的选择和对质量的评价。

中国电视已进入全面发展和激烈的市场竞争时期，如果说在乡村振兴提出的任务要求之下，电视媒体进军三农传播市场，是媒体的工作责任，那么，开发、创生并打造品牌栏目，构建受大众欢迎的面向农村、面向农民的电视节目，则是电视传媒自身发展的需要。有的电视台已经在这方面做出了巨大的努力，吉林乡村频道《乡村四季·12316新闻眼》就是一档这样的节目，作为一档直击农村生产的互动直播栏目，要从众多条热线中筛选出具有普适意义的典型社会事件，进行配比组合，从而形成一期节目，节目中采用新闻小片的介绍加专家、官员讲解的模式，农民将有困惑的问题或需要解决的问题于现场提出，专家、官员在现场解释，从是否可以因子女结婚而申请两处宅基地到如何申请小额贷款，从玉米的深加工生产到种山羊的繁育、销售，最大程度地回答和解决农民的困惑，尽管每次只有半小时的节目时长，但预先的准备工作要达十几个小时，从脚本写作到联系专家，从花絮的摄录到热线的准备等，每天的工作量巨大，而且事无巨细，一一回应，即使一时解决不了，也会及时告知和安慰群众，并做到妥善处理后续事宜，赢得了群众的信任，这样的节目就相当于是政府的三农政策宣讲会，就是满足农民个体需求的物资交流集，因为节目的主题是农民的问题，各种新闻小片均依照问题进行组织编排，所以节目极具针对性，这就是研究了受众需求之后形成的节目类型，其他电视台也应该借鉴学习。

除了满足农业领域的普遍性需求之外，涉农群体的收视需求多元化，不同年龄层、不同农事群体的需求差异较大，要研究不同年龄、不同文化层次、不同职业状态的受众需求，分层次、分类型设置节目。例如，福建乡村振兴·公共频道整合各种节目资源，将涉农节目按类型设置，将众多资讯节目分别定位于政策消息、生产报道、产业报道等，既有解读政策的权威性、发布资讯的实用性，又具有时尚化的表现形态、大众化的传播效果，善于利用多种节目形式宣传乡村振兴新概念，走近农民群体，反映农村现代化、城镇化、工业化进程中的新鲜事、典型事，真实反映农村生活的实际，原生态地报道农民的生存状态。

2. 形成系列化的节目集群

通过形成系列化的节目集群，以增加节目数量和各类型节目之间的有机配合来打造对农传播，这既是农业电视壮大规模的途径，也是满足受众收视选择的主要措施。为了开发多种节目资源，农业节目的主题应把工作重心下移至县、乡、镇、村，节目内容定位以“农”字为特色，既有严谨的新闻报道，又有通俗的综艺节目，节目形式不怕“土”、不拒“洋”，力求题材多样，以三农消息、农业科教文卫专题营造乡村振兴的舆论氛围，以资讯节目建立起城乡交流的广阔空间，以综艺娱乐、影视剧等节目寓教于乐，潜移默化地让人们知礼守法，做好农村社教宣传。以农为基、以人为本，在宣传“乡村振兴、农业进步、人民发展”的时代主旋律下，把所有从事农业和关心农业的群体都当作受众，开发适销对路的节目，形成节目的系列化，满足广大城乡观众的需求。南昌公共·农业频道尽管只是一个地级电视台，但却“打造了六大节目集群，《豫章农视》通过记者视角反映赣、鄱大地民生民情；《相约百村园》带领观众走进十里八乡，品尝乡村美食，欣赏百园风光；在每晚电视剧时段还同时安排三档服务类节目集群，有提供暖心知识的《话农点经》；呈现生动气象的《四季物语》；还有增加城乡居民互动，送上特色农产品的《全城有礼》”①。山东电视台农科频道坚持节目的多样性、系列化发展，陆续开办了多档涉农栏目，《品牌农资龙虎榜》《中国原产“递”》等为广大农民提供农村产品资讯，《亲土种植》《当前农事》指导农业生产，传播农业科技，而《玩转农场》《中国村花》《名医话健康》则是综艺及卫生保健类节目，频道还与省农业厅、省科技厅、省农科院、省气象局、省海洋与渔业厅等农口单位建立联系，还建立了省市县广播电视三级通联协作，以权威、时效、鲜活的农业报道

---

① 南昌公共农村广播电视台．南昌公共农村广播正式开播［EB/OL］．(2021.08.15)［2021-10-20］．https://baijiahao.baidu.com/s?id=1684306987520416169&wfr=spider&for=pc.

吸引广大群众，《一切为了群众》栏目“每年推出30场地面公益行动，与全省24家公益组织共同成立公益联盟，以公益之心近民生之事，主要版块为以‘群众的头条就是我们的头条’的《群众大头条》，有“天天3·15，捍卫你的消费权利”的《消费大真探》，还有‘弘扬正能量’的《群众英雄》以及‘群众动嘴’、记者行动的《记者跑腿》”①。还自制《山东三农新闻联播》，让农民养成收看新闻的好习惯，形成关心国家大事的好风尚。河北农民频道的节目编排也呈系列化状态，而且张弛有度，科教节目与娱乐节目搭配。在每周周一至周五的晚间有四条节目线，分别是《超级宝宝秀》《快乐大篷车》《三农最前线》和《走进城市》，分别属于综艺、娱乐、资讯和社教节目；另外，每周下午和晚间还有两个电视剧播出时段，分别是“星光剧场”和“怀旧剧场”，“星光剧场”以播出近几年有影响力的热播精品剧为主，“怀旧剧场”以播出若干年前的经典老剧为主，都是每天播出，剧集连放，而双休日剧场则是每天播放5集电视剧；在周六、周日的公休日还纵向编排3档节目，分别是属于法治、科教和综艺类型的《非常帮助》《科技兴农》和《自娱自乐》，只有节目丰富且系列化，形成一定的规模，才能在众多的电视频道和节目中产生影响力。

开发节目要注重“适销对路”，很多受众都偏爱影视和文艺节目，针对这种实际的收视需求，除了加强农业消息、政策宣传外，农业电视还应注意加强内引外联、采取独立或联合摄制的方式，对此类节目进行策划、制作与播出。首先，要多创作、摄制农民喜闻乐见的现代题材电视剧。以严肃深沉的《平凡的世界》和诙谐反讽的《乡村爱情》这两部收视率较高的农村题材电视剧为例，由于剧中主要人物都是百姓熟悉的农村角色，加上农民本身熟悉的乡村山水环境和农村生活，既带有浓郁的乡土气息，又反映了乡土现实，这类写实主义的剧作深受广大农民包括城市观众的喜爱。另外反映农村生产生活喜怒哀乐的电视剧，如《插树岭》《圣女湖畔》

① 山东电视台农科频道．一切为了群众［EB/OL］.（2021-08-16）［2021-12-11］. http://v.iqilu.com/nkpd/rxcct/? spm=zm5094-001.0.0.1.mHuhkR.

《柳树屯》等，严谨朴实，具有对农村基层组织建设和法治教育的良好宣传效果；而反映农民进城遭遇的轻喜剧《都市外乡人》《马大帅》等，则是以小人物的命运轨迹反映大时代的变化，看似平实无华，实则以小见大、内涵深刻，使人在笑声中思考人生真谛，有一定的社会影响意义。

由于当前电视节目的发展趋势之一是娱乐化，尽管会对社会精神层面造成泛娱乐化的负面影响，但是提供娱乐也是电视媒体应有的功能之一，关键在于怎样“变其形式、为我所用”，要善于利用娱乐化平台，做到通俗而不庸俗，高雅而不低俗，引导而不媚俗。我们可以使受众从我们提供的影视、娱乐节目中获得潜移默化的、有教益的内容，这也说明我们的娱乐节目和一般意义上的娱乐节目，特别是网络媒体上的娱乐节目截然不同，借这些节目来丰富受众的休闲生活、提升他们的审美情趣。吉林和浙江等地的涉农电视媒体特别重视农村的文化生活，把生活富裕之后的现代农村业余生活的活跃度调动起来，除了在电视荧屏播放艺术度较高的文艺节目外，还把综艺节目的舞台搭在农家乐、集市、果园和农村风景区，发掘和弘扬农村传统文化、宣传地域特色文化和先进文艺，使农村社区成为盛开民间艺术之花的群众文艺百花园，并同步在电视节目中直播，进一步进行宣传。

（三）自身“造血”，做好多元经营、发展多种协作业务

农业频道和其他频道相比，由于内容专业化的原因，收视市场相对偏狭，会出现在广告业务量和资金收益方面不如其他节目的现象，在发展上应该受到国家预算内财政的部分支持，同时要加强频道的经营意识，自我造血、合理创收、多方协作，形成采编、制作、发行以及开发其他外围产业和经济项目的多种经营的运作机制。

任何行业与项目的施行都离不开启动资金、保障资金、维护和运营资金，农业电视的创作、制作、管理经费的来源与支出、款项的数目与分配对节目的运行有重要的影响，特别是成长期的对农电视，需要资金的扶持。首先，要改善外部环境，争取各方面对农业电视发展的支持，争取地

方部门给予农业电视节目应有的重视，争取国家和地方财政每年给予农业频道专项补贴，这样不仅能保障农业节目由政府主导，具有权威性和组织性，也能更好地保障农业电视节目专心服务于社会。考虑到对农电视的公益性，各级党委、政府部门、农业部门和广电部门对农业节目要给予政策上、资金上的大力扶持，对于某些地方农业电视发展投入不足的问题，当地广电管理部门和地方党委宣传部门和行政部门应该给予足够的重视，尽快研究解决办法。

目前，开办农业电视节目的资金来源有行政拨款、总台拨款、广告收入、企业赞助、节目销售等，这些资金所占比例是否合理，对频道和栏目的发展都有影响。同时在财税政策等方面创造条件，鼓励、扶持农业电视发展多种经营途径，使农业电视的运营在政府扶持下，积极激活自身经济再造功能，像健康的人体一样，能够利用自身骨髓造血。

大力开展广告业务是电视台和电视栏目最常规的“自身造血手段”，应积极组织创作团队和专业人员开拓涉农广告的策划、设计与制作业务，通过广告业务人员与涉农企业、农产品经营公司的广泛联系，以及对节目公关活动进行策划、包装，以栏目赞助、协助摄制、参与制片的方式拉动节目的二次开发和多种经营方式，以对广告业主的周到、优质的代理服务赢得长期合作。

制作的栏目数量、播出时间总量、播出时段分布、栏目时长以及回放次数等是广告业主要关注的问题，这些方面应该做好统筹安排，否则会对节目的可持续发展以及盈利水平产生影响。广告部门与采编部门要通力合作，要经常“通气”和“碰头”，开展联席会议，研究如何提高节目质量，以节目和观众之间的互动性活动扩大收视率，以节目受众的广泛性和节目的影响力获得广告客户的支持。在栏目组的团队中，也应该有自己的制片人，积极联系社会各方，与愿意投放广告的各种经济组织合作，以整合营销节目、随片广告的方式提升盈利能力。另外涉农电视的广告业务也可以采取外包的方式，引进社会上的专业广告代理公司，通过全面授权或部分授权，使节目参与广告市场的交易。

地方农业电视的“自身造血”还可以走产业化之路，由单纯的地方农业电视节目衍生出更多的项目，发行有关农业手册、报刊，把节目编制成书籍、杂志、音像制品进行发行，使三农社教、科普专题和文艺、影视等节目“二次增值”，农业科技题材的书刊、光盘等还可以制成教材，进入书店营销渠道，进行更为广泛的流通发行，在扩大传播效果的同时促进创收。通过这一系列操作，把农业电视的业务拓展成集三农信息与文化的编创、制作、出版于一体的事业加企业单位，大力开发以三农题材为主的科教片、纪录片、影视剧，在其他频道进行投放播出，创造版权收入；除此以外，还可以组建相关部门，组织农资的电视销售，与社会联合开办培训机构等，开展多种经营业务。

农业电视各种业务的经营主体除了电视台外，还可以采取多渠道的投入方式，可以动员社会力量参与节目的制作与项目的运营，运用商业化策略，进行市场化运作，这样就解决了多种经营业务面狭窄的问题，还能“引进外脑”“引进智慧”。例如，可以引入民营制作机构参与到节目的制作与销售中，电视台进行监制把关，把民间影视公司的创作和电视台的发行结合起来，引导其他影视制作单位进入农村节目的制作领域，可以调动更多的积极因素参与到对农传播的业务中来，扩大传播面，提高传播量。对于社会力量加入农村电视的产业或项目合作，协议各方应制定共赢的合作策略，行业监管部门也应对由社会资本牵头制作的节目在准入审查上给予政策放行，不论何种所有制形式的影视企业或者自媒体公司，只要秉承“为农业、农村、农民服务”的宗旨，坚持普及农业科学知识，推广业先进技术，传递经济和科技信息，为农业现代化建设及农村两个文明建设服务，都可以成为地方农业电视的项目协作单位，各取所需、互相补足。

（四）技术更新，提升硬件水平，扩大传播覆盖面

目前地方农业电视节目的收视情况不容乐观，其中一个重要因素是传播的覆盖面受限。受到无线信号发射功率强弱和有线电视网络铺设范围的限制，农业频道的覆盖面和农业节目的收视普及率不高。从无线传输方

面来说，地方节目假如依靠微波传输，会受到地形、气候、距离等诸多因素的影响和限制，受到各种传播障碍的阻滞，即使抵达到离中心城市较远的地区，由于高山、丘陵、天气因素以及其他电磁波对信号的干扰，也会出现接收端信号不佳的现象；从节目的有线传输上来说，尽管各地的国有地方广电网络公司将卫星节目进行落地接收，然后又通过有线电视网的传播，进入千家万户，但实际上，除了中央电视台第17套节目能够被传播外，其他省区的农业频道在有线网络中并不提供转播服务。

在经济发达地区，如我国东部、中部地区，农业电视节目的覆盖率较好，一些老少边穷地区的农业电视节目覆盖率不高，而且由于无线信号的加密，受众需要接入有线电视并“付费”才能收看，这无疑又增加了涉农群体的负担。在农村，一般情况下，县城和城乡接合部的有线电视网络较为发达，各种节目的传播率较高，乡镇中心地区以及以乡镇中心地区为中心的周边自然村和居民组的可以收到各台节目，收视率高于偏远农村，山区和自然条件差的地区因线路问题，一般收看不到农业电视节目。

如果没有有线电视网的铺设，一些偏远地区的农民只能通过电视自带的无线天线或配以小型卫星电视接收机对节目信号进行调制解调，从而接收电视信号，但是目前只能收到中央电视台第一套和本省、市的新闻综合频道的节目，加之国家对个人自行架设卫星天线在政策和法律上有所限制。因此，通过农民个人接收农业频道、收看电视节目，困难很大。

无论是从农业在国民经济中的地位，还是涉农人口所占全国总人口的比例，以及受众的文化素质、生活消费环境、欣赏习惯等因素来看，在农村，电视媒体比报纸、广播、网络等媒体更容易让农民接受，但目前专业化的农业电视节目数量是远远不够的，有的电视台即使有农业频道，但不是完整的，有农业频道和节目，农民却收看不到，节目资源没有充分发挥作用，是最要紧的问题。

农业频道收看受限很大程度是有线电视或卫星电视事业发展的落后，

农村的乡镇村组过于分散，铺设有线电视工程浩大，牵涉资金、设备投入以及维护等一系列问题，特别是一些中西部的广袤地区，维护难度大、成本高。有些地区有线电视发展滞后的原因是市、县一级广电管理部门在资金方面缺口较大。现在各省台农业频道和涉农节目，大部分都是通过有线电视网络闭路发射，一方面国家注重三农宣传，另一方面，却掣肘于电视覆盖面的建设滞后，造成传播受限以及涉农电视节目资源的空投和浪费，这值得农业主管部门和广电部门进行思考。应增加预算，用于发展农业电视进村入户的补贴，在完善投资、管理体制的基础上，明晰各级政府和部门的投入责任，同时在法规上明确农业电视频率、频道的专使专用，制定具有法制效力的对农电视传输法规，还应禁止将过多、过滥的电视购物等非农节目塞进入农业电视的频道或占用涉农节目播出时段，减少资源的浪费。

涉农电视如果依靠有线网络传播，那么有线光缆铺设不到的地方，农民就无法收看节目，应该发展无线发射和有线发射结合的方式，可以采取以下几种方式因地制宜地解决收视问题：一是提高电视台发射塔无线发射的功率，在各地多架设差转台和微波中继站，扩大电视信号发射与传播的覆盖面；二是进一步提高地方财政对农业电视“上星落地”等资金投入的比重，通过卫星传送，在其他省区落地，通过有线电视网络，扩大农业节目的影响力。应该把解决地方农业电视节目的收视问题纳入社会主义新农村建设的总体规划，添加到农村小城镇建设和乡村电网、有线电视网改造的日程上，让有农业电视节目农民却收看不了的问题尽快得到解决。

六、地方农业电视节目的融媒发展之路

（一）形成以电视为核心的差异化架构

农业电视已有长足的发展，对促进农业增产、农民增收、农村稳定方面起到了积极作用，但是面对我国“半耕社会”、农村城镇化转型、农民

身份转变等社会转型期三农发展的进一步飞跃以及在乡村振兴过程中国家对农业电视的宣传任务提出的新要求，特别是在新媒体普及下的融媒体时代，如何发挥优势，积极利用新事物、新技术、新平台，对农业电视频道与节目的生产机制、传播机制进行改革和创新，是农业电视媒体发展的重大任务，应结合自媒体的传播特点，形成以农业电视为核心的融媒体矩阵，继续做好三农宣传。

加大科技力量投入，组织开展农业电视发展的融媒技术研究工作。融媒发展是地方农业电视发展面临的重要任务之一，应组织各方面的力量，重点围绕融媒发展的目标任务、发展重点、媒介布局和工作分工等进行研究，充分利用现有的地方农业电视节目在采编策划等方面取得的成果，借助新媒体技术平台，提升融合高度，还要不断捕捉最新的媒介科技发展成果，研究新课题，补充新内容，实现以农业电视为核心的融媒矩阵的技术更新。

在农业电视与农业电视App、手机网络电视、农视微视等系列网络平台的关系方面，要明确尽管目前受众对新媒体的使用率较高，但农业电视在融媒矩阵中的主体地位和核心地位不可被取代，也不可能被取代。第一，农业电视接受的和履行的是特定的责任和义务，依循的不是自媒体个人或博主的喜好，而是注重对农业各类信息的发布，这些责任和义务要遵守相关管理和传播制度，对栏目、节目的公益性、真实性、准确性、客观性和平衡性有高度专业化的标准；第二，在农业电视融媒矩阵中，它是消息源，也是信息加工、处理的中心，其他融媒新平台的素材和通稿一般由它提供和分配；第三，它面向的是全社会所关心的三农重点、热点、焦点，将农民最关心的实际问题进行编播，它的工作具有“先知先觉”的指导性，专业高度是其他自媒体平台无法比拟的，它播出大量结合农事的深度报道、解释性报道、预测性报道，政策性、时效性强，对农业生产实际指导意义大；第四，频道的管理、节目的审查和播出由广电、农业等部门负责，播出内容由各地区农业厅、局和农林专业学校等参与把关，频道的栏目组负责农业节目的制作，可更好地发挥各专业、“各兵种”联合作战的能力，既有政府对农业的宏观指导，体现高权威性、强政策性，又有专业人员的参与，保证科学性、可靠性，加上新闻记者的“新闻鼻”“新闻眼”去捕捉新闻焦点和新闻价值，使各地方农业频道紧密联系各地的基层实际，因地制宜，可以更真实地反映当地农民最迫切、最关心的问题，可以更有力地促进当地的农业发展；第五，三农信息通过地方农业电视节目迅速而广泛地传播到千家万户，可以使农民更加贴近时代发展。

综上所述，可以说地方农业电视是能够联系实际、方向准确的对农传播中最不可或缺的媒体，只有建立起以农业电视为核心的融媒体矩阵，才能更好地发挥农业电视存在的巨大意义，不管是发达地区还是落后地区，有条件的地区都应积极发展融媒体建设，力求深入地建成覆盖全区域的全媒体主流传播体系。

（二）加强农业电视融媒发展的统筹和分工

现代社会媒介技术的飞速发展，使农业电视的发展必须借力而行，以农业电视为中心，开展多平台、多渠道的信息传播是当前农业频道形成广泛影响力以及获取广大三农受众关注的重要方式。融媒体建设不是要舍弃主业而完全转向新媒体，而是立足现有优势，伸出发展触角，开发新阵地，向融媒体平台进军，以更大的主动性赢得更大、更远的发展，这就需要对农业电视融媒发展进行统筹和分工，将农业电视节目的内容进行“排兵布阵”，通过各个融合传播平台和渠道传播到每个受众的电视、电脑和其他载体中，特别是要占领移动媒体的市场，开发新的传播阵地。

要进一步加强农业电视融媒发展的统筹建设，在国家明确大力发展传统媒体的融合政策的情况下，各地已经开展了各种媒体间的融合并轨工作，为不同网络平台信息的汇集、传播提供了合作契机。现在，在早期IPTV概念发展的基础上，通过广电网络传送互联网信息、电脑客户端实时传送电视信号已经基本完成，一些地方农业电视已经有了自己的网站和“两微一端”，融媒体各平台的建设正在稳步推进，随着个人移动接收设备应用程序的不断开发和增多，手机微视等App正在成为移动受众的收视选择。

要统筹规划设计，通过技术手段，打造节目制作的“中央厨房”，以内容交换、资源互助等方式，实现各平台的资源共享，农业电视可以利用融媒体网络资源，将节目和信息分割下来，与各协作平台联动，形成三农信息互动式融合媒体矩阵，受众通过矩阵各平台可全天候通过电视、电脑和手机收视、阅读自己所需要的农、林、牧、渔以及第三产业等各方面的信息和节目。在联动过程中，要加强农业电视及其附属各新媒体平台的联系，加强各平台在运行过程中的交流和合作，改变各媒介单元“各自为阵、单兵作战”的现象，各部门、各网络之间在工作中，也要及时互通信息，及时总结经验，形成节目制作、发包、展示、反馈的合力，共同形成对农宣传的全媒体网络。

要进行发挥各自特点的融媒建设，电视平台可以利用在摄像摄影、后期制作等方面的技术优势，制作大量画面清晰、美观的农业节目，而新媒体平台可以借助移动媒介 HTML5 模式下的文字、图片的编辑与表现手法，开发适合屏幕阅读的推送式资讯产品。农业电视的编辑部作为“中央厨房”，联合各类农业融媒体信息平台，一方面，可通过设施互联，把搜集到的各类信息整合成通稿信息和通播节目，将各种信息在各网络媒体平台上发布；另一方面，其他平台可以根据自身的编辑特点和呈现特点，发布适合自身平台播发的信息，并且可以根据 App 的技术特点进行多种功能的开发，发挥各自的功能，有的 App 平台推出用于农产品、市场、招商等信息发布与联系的模块化设计，有的 App 平台设置“加密关口”，用于进行农产品的线上交易，有的则侧重于政务对话。

融媒发展应分工明确，要继续发挥电视部门作为信息联动中心的指挥、协调功能，开展多种网络平台的节目共享和互传，特别是要选择一些涉农受众所必须知道的时政性、政策性节目，发挥客户端、App 等多渠道、深介入的点对点传播效能，利用现有网络最大限度地进行传播。融媒矩阵中的电视传播要多制作 20～50 分钟的专题节目，详细地解析三农政策，传递农业市场信息，提供农民增收、致富的经验和思路，满足受众对信息的细致需求，而各新媒体单元要充分发挥移动媒体、互动媒体的优势，以 3～5 分钟的小视频为用户提供专业化、订制推送的信息服务，重在精准，满足受众对信息需求的快捷和关键需要，新媒体还可与地方涉农院校、出版社、农业科教综合指导与服务中心联合开办服务性 App 模块，形成共同推进农业传播的局面。

结语：举臂托舟 展示征程

农业电视作为全国三农工作宣传的重要组成部分，致力于面向每一个时期的三农核心和热点问题，解析三农政策、传递农市场信息、传授实用技术，为农民提供生产、生活、法律、文化等各方面的服务，广大农民把农业节目作为他们生产生活的伙伴和帮手，各级农业工作者把农业节目作为推动乡村治理工作的参谋和助手，农业电视的发展得到了政府和人民的肯定、重视和支持，积累了经验，打下了基础。乡村振兴是我国一项重大而紧迫的任务，我国是农业大国，有众多的三农人口，人们迫切希望各级电视台能急农民所急、想农民所想，加大对三农问题的宣传力度，以适应广大农民、农业工作者、农村基层干部对三农电视节目的迫切需求。

现代社会是信息社会，农业发展不可能离开信息，如果农民在信息获取的条件上处于落后和迟钝的状态，势必会减缓农村现代化发展的进程，造成农业无法融入现代经济格局的情况。以农村信息化推动农村现代化是发展现代农业的关键，城乡信息严重不对称带来的农民“信息贫困”，已经成为影响农民增收致富以及文化技能提升的重要原因，严重阻滞农村的全面发展。越是经济欠发达的农村地区，就越应当加大信息化建设力度，如此一来，才能更快地消除城乡之间差异，加快脱贫致富的速度。

建设信息通畅的产、供、销宣传平台，为人员流动、资金利用、技术应用提供资讯服务，必须强调信息化的排头兵作用，农业电视作为丰富多彩、包含商机的综合节目，对农民朋友来说，是宝贵的精神食粮和信息大餐。特别是农业电视以农民为专业服务对象，以农村人群为主要目标受众，兼顾关注三农问题的其他人群，以农民信息需求的最新前沿为出发点，传递各地关于三农的新情况，及时跟进省内外三农发展的动态变化，充分调动了农民对三农信息的关注与利用的热情，要将农村电视节目的作用焦点汇聚在广大的涉农观众身上，明确电视媒体在传递信息上的价值取向。并在此基础上，准确把握观众的收视情况等数据，从而合理安排、精心设置节目的类型与内容，调整节目结构。还要积极介入新媒体发展领域，在融媒体格局下研究农业信息的传播途径，开展工作部署，建立起三农电视网络信息通路。

地方农业在发展过程中会遇到下列困难和问题：一是因节目“上星落地”等环节出现问题，不能转播或因无线信号的传播障碍导致传播阻滞，造成收视困难；二是专业化的农业电视的发展没有得到应有的重视，经费不足，需要加强“自身造血”的功能建设；三是节目质量不高，有部分节目为了提高收视率而偏离为三农服务的宗旨，采编工作不扎实，忽视收视效果；四是人才梯队建设亟待加强，需要真正关心农业、关爱农民、热爱乡村生活且愿意为三农事业奉献人员加入团队，需要修养较高、知识全面的复合型记者、编辑；五是电视节目品牌化发展力度亟须加强，以口碑建设来赢得社会效益和经济效益。以上问题有的属于主观原因，有的属于客观原因，特别是受到社交媒体泛娱乐化大环境的客观因素影响，电视受众严重流失，直接影响到农业电视的发展，特别是一些年轻受众的媒介素养逐年降低，导致即使再精彩、实用的农业节目也无人问津，这也是思想政治、教育文化等领域普遍存在的问题，值得全社会深思。

第三章 “两微一端”：政民互动“轻骑兵”

一、农业政务“两微一端”概述

农业发展信息化是三农事业向前推进的一项重要工作，随着新时代农业的纵深发展，今后农村信息资源将会更加丰富，利用新媒体进行传播，会逐步扩大潜在受众群。在农业经济和媒介科技发展日新月异的今天，国家已经采用多种手段，紧抓农业信息的发布，地方农业政务“两微一端”是农业信息传播的有利、有效的载体，是政府主导和主管，涉农部门运营，其他信息服务商参与的传播平台，越来越受到全社会的重视。

（一）“两微一端”与政务宣传和互动

农业政务“两微一端”是基于微传播技术的一种政务传播和沟通方式，也是基于移动通信技术的涉农专业传播，是国家和地方农业政策与资讯的传播平台。各地政务部门结合涉农群体最关心的问题，开办地方农业政务“两微一端”，发掘信息资源，对农业信息进行采编制作，进行新媒体形式的推送，把农业报道纳入到微博、微信以及农口 App 等新媒体平台的信息制造、分享和传播的过程中，各类农业信息通过“两微一端”可以迅速传播到用户的手机等移动载体当中，可以精确地形成点对点的传播，并可在相对较短时间内收到受众的讨论与反馈信息，互动效果好。

和电视、报纸一样，农业政务“两微一端”也是面向农业、农村、农民的主流宣传平台，但互动交流的效果更明显。随着数字通讯的逐渐推广以及正在研发的更高一代技术的逐渐成熟，在 WEB 3.0 以及未来更高层级时代，“两微一端”借助移动互联网及其载体、载具，在大数据AAC（Algorithms - Analysis Content）算法分析下进行内容生产和传播，PGC（Professional Generated Content）专业化的内容生产、订阅化的推送、图文并茂的文本格式以及音视频结合的形式，使传播与接收双方处于信息的共时状态中，产生了快捷性与点对点功能性均强的三农传播方式。

自从涉农政务微博、微信以及各种涉农 App 的开始开发并投入使用以来，因“具有传播主体的精确化、传播功能的集成化以及社交全方位、立体化等特征，成为真正意义上的社交工具”①，作为网络“即时通”传播工具，微信公众号与微博更“侧重于社会交往，重点是通讯功能，侧重人际传播”②，目前国内对于政务微博、微信公众号的应用较为普及。截止 2019 下半年，仅新浪微博一个平台的日活跃用户数就达 2.16 亿，如果加上搜狐、网易、腾讯等微博平台，日活跃用户数约为 4.4 亿。以微信公众号为例，从 2015 年开始，全国“微信公众号开通达 200 多万个，微信平台日活跃用户高达 1 亿”③，成为“迄今为止增速最快的互联网服务”④，通过农业政务微信公众号进行传播，可以“实现近距离、中距离和远距离三个社交圈的全面覆盖”⑤。即使远离乡村的外出务工人员，只要手中的移动载体订阅或关注有相关的涉农微信号，就可以知晓家乡发生的事情。

就传播者与受众的关系来说，“两微一端”既具有“一点对多点”的点对面传播结构，又具有点对点的单个对应传播关系，既可以普遍撒网式地发布信息，又可以与用户基于某个共同话题形成传播圈，营造主题氛围。在资讯的传播上，条目式的文本版式内容短小精悍，适合相对快捷的

① 李蕾．微信：3 亿用户的背后［J］．新闻与写作，2013（04）：34.

② 谢新洲．微信的传播特征及其社会影响［J］．中国传媒科技，2013（11）：23.

③ 工信部．政务微信被纳入中国政府网站绩效评估考核指标［EB/OL］．（2013 - 12 - 03）［2022 - 01 - 15］．http：//www.cnii.com.cn/wlkb/rmydb/content/2013 - 12/03/content _ 1264727.htm.

④ 方兴东．微信传播机制与治理问题研究［J］．现代传播，2013（06）：122.

⑤ 党昊祺．从传播学角度解构微信的信息传播模式［J］．东南传播，2012（07）：71.

阅知与反馈，可以在精准度较高的算法分析基础上，做到基于受众对信息的“取受偏好”的适度推送、页面更新，因此具有根据受众而变得智能化特性，特别是在对事物的观点互动上，无论是微博、微信号还是 App 客户端，在每次所发资讯的页面底端均设有分享、收藏、评论专区，可以与受众点对点地交流看法、沟通有无，受众也可以提供补充消息，这样的 OGC（Occupationally - generated Content，职业生产内容）与 UGC（User Generated Content，用户生产内容）方式互相结合，在三农信息传播上，互动效果更优。

涉农“两微一端”具有在信息传播、信息共享与分享等方面的便利和低成本的特性，不受时间、地点限制的弹性化社交，可以最大限度地满足受众的用户个性化需求。积极地推进和利用农业政务“两微一端”进行三农传播正在悄然成为各级政府部门推动三农信息发布的新形式的新举措，成为开展政民互动的新渠道，并成为农业公共服务的新平台。

目前，各级、各地方政府对发展涉农政务“两微一端”的积极性较高，将其视为深化改进农村工作机制、改变三农新闻传播和政务信息发布形式的重要举措，积极主动借用新媒介技术，打造高效率的政民沟通新渠道。地方政府要重视基层各涉农职能单位和部门的农业政务“两微一端”的建设，加强督促和指导，形成门类齐全的、在内容上涉及农村政治、经济、文化领域的传播以及具备社会服务、民生服务功能的“两微一端”平台，发挥政务传播在政策指导、农村治理、便民服务、乡土文化发展等方面的作用。

（二）“两微一端”与轻质化精准传播

1. 轻量化：“两微一端”与政务网站的区别

“两微一端”是在政治和社会管理信息化建设要求的基础上，利用现代 WEB 3.0 网络技术建设的综合性新闻政务应用系统，受众通过关注或订阅相关微博号、微信号以及下载相关 App 就可以便捷地接入相关政府部门的日常发布页面，浏览新闻或进行业务查询，从而获得相应的信息或在线服务。政府部门通过“两微一端”达到信息公开的目的，并借此向外界宣传和展示政府形象，让人们了解当地政治经济社会运行的基本情况，三农政务“两微一端”可以集成多种涉农信息，而且可以形成多级平台，即除了政府型农业政务“两微一端”的运营，如省级农业厅的“两微一端”，挂靠各种二级链接式 App，也是三农信息传播的主要平台。

农业政务“两微一端”与农业政务网站相比较，在信息传递方面具有明显的便捷性，可以随时随地阅读信息、进行互动、发表反馈。“只需政府涉农部门开设账号，市民关注账号即可进行操作，相比而言更‘便民’。”① 如果是网站的话，受众首先需要登录相关政府网站的“网页版页面”才能接收和获取信息，而且农业网站由于页面较大，一般适合于在电脑屏幕上使用，如果在手机上使用，字体字号需要手动放大，否则难以使字迹清楚地显示，所以“网页版页面”不适合较小的移动载体屏幕读取信息，不适合于移动阅读。

受众使用手机等移动载体去阅读政务微信“两微一端”的“页面”信息，在屏幕较小的移动载体上，微传播的 HTML5 长条形页面的设计较为细致，内容可以做到图文并茂，编辑排版“条目化”，顺序性强，层次简单、明了而清晰，比政务网站显得更“轻质”，更适合利用移动端阅读，方便受众，所需的技术手段也不复杂，更适合手机、平板电脑等小型的智能屏幕客户端。另外，政务网站的软件开发和页面维护成本较大，需要多人制团队建设和经营，一个县级政务网站，从新闻采编部门到计算机系统的页面维护、从美工到数据库后台，需要 5 到 8 人或人数更多的团队才能进行日常工作的开展，而农业政务“两微一端”的页面小巧且图文配置标准化，易于维护，仅需 2～4 人即可。

2. “两微一端”各平台特异的应用场合

三农政务“两微一端”各有应用场合的优势和适用性，尤其是政务微

---

① 闫昆仑，杨璐．社交网络政务＝微博发布＋微信服务［N］．南方都市报，2013－08－09（A14）．

信公众号，使用范围广泛，效果好。政务微博与政务微信同属于政务发布的重要渠道，二者都能够传递文字、图片、音视频等内容，受众是否关注某政务微博，取决于兴趣。微博的起源来源于其英文名称 MICROBLOG，它是一种日志性、日记性的文本发布途径，私人微博就类似于私人日记的公开化或私人创办的微型杂志，而政务微博就相当于“政府工作日志”和公开化的政府言论，传递的主要是各类政务消息和社会评论，侧重于将政府意见及时地传达出去。复旦大学数字与移动治理实验室主任郑磊认为，“微博适合一对多的信息发布和公共突发事件的应对，而微信则更适合开展点对点的互动和服务”①。

与政务微博“日志体”的形式相比，政务微信的正式属性和新闻点对点的传播属性更强，这是因为它起源于社会交往领域，具有信息共同体点对点的平台特征，其原初形式和最基本的应用方式就是为社交（发布文字、图片、音视频、滚动推出）服务的，所以在此平台上发展起来的农业政务“两微一端”更类似于一种“观照”个体的政民关系“间性互动”的新闻简报和政务简报。其传递的虽然主要是政务信息，但是传递的目的是加强信息背后的互动效应，只要受众订阅了或添加了某政务微信公众号，就会接收到推送式的三农新闻、信息和其他软性文章，它侧重于主动性的信息告知，并主动促使受众了解政务施行和社会发展的具体情况。

尽管政务微博发布的信息很多只是日志式的信息，反馈言论碎片化程度较高，且受众个体之间多为陌生人关系，但政务微博具有较强的高端话语定势和信息发布单向性垄断的特点，且情感意味较强，容易在受众中产生舆论，某个热点话题容易因微博舆论的聚合作用而达成公众共识，形成强有力的舆论氛围。因此，产生的舆论合力效应较强，传播影响力容易很快形成，政务微博的优点在于有利于舆论生成。

政务微信公众号与受众是一种“平视”交往的关系，与受众的对等性关系较突出，不存在主观的“对传播者单方有利”的宣传发布态势，也不

① 上海政务微博微信双发力［N］. 新闻晨报，2014-01-14（A6）.

具备为舆论而造势的单向性态势，其平和、平实的风格更容易让人接受，新闻性更加明显，客观性高于政务微博，所以政务微信更容易成为百姓的朋友，可以形成更加良好的互动关系的强化，这种关系营造了“告知式”而非“政管式”的政民互动新关系，是双方身份平等通畅的桥梁与维系和谐关系的纽带。

由于政务微信和政务微博各有其侧重之处，在三农传播的实际工作中，因政务微博的开发建设较早，所以现在政府部门在政务微信、微博的选取应用上，一般是两套产品、一套人马，交叉运营，“目前不少政务微信都源于政务微博建立的体制、机制基础之上，从运营上看，运营体系比较完备的政务微博团队也是有影响力的政务微信平台的团队，政务微博管理员兼任政务微信管理员”[①]。由于微博、微信的技术和表现形式具有相似性和共通性，今后的趋势是二者在技术后台能够合二为一，把侧重于舆论影响、情感影响的微博与侧重于新闻与信息服务的微信结合起来，把平台合并或打通，例如，“在微信平台收到的投诉、曝光的内容，（在经过）核实后，把其中一部分发布在微博上，则能形成更好的（舆论）监督”[②]。

“两微一端”中的“一端”还包括各种微视频平台和不断出现的 App 平台，它们的传播方式与微信公众号类似，微视频平台全部是以短视频为主要内容，App 平台除了信息资讯的传递外，服务功能更强，可以进行业务操作，它是“掌中的办事窗口”，可以完成基于移动载体的业务性操作，如手机填单、查询、缴费、打单以及相关文件的上传下载、对话、远程控制等各项应用性操作。

二、地方涉农政务“两微一端”的发展

在学术上，农业政务和移动微传播属于不同的两个学科范畴，有交叉

① 陈宁，潘宇峰，周培源，等. 2013 年腾讯政务微博和政务微信发展研究报告（人民网舆情监测室）[R]. 2013.

② 陈超贤. 政务微信发展的现状、问题及对策 [J]. 青岛行政学院学报，2013（04）：37-39.

也有区隔，前者属于社会学与政治学体系，偏重的是社会治理；后者属于传播学中的社交与发布系统，是一种平台，一种技术，一种交往方式。二者的交叉之处是它们都属于社会沟通，前者的政治与社会沟通已经运行了几千年，如从夏朝就开始有官员（遒人）行走乡间的木铎采风、宣传政令制度，到了封建社会，通过以露布、揭帖等形式，将朝廷法律、官府告示以及涉及赋税捐役、节令社祭等事项的广为公布等制度，这种由上至下、官民之间的政治沟通往往也与社会治理与文化治理相结合，与统合族群的乡村宗族自治管理相结合，用以整合社会；近现代以来，民众主体意识的觉醒以及现代国家国体制度的约束，使得政体制度的运行、施政治理的程序须与对民众的告知、沟通对接，从而形成社会合意，合意的达成成为现代社会政治得以施行的前提和基础，政府利用报纸、广播、电视以及互联网等各种传播载体，面向大众进行政务传播，已经成为政务沟通的基本手段。从口耳相传到互联网传播，媒介技术与政务传播的结合，正如加拿大传播学者麦克卢汉的理论，由传播技术的任何进展引起政治传播在规模、步伐或类型上的变化，使得媒介本身才是真正有意义的事物，人类有了某种媒介才有可能从事与之相适应的传播和其他社会活动，媒介技术的发展与应用对社会制度及其运行具有推动性的作用，政务传播“两微一端”正是如此。

（一）发展基础与背景

在政务传播的“两微一端”中，政务微博、微信是“指政府机构以及其他参照公务员法管理的事业单位和人民团体开通的，用于公开政务信息和进行网络问政的经过认证的”① 传播平台，而 App 等客户端是编程者开发的，应用于手机等移动载体上的专门互动性软件。地方涉农政务“两微一端”是指地方农业口的党政机关以及职能部门推出的官方微传播软件，它的诞生是国家提出的积极运用即时通信新媒体工具去服务三农社会理念

---

① 清华大学新闻研究中心．2014 年新农人微博研究报告［R］．2014.

的延伸，是以现代数字技术、通信技术为一身的微传播平台为载体，将政务传播与管理嫁接于此，将三农政务信息通过移动网络，借助文字、图片、视频以及支持反馈、交易的互动系统，实时地进行新闻与信息的发布与交流。受众借助已经完全商品化、普及化的技术工具——蜂窝信号系统移动电话（手机）或便携式移动电子计算机（平板电脑）等移动载体，通过下载当地农业政务“两微一端”，就可以通过微平台的客户端与发布机关产生讯息业务上的迅捷且内容丰富的联系。与传统的政治沟通方式相比，借助“两微一端”进行政务发布和政务沟通具有跨时空、跨平台、灵活智能、经济便利等诸多优点。

“两微一端”的技术基础是2010年前后在国内政务传播体系开始广泛使用的微博、微信和其他App软件，而作为移动社交媒体的微博与微信又是网站型的博客和手机即时通信软件的研发成果，新浪、腾讯、新华网等几家大型门户网站是微博业务的举办者，腾讯公司是微信技术的开发者。2009年8月新浪网推出“新浪微博”，这是国内第一家提供微博服务的网站，2011年7月，中国互联网络信息中心（CNNIC）的报告显示，中国微博用户从6 331万增至1.95亿，从那时以后便开始每年稳步快速增长，目前国内稳定用户达3.4亿，网民对于微博的接触率达到了50%左右；同时，截至2012年9月，微信的用户数量也突破2亿，到2013年1月，用户数超3亿，微信用户从2亿到3亿，仅用了不到4个月时间，成为世界上用户数量成长最快的单体传播平台，“到2013年11月，微信注册用户量已经突破6亿，是亚洲地区拥有最庞大用户群体的移动即时通信软件”①，通过2013年5月对微信公众平台参与度以及关注情况的调查显示，“近九成的移动用户近半年内使用过微信，占比达到88.3%”②。

2014年9月，为了推进农村社会治理的网络化建设和提高为民服务的效率，为了打造积极主动的政治传播环境，国家互联网信息办公室下发

① 微信．[EB/OL]．（2014-05-20）[2021-10-03]．http：//baike.baidu.com/subview/5117297/15145056.htm.

② 艾媒咨询集团．2013中国微信公众平台用户研究报告[R]．2013.

通知，要求"全国各地网信部门推动'即时通'政务账号发展，力争该年年底，政务公众账号达到 6 万个"[①]，相当于每个地级政府各部门要推出 100 个、每个县推出 30 个政务公众服务平台，来满足不断发展的政民沟通的需求。国内"两微一端"快速发展的主要原因，除了微传播这一新媒体技术业已成为社会层面上人际传播、群体传播的主要技术平台之外，更主要的动因是作为"组织传播"的政民互动在新时代下的客观原则的要求，这些原则主要是效率原则和公众需要原则，因为无论是对于政府还是公众，政务"两微一端"的信息传播不但具备权威性而且服务更具便捷性。

在媒介技术突飞猛进、社会变化日新月异以及用户数量激增的发展态势下，2015 年 1 月，微博取消了内容发布的字数限制（140 字），使其发展迎来了新的高潮，"截至 2017 年底，经过新浪平台认证的政务微博达到 173 569 个，其中政务机构微博 134 827 个，公务人员微博 38 742 个"[②]；同时期，特别是 2016 年成为微信业务的扩张成长期，各种"政务微信账号已超过 10 万，成为政府发布信息、提供公共服务、开展政民互动的新平台"[③]。

微博和微信都是为社会与个体、个体与个体之间进行信息传递、舆论交换和情感沟通而建造的平台，"积极搭建'双微'平台，已经成为各级政府部门的不二选择"[④]。"政务微博集合了微博时效性强、传播迅速、方便快捷的优点，有助于应对突发公共事件、引导网络舆论"[⑤]；而权威性

① 电子政务智库．网信办：推动即时通信工具政务公众账号发展［EB/OL］．（2014－09－11）［2021－09－12］．http：//mp. weixin. qq. com/s? _ biz ＝ MzA3MzE4NDEwNA ＝ ＝ &mid ＝ 200799567&idx＝1&sn＝ca32e037d32cfaba47eef856c94115cb&scene＝1＃rd，2014－09－11.

② 人民网舆情监测室、微博数据中心．2017 年人民日报·政务指数微博影响力报告［EB/OL］．（2018－01－23）［2021－06－14］．http：//www. yxtvg. com/toutiao/5055922/20180123A0RAP800. html.

③ 国家网信办．政务新媒体获空前发展，"两微一端"成为新模式［EB/OL］．（2015－02－07）［2021－03－21］．http：//politics. people. com. cn/n/2015/0207/c1001－26525966. html.

④ 陈佳玲．发展传播视角下区县政务微传播研究——基于"沙坪坝微政务"的分析［D］．四川外国语大学，2018：1.

⑤ 谢耘耕，徐颖，刘锐等．我国政务微博的现状问题与相关建议［J］．科学发展，2012（11）：46－50.

较高的微信公众号还被分为媒体性质的“订阅号”和企业性质的“服务号”，前者一般是传统媒体机构向新媒体发展延伸的部分，后者则是侧重于商业领域的营销平台；近年来发展起来的微视频也可以视为“两微一端”中的一种形式，“自诞生以来以超乎想象的速度迅猛发展，第47次《中国互联网络发展状况统计报告》显示，截至2020年12月，我国微视频用户规模达到8.73亿，占网民总体数量的88.3%”[①]。“两微一端”不但可以传递文字、图片、语音、视频等多种类别的内容，而且已成为政府部门日常线上办公、进行业务处理以及气象、公安、疾控等部门发布政府通告的重要平台，紧急且重要的行政通知可以点对点地发送给个人。同时，“作为社交平台，与外界的交流互动促使自身与社会构成双向流通的环境”[②]，是数字时代人与社会移动联系与沟通的公告板、信息台。

国内各种微传播平台已开通的账号超300万个，活跃度较高的地市级官方微博达6 000余个，官方微信公众号超3 000个，在政务微博、微信的地域分布数量方面，“浙江、江苏、广东三地占据前三位”[③]，社会化公司也积极与政府部门合作，开发业务嫁接型的App客户端，在发达地区，平均每个地级行政区拥有在社会管理、产业经济以及金融、医疗、教育、文旅等方面提供服务的App达10个以上，这些功能齐备的App涉及衣食住行各个方面，公众使用率较高，在珠三角、长三角、京津冀、中原经济区、成渝经济区等经济与社会发展前沿地区，“两微一端”政务传播已经渗透到当地政治与社会生活的方方面面。

伴随着国内移动网络通信基础设施建设的不断更新升级和手机、平板电脑等移动载体的使用日趋生活化、工具化、办公化，“两微一端”等社交型媒体的应用比率和应用频率将大大超越其他传统媒体，基于此发展态

---

① 中国互联网信息中心．第47次《中国互联网络发展状况统计报告》［R］．（2021-02-02）［2021-09-01］．http：//www.cnnic.cn/hlwfzyj/hlwxzbg/hlwtjbg/202102/t20210203_71361.htm］．

② 刘鑫．媒介生态学视野下的微博“去中心化”研究［J］．新闻研究导刊，2017，8（06）：56．

③ 陈宁，潘宇峰，周培源等．2013年腾讯政务微博和政务微信发展研究报告（人民网舆情监测室）［R］．2013．

势，农业政务“两微一端”开始逐步开发并投入使用，较早开办农业政务微博的是北京市农业农村局宣传教育中心，其官方微博“北京农业”，“围绕农业政策、农业动态、农业执法、农业知识、农技推广、三农人物等13个专题内容，自上而下、由表及里地全面展现北京市三农工作进展，是北京农业农村建设对外展示的窗口”①。农业大省山东也紧跟媒介技术发展形势，省内各地级市农业部门积极运用新媒体社交平台，充分发挥政府微信公众号的传播作用，开办涉农微信平台，临沂市农业局于2015年注册开通了“临沂农业”政务微信号，“定期发布工作动态、决策部署、会议精神以及热点信息等，让更多人关注临沂农业，提升临沂农业的形象和影响力”②，加强了农业部门与群众之间的互动和沟通，除此之外，还大力推介当地名、优、特农副产品，宣传临沂特色农业发展状况。

（二）发展类型与状况

地方农业政务“两微一端”如果从层级上分，可以分为省级平台、地市级平台、县（区）级平台三类；如果从主办和运营机构上来分，可以分为党政机构平台、行政与职能部门平台以及行业与民生服务类平台等三类，第一类平台为各级党委、政府、人大、政协等组织机构建设运营的综合性的涉农政务“两微一端”，第二、三类平台的主办机构又分为两种，第一种为农业厅、局、委办等农业管理主体部门建设运营的“两微一端”，第二种为农机、农资、植保、农业金融、保险、农村教科文卫等事业和行业性单位建设运营的“两微一端”。

早在2016年，当微信公众号在全国逐渐普及的时候，一些发达省份除了拥有农业厅、农村委员会开通的省级农业政务微信公众号之外，在地市及县区级层面也积极涉足这一资讯传播领域。以浙江省为例，当时在

① 郝建缨等．北京农业微博传播的形式与特点［J］．农业展望．2021，17（03）：104.

② 临沂市农业局．“临沂农业”政务微信公众平台开通［EB/OL］．（2015-07-28）［2021-09-11］．https：//sd. ifeng. com/zt/linyinongwei/news/detail _ 2015 _ 07/28/4162465 _ 0. shtml? _ from _ ralated.

“市级层面上，除宁波、嘉兴、舟山3个市外，均已开通微信号，县级农业部门开通的有33个，其中杭州市的各县（市、区）全部开通”[①]，“杭州三农”“温州三农”“湖州农业”“绍兴农业”“金华农业信息”“衢州新三农”“台州农博”“丽水生态精品农业”等作为早期开发的宣传平台，对提升当地农业信息化移动传播做出了探索性贡献。

目前各地农业政务“两微一端”的开办呈现三个特点：第一，从发展形势上看，从省级到县（区）级，基本实现了三级开办，从开办数量上看，作为政府农业管理主体，如各级农业农村厅、局以及扶贫办等开办的微博、微信号数量较多，对农业农村的政务生态建设起到较为广泛的宣传示范效应；第二，因传播信息的方式和侧重点的不同，目前农业政务微信公众号的开办数量高于微博的数量，关于各种农业App的发展，特别是涉及产品营销的App，官方数量低于民间；第三，越是基层政府部门的政务微信号，互动、沟通效果越好，这是因为地理、地缘上存在接近性，特别是发布的信息与当地涉农事务的关联性程度较高，县区级涉农政务发布的信息针对性较强，民众反馈的有效性和及时性也较高。

另外根据人民网舆情监测室的统计，按照农业政务“两微一端”的数量分布，农业大省、农业大市的农业政务“两微一端”数量较多，活跃程度较高，影响力较大，体现了领导重视和“办号”有方，在社会转型期“农业、农村两个现代化”的建设宣传方面，为传递当地新闻、农业技术以及政策宣传、农事指导方面提供资讯服务。如陕西省岐山县的“岐山农业”，作为农业农村局开办运营的县区级农业政务微信公众号，每周都公布系统内各单位的工作动态，向全县人民进行业务工作的动态汇报，涉及的部门及单位有县农机监理站、县农机推广中心、县农业执法大队、县农业安全中心、县桑果站、县种子站、县农经站、县农技中心、县农机校水产工作站、县畜牧站、县猕猴桃开发中心等，内容翔实而全面。这些公众号的主办单位能够紧跟形势，利用新媒体进行业务创新，有利于推动“信息农业”

① 高晓晓．农业政务微信发展现状、存在问题及对策［J］．浙江农业科学，2017，（09）：1677.

“高效农业”建设，有助于形成社会关注、人人关心的农业农村发展格局。

目前，地方农业政务“两微一端”的发展受到重视，发展势头较为迅猛，特别是微信公众号的发展。目前，国内各地均有不同层级、不同部门开设的三农政务微信号作为信息发布平台，区县级以上政府部门普遍开通三农政务专业微信号。除了专业性的农业“两微一端”之外，综合性的地方政务微信号的涉农宣传也不甘落后。以河南省为例，根据2017年5月对省内各地市政务微信公众号的调研①显示，“南阳发布”“精彩禹州”“今日襄城”“伊川新闻”“魅力杞县”“汝南视角”等政务微信公众号的涉农宣传，从信息发布数量和受众参与反馈的频次来看，其政民互动程度较高、社会影响力较大。

在新媒体网络格局的影响下，各级政府及其农业直属部门通过“两微一端”技术平台积极主动发布有关三农的政务举措，切实可行，可以为政民互动打开新的渠道，让以往老百姓难以获知的三农工作动态等政务信息从“隐性”到“显性”，让以往停滞在政府内部的三农文件、农政信息“活”起来，“辐射”到民众中间，使他们能形成感知和反馈，实现了民众对政府农村工作的进一步了解，起到了互相沟通的作用，产生了话题参与和舆论互动的积极氛围。另外，“两微一端”平台上提供的服务性质类的内容，如三农政策咨询、农经信息检索、农政建议反馈以及投诉等模块，也加强了服务型政府在三农事务处理上的影响力和传播力，易于形成稳定和谐的政民关系。

三、地方农业政务“两微一端”的运营理念

（一）以“两个抓手”带动三农工作

作为地方农业政务“两微一端”，应凸显以地域性、农政性为主要特

① 杨慧俊．农业政务（综合）微信影响力月榜2017年第5期发布［EB/OL］．（217-6-09）［2021-10-22］．http：//q. dahe. cn/2017/06-09/108439150. html.

色的内容定位，体现移动微传播文本“既简洁明了又重点突出”的特征，以当地受众需要了解的三农基本问题以及社会热点为宣传工作的“两个抓手”，一手抓“普及”，一手抓“深度”。抓普及是指对于农业受众应知、必知的内容，如国家或地方的三农政策、农业政务通知、法律法规等，必须宣传到农村的每个角落，做到人人皆知；同时，抓普及还要对关乎农村日常生产、生活中应懂、必会的内容，如常见常用的农电、田管等农科小常识，要经常性、周期性、反复地宣传，做到家喻户晓，促进农业生产生活的顺利进行。抓深度是指对人们所看不清或者难于理解的复杂事件、热点问题进行深入剖析，为受众指点迷津，引导舆论。

作为“两微一端”的主创团队，在内容创制和编辑工作中，要考虑以上内容选择与主题定位的问题，一手抓资讯的普及宣传，一手抓问题的深度解读，而且既要体现国家层面的全局意识和全局高度，又要体现地方层面的发展意识和地方特色，从大局着眼、从小事入手。

1. 抓基本问题

农业报道要解决农民生产生活中每天都要遇见的实际问题，真正带给农民实惠。目前乡村振兴过程中所遇到的基本发展问题，体现在以下一些方面：如何稳定粮食生产，加强粮食安全；如何巩固脱贫成果、提高农村整体经济水平；如何加强农村生态保护以及农村基础设施建设，实现安居工程；如何在农村金融、公共卫生和基本医疗体系等社会事业方面进行发展。涉及的具体问题包括粮食产销流通、农业企业发展、农民培训就业、农村文化建构等，如细化到灌渠、电网、道路的提升改造，土地的征用、保护与利用，农村文化室、中心校的建设、新型农民的培育等。

“两微一端”的内容采编始终要以农业、农村两个现代化以及“第二个一百年”的奋斗目标为指导思想，以发展生产、提质增效为“基本核心”，围绕产业兴旺、乡风文明“两个体系”，关注农业、农村、农民“三个主体”，做好宣传报道。对三农政策、市场行情、农业天气、植保技术、招聘用工、文化需求等这些基本信息要形成常态化报道，及时反映农民在生产、生活中遇到的基本问题和解决进度。

在内容编排的指导思想上，要明确一个基本认识，即用能够促进农业农村“生产发展、产业繁荣、生活富足以及治理透明、公开民主、乡风善美”的基本观点去报道，在建设美丽新农村的过程中，宣传报道的中心任务除了聚焦发展农村生产力，带动现代新农村建设和三农产业的发展之外，还要在发展与生态的协调关系、城市与乡村的二元统筹、涉农人口留守务农与外出就业的个体发展方面多加关注。在关乎农业社会现代化的三大基本领域多做文章，加强对农村文明建设的宣传，加大对农村教育、文化、卫生、社会保障的舆论引导，要符合农业科学发展规律，在农民得到实惠的基础上扎实稳步地推进宣传报道，保证广大农民共享经济社会发展的成果。

在抓基本问题的宣传思路上，我们要注重宣传农村经济社会全面、稳定、科学的发展状况，我们的报道不仅要形成在经济上促进农村物质生产力发展的舆论，而且要在政治上形成尊重农民主体权利和推进农村基层治理公开透明的舆论；我们的报道不仅要强调农业和农村自身的改革与发展，而且要强调工业与农业、城市与农村的共生关系的宣传；我们的报道不仅要立足于促成当前突出问题的合理解决，而且更应谋划长远、未雨绸缪。

2. 抓热点问题

目前，我国的社会结构正处在从城乡分割向城乡融合与协调发展的阶段，相对而言，手机等移动新媒体比报纸、广播等其他媒介形式更容易快捷地传播三农信息。现在手机等移动通信工具不仅是人们丰富生活的渠道，也是其获得信息的重要载具，依托这种信息移动载具的“两微一端”要兼顾两方面，一方面要研究涉农群体到底需要什么样的农业政务信息，另一方面要关注政府的三农工作要点在哪里，要做好相关热点问题的调查工作。

热点问题是老百姓经常议论和关注的问题，也是影响三农社会稳定和未来发展的问题，例如涉及乡村“两委”工作、土地权益归属、农村文化建设等牵涉较广的宏观性社会问题，以及土地撂荒抛荒、赌博攀比陋习、留守儿童教育缺失等普遍存在的具体性发展短板问题。之所以“热”，是因为这些问题时刻摆在农业农村发展的前进道路上，人们必须认真考虑、分析和解决这些问题。除了社会领域的问题，还有诸如农业产业链建设、农村电商发展、农村医疗保障问题以及影响农业一线生产的农产品价格、种子农药安全等涉及农业风险等方面的问题，也是人们较为关注的。

以影响农村未来可持续发展的环境生态问题来看，根据调查，全国有一半的行政村没有用上卫生水厕，98.7%以上的村落对生活污水没有处理而直接排放。调查数据显示，目前农村环境污染问题十分严重，不少地方垃圾围村，已经没有闲置土地用于填埋，很多城市也将污染严重的重工、化工企业转移到农村地区，造成良田变“毒田”，一些乡镇企业的无序、违规生产，也是农村污染的主要来源，一些农民依靠大量施用化肥、农药以增加作物产量而形成的污染现象更加普遍，这些都是社会关注的热点问题，在三农领域的新闻报道中经常出现。

农业政务的“两微一端”要善于抓农村热点问题，要突出反映目前农村发展过程中迫切需要解决的问题，配合当地政府做好工作。比如对农村村容村貌的整治，在宣传过程中围绕“水、路、气、电、垃圾”等“五件大事”，有侧重点地进行宣传。如，水：清洁充足的饮用水供给，农村污水的治理与排放，特别是厨厕污水排放系统的建设；路：乡道、村道的“最后一公里”完善，户前及田间道路的水泥硬化，县域交通公共汽车的通乡入村；气：安全、清洁的沼气或天然气的敷设；电：廉价、安全的农村用电，特别是在夏收、冬灌时期的用电保障和农村家庭大功率家用电器的用电保障；还有垃圾处理：逐步放弃填埋式、转移式的处理方式，宣传科学、生态的农村垃圾处理方式，如秸秆还田、有机垃圾沤肥等。显然，这几个方面都是建设美丽新农村应当具备而且应当优先落实的，需要大力宣传先进经验，同时介绍本地区的实际状况。

还有一些紧跟时代的农村公共建设题材的报道，也要做好阶段性的宣传，如偏远地区的远程医疗、电商、移动通信等农村互联网建设以及物流驿站、乡村花园、乡村幼儿园、公共浴室、孤寡老人餐食照料中心等，这些都是目前建设美丽文明、物质发展的社会主义新农村的宣传热点。

在农村产业报道方面，要善于策划出新，抓最新动态。例如，有关“一村一品”的报道，有关特色村落的特色农业的报道，有关农资、农技应用以及农业高附加值产业的报道等，挖掘、采写农业新品种、物联网、基因农业、设施农业、农业无人机技术以及无公害绿色生态农业等方面的信息，积极报道国外农业新动向，这些都是乡村振兴中农业经济领域的热点宣传内容。

（二）以“推送引领”构建乡村振兴互动传播场

1. 做好三农发展动态的信息编辑与推送

我国是个农业大国，农业专业信息的闭塞和阻滞不通会严重影响农村现代化的进程，农村政务“两微一端”作为以传播社会主义农村先进生产力、优越生产关系和优秀文化为己任的新媒体，应积极践行国家三农工作的政策方针，承担起满足人民群众信息需求的重要使命。

在运营过程中，“两微一端”要做好对三农信息的筛选、加工和推送，让人们知道当前三农工作的部署与发展落实情况，将对农报道的焦点放在普通涉农群众身上，大量提供农民所关注的致富项目和科技新知等信息，介绍农产品供求信息、各地的用工情况以及农村社会的文化信息，这些信息还要根据播种收获以及务农、务工的时间节点及时推送，要有较强的地域性、时效性、实用性。

第一，农业信息的推送要体现各地农业生产的地域特性。各地存在地形、土壤、气候等条件的差异，由于发展农业所需的自然条件不同，不但存在农业、林业、渔业、牧业等业态发展差异，即使是同一地区，也存在小流域内平原、山区的发展差异，即使是同一产业，也存在发展类型的不同。如海洋渔业和淡水渔业的差别，因此，在对有关农业科技信息和产业信息的报道上，在内容的报道策划和素材的编辑组织上，应有地方的特殊性、具体性，不能总是“复制粘贴”其他平台的内容，将其不经加工和取舍地直接移植过来，造成传播内容和风格的雷同。

第二，三农信息的推送要有时间观念，要有阶段性宣传的意识，体现“宣传时段与宣传效果”的统一，因时因地，发挥最大传播效率。如每年6月到8月可集中报道“三夏三抢”，国庆到中秋期间集中报道秋播秋种，还可以在春夏之交报道农村狂犬病防治，秋冬时节报道农田水利设施修缮，以及在林区提示森林防火，在湖区预报汛期水文等，不一而足。

以夏季水灾、雨灾的报道为例，每年的七八月份，正值酷暑，也是西风带雨热同季时期，各地的农业政务“两微一端”应积极关注极端天气对农业生产生活的影响，开辟专栏，积极进行强降水可能导致的灾情预报，每日推送雷电大风的灾害预警，对广大农民发出关于汛期安全的提醒。2021年7月、8月间黄河中原流域发生了几次较强的极端降水天气事件，相关地方微信公众号提前3天就向受众做出大风、洪涝的灾害预警，人们通过手机客户端就可以获知农业气象预报。

信息推送还要紧密结合农事农时和市场变化，为农民增产增收提供及时实用的市场信息。以水产品的生产与市场销售环节为例，由于各地河流、水库、塘堰等设施资源的分布差别很大，各地水产品的生产与上市时间也有差别。例如，在江苏的阳澄湖大闸蟹每年秋季普遍上市的半个月时间内，应及时通报北京、上海、广州等地高端蟹类的市场价格，为养殖户进入市场提前提供参考信息，打好时间差，此举也能为其他地区的同类产品打好“价格战”提供市场情报，切实为农民解决农产品销售问题，使他们的产品能够卖出符合市场机制的理想价格，同时又能为各地市场调剂余缺提供信息参考。

第三，要开动脑筋，做好策划，体现信息的实用性。农民最需要的信息集中表现为四大类：一是宏观类信息，如国家涉农政策、法律、法规等；二是实际操作类信息，如新技术、新品种的推广等；三是市场类信息，如农产品价格、销路、供求等；四是文化类信息以及教育培训、卫生医疗、健康信息等。以农业强省江苏为例，江苏省有两种不同类型的气候，农业生产受地理、植被、水土等因素的影响，各地的农业主体产业不尽相同，农作方式也有差异，因此，江苏省开发了种类较多的农业App，以"农技耘""农医生""农商通"等为代表的农业App立足江苏实际，从传统种植养殖业、如小麦水稻的种植、鸡鸭牛羊的养殖，到包含农业经济附加值的农产品深加工、运输、仓储、销售、出口等，都积极地进行信息推送，并根据大数据后台分析热点信息和热门领域，有针对性地推送人们更关注的内容，帮助农民发展生产、改善生活，深受生产一线的农民欢迎。目前这些App发展得较为成熟，"农技耘App"下设不同的农业科技专题，如旱作农业、湿地农业、园艺农业等，在农时、农事的提醒与建议方面有针对性地解决农户在生产遇到的实际问题；"农医生App"是"每天都有数千农友在这里提问，农民用户根据自己所种植作物的症状进行描述，通过照片以图文形式展现在农医生平台上，专家实时解答；'农商通App'则是一个收集和发布田间地头和批发市场农产品价格、供应规模、需求方向信息"[①] 的平台，构建农商之间的交易联系。

2. 做好三农发展前进方向的指引与带领

农业政务"两微一端"是与时俱进的产物，体现了方法创新和机制创新，是我国农业政务活动主动适应时代发展做出的变革性举措，适应了时代的需求，找准了工作的发力点，是对当前乡村振兴这一全党全国重中之重的工作的有力推动。未来要在脱贫攻坚基础上，做好乡村振兴这篇大文章，在三农工作的重点、热点、难点问题的新闻报道和信息反馈上，以新媒体传播手段为便捷抓手，以民生发展和社会进步为宗旨，通过宣传，把人们对美好生活的向往化为推动乡村振兴的动力。

不同于其他社交类自媒体的内容特征，以乡村振兴理念引领三农发展是农业政务"两微一端"采编时要考虑的主要问题。在中国当代农村城镇化、农业产业化的进程中，正在发生着一场深刻的变革，农业机械化耕作的贡献率已经超过60%，规模化、协作化、集约化种植、养殖体系正在形成，政府、企业、农户在产业布局、科技扶持、劳动力投入等三方面的交互模式下广泛开展工作，美丽新农村建设正如火如荼地进行。在信息瞬息

① 丁亚，王琳．基于供需匹配视角的江苏农业App调查研究［J］．北方经贸．2020（11）：47.

万变的今天，要积极利用农业政务“两微一端”来传播信息和聚拢民心，它是“移动化的民生服务平台、精准化的信息传播载体、零距离的官民互动频道、创新型的公共服务空间”[①]，受众时时刻刻都可以通过平台了解国家和地方三农发展的大事小情，通过掌中的手机或其他移动媒介载体感受时代的变化，两微一端的“‘指尖服务’是社会管理的创新之举”[②]。

现代农民的生活需求，已逐步转向追求高质量的精神富足和物质小康，地方农业政务“两微一端”是满足精神与信息需求的快捷方式，具有认知、教化、沟通、凝聚、传递的功能，是发展农村精神文明建设，引领思想文化的阵地，在发展中，应加强社会调研。例如在农村教育和医疗卫生领域，不少农村存在因大量农民进城务工而出现空巢化现象，农村留守儿童增多，家庭教育缺失严重，农村社会医疗、社会保障体系也亟待完善，要重点报道发生在农民身上的事，记录、反映他们在现实生活中的状态，根据乡村振兴的发展策略和发展目标找准宣传发力点，帮助地方农业管理和发展部门找准差距、做好调整，以宣传工作更好地配合和跟进全国农村发展整体形势。

在民众被互联网海量繁杂的信息裹挟而不知所措的状态下，在涉农群众对乡村振兴战略的实施关键、实现路径等内容不甚了解的时候，农业政务“两微一端”的宣传工作，“有助于抢占舆论阵地，拓展网络问政的深度与广度，有助于提升政务信息的辐射力，对拓展政务信息受众面具有积极意义，有助于提升政务信息传送的有效性”[③]。

要注重乡村振兴互动传播场的构建，传播场包括两个重要组成部分，一个是传播源，一个是接受体。作为传播源的“两微一端”要遵循新媒体传播规律，认清形势任务，立足农村现实，找准宣传的着力点，将如何发展乡村物质文明和精神文明作为宣传重心，研究如何通过移动化和微传播

---

① 张志安，徐晓蕾，罗雪圆等．广东政务微信报告［EB/OL］.（2013-12-27）［2021-11-20］. http：//gd. qq. com/a/20131227/015410_all. htm#page1.

② 陈宁，潘宇峰，周培源等．2013年腾讯政务微博和政务微信发展研究报告（人民网舆情监测室）［R］. 2013.

③ 人民网舆情监测室．指尖上的“政”能量——如何运营政务微博与微信［M］. 北京：人民日报出版社，2013：332.

两种特征开辟宣传引领工作的新方式和新渠道；在传播场中，作为接受体的“网民数量不断增加，网络意见也成了民意表达和诉求的一个重要渠道”[①]。

在舆论引领过程中，要主动倾听群众的声音，理性看待群众的意见和建议，把这一环节作为了解社情民意的渠道，深化对“两微一端”作用的认识，把“两微一端”的宣传工作当成“解民惑、聚民心”的纽带，注重“共情”，巩固与受众的关系，探索和熟悉网络新媒体互动的表现形式，这也是建构传播场的目标之一，体现了媒介的党性与人民性的统一。如果与群众隔“网”相望，就不会形成与受众交流互动、互通的生动局面，要从明确思想引领工作目标，加强乡村振兴内容的宣传，找准宣传阵线的薄弱环节，改善网络舆情互动环境等方面入手，将乡村振兴“互动传播场”的构建与农业政务“两微一端”的运营发展结合起来。

应把引领三农工作前进方向的职能作为农业政务“两微一端”的第一职能，无论是对政策的直接宣传还是借助于三农资讯的信息传递，通过直观的或隐含在新闻报道中的内容，把目前和未来国家和地方三农事业的发展理念、发展目标、发展举措传递给受众，让他们心中有方向、有奔头、有思路、有规划。因此，应继续挖掘新闻素材里潜藏的具有引领性的舆论要素，大量地提供与乡村振兴发展相关的内容，宣传目标设置要与未来农业现代化的发展目标相一致，用小小的“一方屏幕”反映前进中的乡土社会，以发展中的事例展示乡村振兴的阶段性成果，以振奋人心的宣传和科学发展的舆论，促进农业传播过程中的思想互动。

（三）以技术参数，衡量“两微一端”运营影响力

“两微一端”的开通与运营有一定规律，经过认证后开通的农业政务“两微一端”具有以下几个基本组成要素：一是名称与相关标志；二是主管与运营单位；三是认证情况；四是内容定位与功能定位。以政务微博和

① 赵凝．党员干部要学会用“网言网语”与群众互动［EB/OL］．(2019－07－01)［2021－10－13］．https：//www.jfdaily.com/news/detail？id＝61504．

微信公众号为例，其名称与类型可以采取“实名实意制”。

“两微一端”的名称与标志有如商店的招牌或门面，在设置上，可以直接明了，如“北京农业”“南宁农业”“周口农业”“岐山农业”“中原农业保险”等名称；也可以取用具有艺术性或抽象化的名称，如“四季农风”“金土地”等。无论如何取名，都应在名称上体现一定的地域特点和意义侧重，使人们通过名称就能基本了解该微传播的主旨、内容和方向；在标志等设计上也应该以醒目为主，一般无需细微地描画。关键的是，“两微一端”的名称和标志应具有一定的稳定性，一般不应出现多次变更或注销等行为，如果经常改换名称和标志图案，会出现既有用户在微信公众号的列表上找不到的现象，说明运营的稳定性失当，容易失去受众用户，不容易形成品牌效应。

“两微一端”的主管单位和运营单位是两个概念，主管单位一般指宏观意义上的上级指导单位和监督单位，主管单位一般负责和管理党政方面的工作，如确定某一时期的工作重点、报道方针以及选派作为下属的“两微一端”运营单位的负责人等；运营单位则是指直接参与并负责微平台运行的机构和部门，下设若干人员组成的创作团队或创作办公室以及运营办公室等。

“两微一端”的认证是指是否受到新浪或腾讯的官方认证，是“政务号”“官方号”还是“民间号”。以农业政务微信公众号为例，如果功能定位是发送消息，侧重于舆论和宣传以及传达资讯为主，就注册、认证为“订阅号”性质的公众号，这种“订阅号”类似于“掌中刊”，在得到腾讯公司的认证后，可逐日发布消息，每日一次（消息字数和条量不限）；而如果平台上需要提供强大的业务服务和用户管理功能，例如类似于“山东农业 12316”“农业检测”等微信公众号，需要具有绑定服务和业务交互处理的功能，应注册、认证为“服务号”。相比较而言，“订阅号”功能简单，侧重于消息推送，而“服务号”功能复杂，侧重于互动和业务办理；“订阅号”可以升级为“服务号”。另外还有一种叫做“企业号”的微信公众号，具有金融支付、线上交易功能，适合于政府与社会联办，能方便地进行网上的政企合作。涉农部门要申请办理何种公众号，可以视自身业务和功能进行选择，向腾讯公司申请，在申请时，也要申明自己的内容定位与功能定位，即传播业务经营的范围和分类、产生的意义和作用等，以便协助对方做好认证。

在“两微一端”的运营上，要保证发布内容、发布频次在主题和数量上的稳定性，注重对消息源的挖掘和素材的采集、加工与制作，确保资讯数量、质量和发布环节的稳定性。例如，在政务公共微信刚刚开启的2013年，中国传媒大学媒介与公共事务研究院通过以部分公众号作为监测对象，并以自然月为周期进行“日均资讯发布数”的统计，数据显示，很多政务微信号当时的日均活跃率仅为22.46%，经过不断发展，2016年12月，对全国26家省级农业政务微信公众号的“每日资讯更新工作”进行监测，发现在“五天工作日或每天更新的有9个，做得比较好的有‘浙江农业’‘江苏省农业委员会’‘江西农业’‘河北农业产业化’‘青海农业12316’等，更新过1至4次的有4个，更新频率不定的有8个，开通后从未更新的有5个。在省级农业政务微信中，‘浙江农业’表现较为突出，该微信公众号于2014年8月上线，截至目前，粉丝数达30万，微信图文页阅读平均次数在10 000次以上，头条最高阅读量超过3.8万次”①。

“推送次数”“推送文章数”“信息总量”“信息阅读数”“点赞数”“综合影响力”等指标是评价“两微一端”内容质量、发布频率、发布时效以及运行稳定性和活跃率的重要指标（表3-1、表3-2）。

表3-1　部分市级部门政务微信号日均传播参数

名称	类型	日均推送次数（次）	日均推送文章/信息数（篇）	日均阅读人次
精彩巩义	地方综合	0.69	0.69	2 193.14
精彩禹州	地方综合	0.67	3.1	2 845.47
今日新安	地方综合	0.96	4.06	828.61

① 高晓晓．农业政务微信发展现状、存在问题及对策［J］．浙江农业科学，2017（09）：1678.

表 3-2 部分市级部门政务微信号受众参与度

名称	职能	平均阅读数（次/篇）	日均点赞数（次）	平均点赞数（次）	综合影响力
精彩巩义	地方宣传	3 160.71	61.45	88.56	89.86
精彩禹州	地方宣传	917.29	24.57	7.92	89.79
今日新安	地方宣传	204.03	6.08	1.5	78.04

“推送次数”“推送文章数”包括每日和每周的资讯平均推送数，如表 3-1 中“今日新安”的平均日发布次数为 0.96，几乎每日都发布推文，如果平均日发布次数小于 0.50，则代表超出两天才发布一次；“信息总量”包括月度、季度、年度信息总量和发布次数总量，“点赞数”反映的是与受众互动后文章和信息的受欢迎或认可程度大小的指标。大河网“大河舆情研究院”对 2017 年 4 月份的河南省地方政务“两微一端”进行了调研，通过一个月的监测，通过比较“日均推送次数”“日均推送文章数”，选出了信息发布率较高的公众号，“其中‘焦作发布’达到（月发布率）30 次，每天都有信息发布，充分显示出与公众交流的热情”①。运行稳定性还包括发布平台的技术稳定性，有无出现失联、失效的现象。另外，有的公众号只发布信息，能否对广大受众的反馈进行实时跟进回复，也应考虑到活跃率指标当中。

“大河舆情研究院”在 2017 年 5 月 1 日至 31 日对河南省内地方政务公众号进行了调研（图 3-1），从图 3-1 来看，“说沁阳”的平均阅读数排名虽然不是第一，但点赞数较高，说明运营的综合效果较好，当月“说沁阳”的综合影响力最高。因此，评价一个地方政务微信号的影响力大小不能只看一个参数，要根据多个指标下综合考量的结果来评价，综合影响力指标是终极指标。另外，影响力排名情况也不是固定不变的，不同时期（不同年份和不同月份）的排名也会随着当地社会情况的变化而变化，重

① 杨慧俊．农业政务（综合）微信影响力四月榜出炉“比赶学”竞赛悄然展开［EB/OL］．（2017-05-12）［2022-03-14］．http：//news.cqnews.net/html/2017-05/12/content_41602192.htm.

点在于坚持把控内容质量。

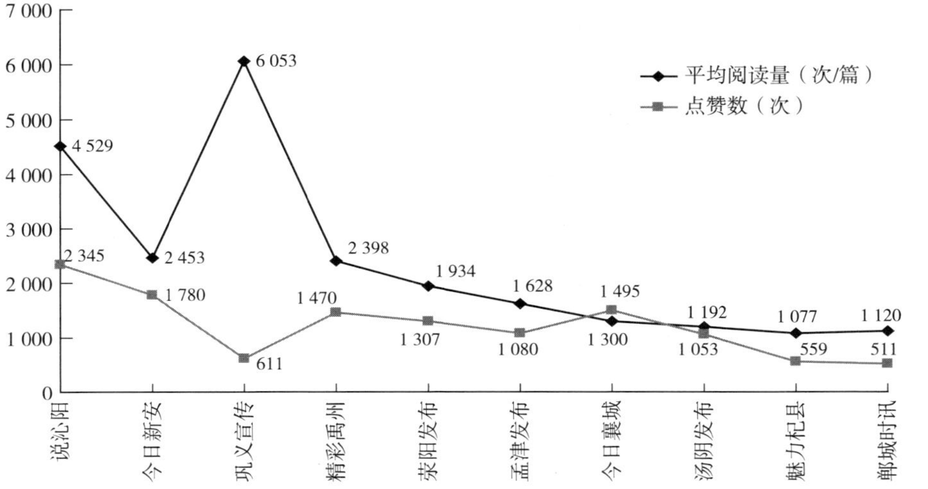

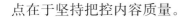

图 3-1　河南省排名前 10 位地方政务微信公众号平均阅读数和点赞数（2017 年 5 月）

一些调查统计显示，那些注重发布与农村交通运输有关的政务微信公众号的资讯阅读量较高，原因是随着三农经济社会的高速发展，与农业经济往来、农产品贩卖运输、城乡人员交往流动密切相关的交通、出行类的资讯内容，受到越来越多的人的关注，同时由于农村私家车数量的逐渐增多，这部分受众群体对涉及交通出行、特别是高速道路的信息越来越关注，促使了涉及这类内容微信公众号的阅读量的升高，这一点值得其他涉农微信公众号在内容采集和发布上特别注意并借鉴。

四、发挥"两微一端"的传播功能

基于移动互联的农业政务"两微一端"是"网络问政的新平台，官民交流沟通的新渠道，能使政府'耳聪目明'"①，以移动化、短小化为特征的"两微一端"在对各种方针政策、法律法规进行宣传以及发布公告通知

① 邹巍，祎秋．政务微信让政府"耳聪目明"[J]．上海信息化，2013（07）：10.

的时候，要考虑新媒体传播与传统媒体的差异性，利用快捷传播的特点，使涉农政务在第一时间传播到用户的接受平台上，“形成政务信息传播的辐射力，提升政务信息传送的有效性”①。

（一）以用户模式点对点告知地方三农政务

在信息类内容中，重要性排在第一位的是农业政策信息，这些信息主要是通过新闻报道的形式告知受众，其次是以介绍实例和事例的形式进行宣传介绍。这些信息包括新近召开的国家和地方有关三农发展的会议精神、文件公报、建议指示等农政要闻，也包括发生在各地的新变化、新举措、新经验、新成就，以及蕴藏在政策里的新契机与新启示。

农业政务“两微一端”的传播，首先要重视对政策理论的宣传和精辟解读，要重点对党和国家关于三农工作的新精神、新思路、新提法、新决议做好专题报道，要做到应传尽传，不遗漏任何一条有价值的消息。努力提供一个农民能够了解农村经济发展以及社会治理信息的平台，充分发挥“两微一端”创生的良好舆论氛围，使群众普遍知道党和国家关于农村的各项政策，使农民关心农业发展和乡村振兴大计，形成通畅、有效的农政传播体系。

在传播的过程中，要从国家层面农业发展高端部署与地方层面三农发展综合策略相结合的角度进行宣传，以促进乡村振兴理念的全面铺开。以产生过农村经济蓬勃发展“温州模式”的浙江省为例，浙江农村的经济发展一直名列全国前茅，这离不开浙江人民不怕吃苦、善于创新的勤劳奋斗精神，也离不开浙江各级相关部门积极贯彻执行党和国家的发展政策的实践精神。在新时代，浙江省农业农村厅积极利用新媒体平台开办“两微一端”业务，旗下的“浙农号”App以国内三农“头条”、省内三农“动态”、农业社区“视频”以及“读报”为发布模块，注重各层次新闻的发布频率，每天定时更新国家和省市三农要闻；另外一个微平台——“浙江

① 董立人，郭林涛．提高政务微信质量，提升应急管理水平［J］．决策探索，2013（08）：34.

农业农村”政务微信号，下设有“政务服务”“学习”等版块，“学习”版块专门设置有该省农业厅的“6＋1”工作专班专题，宣传在土地综合利用、粮食安全保障、农村数字化建设等方面高质量发展的一系列决策部署，这些内容由于具有指导性、舆论性以及借鉴意义，传播的重要性不言而喻，无论是涉农干部、群众还是城乡各阶层关心农村情况的广大受众都十分关注。

一项农业政策的出台，牵涉的不仅仅是农村土地耕作、畜禽饲养等传统种养领域，还会涉及供给侧、需求侧、中间体等产业各组成要素的相互关联，如上下游关联、横向关联等。所以，在政策的推送、告知、发布时，要考虑受众或粉丝群体的广泛性，“要加强研究分析，了解受众关注的要素和内容关联性，在发布工作中要逐步叠加相关内容，不但注重垂直领域的内容建设”①，还要在三农垂直领域之外扩展传播的消息；不但报道本地区、国内的三农情况，还要报道国外农业农村的发展情况；不但报道农业领域的专门信息，还要扩展到宏观政治、城乡一体化、劳动力资源等与三农发展息息相关的其他信息。

与自媒体传播平台相比，地方农业政务“两微一端”是官方创办的，是最具权威的政策宣讲台，要加强对农业、农村政策的宣讲，防止信息传播不到位或被曲解篡改的情况出现。国家农业政策在施行、贯彻、执行的过程中可能会出现一些不应该发生的状况，一些地方的管理干部在政策宣传或执行上有意无意“打了折扣”，执行起来不彻底或者走了样。为了防止农村个别干部的不作为、乱作为，农业政务“两微一端”作为深入千万受众的掌中媒介窗口，要加大政策宣传力度，对重要问题反复宣传，让农民及时知晓，并形成媒介舆论监督的良好态势。

除了发布农业政策和各地工作经验等信息，各地区农业部门还要积极主动地将内部的农业简报、通报等信息，经过适当选择后，分栏目推送到“两微一端”上。这些内部文件，一般受众很难看得到，有关政

---

① 王小云．基于主题的微博社会网络关注机制研究［D］．武汉：华中科技大学，2013．

策、信息等也几乎无法获悉，而这些内容中有很多正是农民所需要知晓的，要根据受众对于媒介使用和信息需求的实际情况，将这些可公开的信息资源经过整合传播出去，做到“应知尽知”，满足和扩大人民群众的“知情权”。

（二）以多种体裁多样呈现地方三农资讯

第一，在报道上要注重体裁多样性，在乡村振兴的奋斗征途上会发生很多新鲜事，建设发展日新月异，在变化中捕捉新闻，在变动中发现问题，是农业传播的采编原则。动态化、多体裁地进行报道的目的，一是给使发布的信息具有节奏感，二是以资讯的多样化特色吸引人阅读。在三农社会的动态传播上，形式辅助内容，可以将动态报道进行分类，分为乡村政治动态、农业经济动态、农村科技动态、乡土文化动态等，按采编和体裁特点分，又可分为短消息、短评以及适合“两微一端”平台体裁的连载微通信、连载微特写等，还可以有解释性报道、分析性报道、预测性报道，还可以将新闻类的资源改编成新闻小故事等。

三农社会动态报道应注重以下几个方面，一是要有新鲜感，关注本地或其他地区新近发生的农政要闻和乡村新事；二是在内容上要有指导性和经验借鉴意义；三是侧重于致富经验和农特产品推广，注重“实料、实效”和滚动推送。

第二，在信息的丰富多样性的基础上，要注重内容的采集，以广东农业政务微传播为例，“广东乡村振兴”“广东省农业科学”“广东扶贫630”“广东省有机农业协会”“高明农业农村”“新丰县农业局”等省级和地方农业政务微信号积极研究农村工业化、农业产业化的新课题，大力介绍广东农业产业化、农村工业化、乡镇企业、小城镇建设等发展情况，从粤北、粤西再到粤东和珠江三角洲，根据地区情况，有计划、有目的地介绍各地山区、丘陵、平原、沿海等不同地理样貌和地理区间的特色农、林、渔、牧、副业。在内容上，考虑到地区发展的不平衡性，对粤北、粤东着重介绍致富项目、招工信息、星火科技，大力宣传产业引进；对珠江三角洲经济发达的“四小虎”等地区，则重点报道城中村产业园改造和产业转型升级以及河流湿地“万里碧道”生态建设；这些公众号还大力宣传广东各地在农村基层组织建设、农业第三产业方面的好做法，促使广东农业农村的发展向生态型、质量型的序列迈进，这些农业政务“两微一端”的报道丰富地展示了广东各地农业经济社会的图景，开拓了人们的信息视野。

第三，在报道形式的灵活性上，要注重采用多种报道模式。例如，“北京农业”官方微博就非常注重内容的多样性，报道形式包括短文加图片、单独长图、视频小片、现场直播等，在内容发布上，每天都关注京郊的农业动态，报道有益、有趣的新鲜事，如介绍农产品从地头到餐桌的生产过程、加工和餐饮制作常识等，由于内容地域特色明显，这些报道宣传了北京农业的发展状况，描绘了北京农村的风土人情，极大地带动了农业体验游、民宿等京郊旅游产业的发展，“北京农业”经过近 10 年的运营，吸引了京津冀数以万计的现实和潜在受众，“年度平均阅读量约 600 万次，其中 2020 年的年度累计阅读量达 900 万次，获得了持续增长的关注度”①。

增强报道的灵活多样性，还可以采取比较化的报道模式，首先是捕捉本地能够被受众感觉到的接近性内容，然后是其他地区的情况，如同样是农村住房改造，有的地方是收回分散的宅基地然后统一规划建设农民小区，有的地方则是修旧变新，不改变原有村落格局，两种做法都有各自的考虑和动机，前者可以盘活土地资源，后者可以保持原有生态。通过比较型报道，去启发关于三农工作的发展性思维。

在报道方式的多样运用上，还应注重正面报道和批评性报道相结合，三农社会发生的负面事件也具有警示作用，正反宣传结合起来，更能加强宣传和说服效果，要从农民熟悉的身边事说起，让群众知道所处环境发生的大事小情。例如，披露假种子、假农药、假化肥坑农害农事件，预警农产品卖难价低的市场危机，揭示农村教育发展盲区和瓶颈等。还有比如在平安乡村、和谐村风建设领域，也可以采取对正反事例进行点、评、说的

---

① 郝建缨，刘珂艺．北京农业微博传播的形式与特点［J］．农业展望．2021，17（03）：103.

方式，既报道各地进行的“魅力村庄”“文明村庄”的建设经验，又报道农村民事纠纷以及赌博、攀比、迷信等社会治安方面的不良现象，通过“两微一端”及时曝光，也能起到潜移默化的教育作用和防微杜渐的警示作用。

（三）以微营销、物联网促进农业产销两旺

微营销的渗透力较强，而且具有点对点的精准性，三农方面的微营销运用领域非常广泛，而且方式多样，可以在微平台直播间或田间地头进行实物或现场营销，也可以利用农业节事、民俗游、山野游等活动进行营销，还可以聘请政府官员或专家在“两微一端”上做公益广告等。

以微博营销为例，这是一种“利用微博的多种功能向客户进行营销的方式，微博营销可分为互动营销模式、事件营销模式、O2O（Online To Offline）营销模式、预售营销模式、代言营销模式、情感营销模式和整合营销模式”[①] 等，运营成本很低，“主要包括人工费和一些活动费用，相较传统营销中宣传、公关、销售、统计、售后等环节投入的人力、物力来说，微乎其微”[②]。以河南郑州官方农业销售微博“西瓜办”为例，“西瓜办”微博得名于“郑州市西瓜销售服务领导小组”，开办于 2014 年 5 月，目前粉丝数量超过 10 万，为了配合暑期西瓜销售通路和市民消暑饮食的信息需要，在 6—8 月间每天实时滚动发布各城区西瓜供应信息，包括销售点位置、销售量动态等，根据 2016 年 6 月下旬的一次运行调查，在连续 5 天的样本时段内，该微博共发布西瓜产销信息 92 条，平均每 1.3 小时发布一条，可以说是做到了实时滚动发布。同时，该微博的“传播内容多样化，分为农产品推广、社会新闻、农业新闻、农业知识、农业政策、娱乐、答疑解惑等 8 个类别”[③]，内容丰富不单调，借西瓜销售宣传了郑州以及周边地区的夏季瓜果菜蔬的生产发展情况。

---

① 张倩．浅析宜兴农产品微博营销的挑战和对策［J］．劳动保障世界，2016（29）：48－49.
② 于琦．中国农产品微信营销发展现状及展望［J］．农业展望，2018，15（02）：92－97.
③ 韩璐．农业政务微博的传播与发展［J］．青年记者，2017（06）：45.

以微平台助力农副产品营销现在已经成为政府、农业企业、城市商家的普遍做法，新疆伊犁地区风光秀美、物产丰富，为了推出伊犁农产品特色品牌，2019 年 7 月，伊犁州政府与新浪微博合作，在两周的传播周期内，展示边疆风土人情和美食美景，共吸引微博受众 2 亿多人。"让更多的人认识到了伊犁的好产品，这就是微博赋能农产品品牌，拉动当地经济发展的一种体现。除了农产品以外，新浪微博上的一部纪录片已超过了 300 万的访问量，一个月就吸引了 40 多个旅行团前去旅游参观，这些都是利用社交媒体传播方式助力当地品牌和县域旅游发展的典型案例"①。伊犁州政府在特色农业和农产品推广中，注重挖掘背后的文化价值，展现当地哈萨克族的民俗风情和天山脚下广阔的自然景色，衬托原产地产品的优越品质，把各有特色的那拉提草原、巩乃斯草原、果子沟、伊犁河风光以及草原民歌、舞蹈艺术等通过"两微一端"进行展示，吸引国内外游客，使之成为人们口耳相传的游览胜地。"农产品与文化结合，这样就不仅仅是单一的商品了，而是富有文化内涵的商品"②，起到了绝佳的广告效应，新浪微博三农业务口负责人、新浪集团扶贫合作办公室的伞明先生在"2019 中国区域农业品牌发展论坛"发言时说到，新浪微博作为微传播平台的大本营之一，有责任也有意愿代表"新农人"在农村营销上不断加大投入，以新浪微博为代表的新媒体平台希望能够和各地政府共同探索全新的区域农业品牌创建模式。

现在各地农业政务"两微一端"都在及时发力，为实现农业生产、销售一体化提供宣传业务，一些地方专打"一县一品""一村一品"的农产品宣介模式，突出将某个农业产业做大做强。例如甘肃定西的马铃薯产业、陕西韩城的花椒产业、河北迁西的板栗产业、吉林梅河的粳米产业、江西赣州的脐橙产业、湖南安化的黑茶产业、广西平乐的油茶产业等，通过"农业 App 便捷的产后服务，使农产品销路变得畅通，为各个生产地

① 伞明．微博是打造区域农业品牌的"加速器"[J]．中国品牌，2020（01）：39.

② 清华大学新闻研究中心．2014 年新农人微博研究报告［R］．2014-10-16.

区打造特色农产品提供了便利条件，有利于打造农产品地理标志，促进农业经济发展”①。以湖北江汉平原县级市潜江的农业 App 建设为例，作为渔业产销大市，潜江市政府充分注重新媒体的传播作用，农口部门单独、或联合农业公司建设“两微一端”农产品宣传平台，在微信搜索栏中填入关键词“潜江”进行搜索，就可以找到经过认证的“今日潜江”“潜江发布”等微信公众号。除此以外，多款 App 的服务类版块可以帮助渔业养殖户在“在交通、政务办事等多个方面提供 24 小时实时帮助，互动性强、可信度高的特点帮助了更多的农户解决农业作业中的诸多实际困难；人们还可在民声类版块实时发表自己的建议”②，群策群力，一起将潜江的水产养殖与销售产业做大做强。

微营销不但作用于农产品方面，还在农业旅游、乡村旅游和民俗旅游方面发挥广告营销作用。现在，随着国内旅游产业的蓬勃发展，各地乡村旅游，如农事体验游、郊野山野游、乡村民宿游、民俗风情游成为热点，各地旅游部门开设的具有宣传属性的公众号，也是展示当地乡村经济文化和社会发展的一张名片，根据调查，涉及乡村游的微博、微信公众号等“两微一端”，无论是“资讯发布数”“文章阅读数”还是用户反馈情况，各项指标数据都比较高，表明公众号活跃度指数较高。这些微传播围绕景区介绍、线路推介、旅游产品展示、涉旅促销活动等推广性内容，定时发送图文资讯。在 App 资讯平台上，游客还可以进行门票在线购买、景点信息查询、在线咨询投诉，可以利用微平台完成自驾导航等旅游自助服务操作，还可以在公众号平台上与其他游客分享旅游感受，进行在线的互动与交流，实现了游客与景区间的双向认知，有优化游客旅游体验的作用。

微传播的优势还体现在农业生产经营的科技操作与操控的系统性上，目前开发的众多农业 App 还具有物联网的功能。App 从本质上来说，是一种开源结构的程序，这种程序的特点是具有物联网的后台可控制、前端

---

① 赵璞，朱孟帅，秦波等．农业 App 研究进展及展望 [J]. 农业展望，2016，12（02）：59－64.

② 李亚伦．社交媒体在湖北省潜江市广华农业区推广信息服务的应用 [D]. 中南民族大学，2019：15.

可操作性质，因此“种植业 App 与农田智能化设施相连，可以精确定位农田所处位置，通过温度传感器、土壤水分传感器、空气湿度传感器等各类传感器对农田各项指标进行实时监测”[①]，这种科学种田方式受到农业种植大户、大中型农场、土地集约经营者的青睐，他们“可以通过 App 向智能化作业装备发出各种指令并完成作业，例如远程智能灌溉、远程智能控温、远程智能施肥等”[②]，早上 8 点坐在办公室或家里通过 App 平台接收农田温、湿、虫、药、肥的基本情况，9 点就可以通过手机点击操作，控制灌溉、施肥，还可以通过 App 远程操控无人机喷施农药，这种农业 App“集成农田、车间、大棚、企业等多种应用场景供种植业经营者选择，种植业 App 的应用场景非常广阔，目前正是农业高质量发展的关键时期，智能 App 作为新鲜事物助力种植业高质量发展，是切实可行的路径”[③]。今后 App 的技术开发还将向养殖业、林业、海洋渔业发展，“有利于农业现代化建设，对提高农产品质量、精确农业经济数据、优化农业资源配置、实现农业资源精准对接有积极的促进作用”[④]。

要发挥三农部门的组织化传播作用，可以由政府出面联合其他实体加强农业微信号、App 等“两微一端”的建设。例如，在应用前景广泛的 App 农业小程序的开发上，要“公开招标，鼓励有能力的企业参与种植业 App 开发，共同参与种植业 App 的经营管理，政府部门可以为种植业 App 发展提供各种所需资源，企业可以为种植业 App 提供专业技术与人才”[⑤]。农业“两微一端”发展还应积极联系群众，集思广益，“对接各大直播平台，种植业经营者可以成为主播、微博达人、Up 主等，为人们展

---

① 黄超琼，王天宝，陈超，等．基于安卓的智慧农业 App 设计与实现［J］．软件导刊，2015，14（01）：1－3．

② 刘海启．以精准农业驱动农业现代化加速现代农业数字化转型［J］．中国农业资源与区划，2019，40（01）：1－6，73．

③ 辛岭，安晓宁．我国农业高质量发展评价体系构建与测度分析［J］．经济纵横，2019（05）：109－118．

④ 张春玲，刘秋玲．乡村振兴战略背景下农业高质量发展评价及路径研究［J］．经济论坛，2019（04）：141－146．

⑤ 付翔．种植业 App 推动农业高质量发展研究［J］．山西农经，2021（10）：149．

现农村新风貌"[1]，他们是最生动的宣传员。

五、农业政务"两微一端"与政府形象建构

农业政务"两微一端"报道农业农村发展新动向，提高了受众的知情程度，是促使民众参与农村社会管理的新手段，弥补了"以往社交媒介所没有的功能，拓宽了政民社交的横向和纵向空间"[2]，有助于政府提升办事效率，这些对于提升政府的三农事业管理与发展能力，建设透明的政府形象均有重要意义。

（一）三农政务"掌中窗口化"办事体验

政民之间和谐关系的结成以及公众对政府信任度的提升要靠平时的点滴积累，信任感的培育和信任度的增加是通过日常中的小事逐步涵养出来的，是长期努力的结果。政府依靠"两微一端"可以架接起这样一种互动的关系，政府通过真诚的交往态度以及有效的在线服务，做到有问必答、有难必帮、行动迅速，改变过去群众意见无人问津、工作效率低下的状况，就会使政府获得民众的理解与信任。

以某地的涉农公众号的建设和运营为例，该市农业局、农委信息办主办的政务公众号以"传递民情民意、共建和谐新农村"为宗旨，注重倾听农民的呼声，对农业农村发展建设中的热点、难点问题准确把握，及时提供有针对性的三农服务信息和解决方案，通过在微信号各模块里设置"问题反映""民生热点"以及"对话部门"方面的菜单选项，受众可以实时反映发生在农村社区的亟待解决的问题。如沟渠垃圾处理、乡村河道整治、路坑修填以及对社区违德违法事件的举报等，如果反映属实，对简单的问题进行调研，相应的"对话部门"，即农业管理部门 24 小时以内就可

① 罗亚芸．浅谈自媒体在农业农村发展中的应用［J］．甘肃农业，2019（12）：87－89.

② 谭震．传统媒体如何借助微信扩大影响［J］．新闻世界，2013（07）：1.

以做出答复，较为复杂的问题、需要几个部门联办、联治或需要再报请有关单位才能答复解决的问题，也作后续关注，在一周内进行答复。一个受众反映的问题，经过平台及相关部门答复处理后，并不是就此完结，对同类问题，相关部门还进行查漏补缺，做好排查，防止类似问题再次发生，其他受众在平台上通过对此问题的阅读了解，还可以进行在线交流，以点带面，以一个案例带动相似问题的解决，共同促进乡村建设的和谐发展。

窗口化服务不但体现在民众需要解决的急事、大事上，还体现在日常生活小事上。云南“红河天气”、新疆“塔什库尔干气象局”、海南“儋州气象”等地区的政务微信公众号，针对区域天气、地理特征，积极助力农业气象宣传，受众只要通过点击关注成为用户，就可以通过手机查看未来48小时内各个时段准确的天气实况预报，还可以接收到政府部门对防灾减灾做出的提示和规避方法，农业天气公众号的重要资讯功能包括发布7—15日的较为准确的天气预报，提供40天以内的宏观云图动态图像模拟及气象预测，对虫害、旱涝、台风、泥石流等灾害发布农业、牧业、远洋渔业的生产安全预警、道路交通预警以及提供其他便民服务等，促进了气象部门对农工作的开展，作为礼貌服务的窗口单位，树立了政务的良好形象。

2014年11月，河南省许昌市委宣传部下发《关于在全市推广运用即时通信工具开展政务信息服务的实施意见》，“要求到2015年年底，党政机关、企事业单位政务公众号形成基本覆盖、功能完备、运行顺畅的政务服务体系”①。同年，在人民网舆情监测室对河南省387家三级政务微信号的监测调研中，许昌市下辖的县区级综合性政务微信号“精彩禹州”获得好评，“精彩禹州”是许昌市所辖禹州市（县级市）市委宣传部打造的官方公众平台，下设资讯栏目和互动版块，在“新闻”栏目中，将地方电视新闻节目根据内容裁剪成二三分钟的微视频段，集成到微平台播出，使受众不依靠电视就可以随时了解当地的图像新闻，而且短小精

① “精彩禹州”“清风莲城”“长葛检察”上榜［EB/OL］. www.henan.gov.cn，2015-02-11.

悍；“微社区”版块是专门为百姓开设的信息交流平台，里面有转让、销售、招聘、招生等信息，是为百姓开设的“信息集贸市场”，可以进行在线资讯和交易，便于传受双方联系以及办理事务。另外，群众还可以把在农业生产生活出现的焦点、热点、难点问题反映到“书记信箱”栏目，这样，微信公众号平台就成了“行风热线”的又一窗口，很多政务“两微一端”都有这样的做法，有专门的工作人员对反映的问题进行分类编号，明确交办单位和回复时间，事事有回应、件件有落实，政府与民众之间借助手机等“两微一端”载体，建构和强化了政府重视三农工作的良好形象。

（二）凸显“议程设置”与话题有效引领

农业政务“两微一端”还可以有效地设置话题门类，引导话题议程，传播广大受众最需要的消息和理念，凸显某项事务或某种任务的重要性，可以对重要的新闻、政策以及党和国家政治、经济生活里的大事，运用各种形式反复宣传，做到深入人心地影响受众，可以成为公共事件、公共利益、公共诉求及公共表达的重要平台，“两微一端”的宣传报道是一种对传播环境的再建构。通过“两微一端”的传播，人们不仅可以对某一具体的三农资讯产生认知，还能表达自己的观点，接收他人的看法；受众在阅读传播内容的同时，还可以对内容进行转发和分享，使政务管理类的“两微一端”成为社会共建和公共表达的议事厅和发言台，在这个“观点交换的平台市场”上，受众可以参与社会生活，参与社会建设和管理。

“议程设置的目的之一是使媒体与受众之间形成价值共识”①，信息发布者在议程设置上，要争取受众的理解和支持，那些在微传播中阅读率较高的信息和文章以及点赞率较高的帖子，都应该得到“两微一端”运行管理者的重视，通过对数据的分析，可以发现哪些话题是受众所普遍关心

① 麦克斯韦尔·麦考姆斯，郭镇之，邓理峰．议程设置理论概览：过去，现在与未来［J］．新闻大学，2007（03）．

的，哪些观点是受众普遍赞成的。例如，在社会转型期，"平安中国""平安乡村"建设已经成为公安工作的重点之一，因此在"两微一端"的议程设置上，就要加大此类信息的比重，加强地市级和县区级的公安类"两微一端"（包括交警、消防、户政）的微平台建设。在传播内容上，重点关注农村日常的治安保障与法治宣传，在禁毒、打拐、查赌、防诈骗以及村组社区巡防等社会治安和公共安全领域多加重视。在信息发布上，重点搜集各地乡村治安信息，做好警示宣传，净化乡村环境，特别是对目前农村较为猖獗的黑恶势力把持村政、欺行霸市、侵吞村产、集资诈骗、发放高利贷的违法事件，以及对在部分农村地区流窜作案的非法直销传销、信用卡犯罪、电信诈骗、假证制贩、"三无产品"加工、有毒食品制贩等危害社会秩序和危害人民群众生命财产安全的违法犯罪案件要揭露、报道出来，警示群众，把破获的各种侵农、害农、坑农的事件一一曝光。这种治安类"两微一端"开设的目的，就是为了营造"平安乡村"的良好舆论氛围，形成乡村"善治"的土壤，与群众对于安全需求的契合度较高，广大受众在微平台上接受这些信息，也会不断地认识到"平安乡村"建设对个人以及农村发展的重要性，而逐步提高法治观念，培养法治精神，产生守法、护法的意识，通过反复宣传，不断增强人民群众的安全观念和维护意识。

尽管传统政务传播方式下，政府借助官方媒体有意识地进行议程设置，有意地让人们去关注、议论某些话题，引导他们正确看待问题，以形成积极的社会舆论，但由于互动特征不明显，信息获取的便捷程度不高，是一种成效不稳定的议程安排。相对来说，在传统媒体领域，如报纸、广播、电视传播体系中，传者很难通过统计分析出哪些话题是受众关心的关键话题，单向度的传播使得传者不能准确把握民众的关注方向和观点倾向。而政务"两微一端"作为全新的"手机中心化"的信息传播方式，传者和受众之间易于形成议程设置的主、客体关系。一方面，"两微一端"可以通过"推送"信息，有意识地发布一些新闻事件和社会议题；另一方面，受众的关注参与及反馈又能形成一种新的议题排序。另外，不同受众之间通过微平台，可以看到关于某个议题其他人的想法和意见，“用户发出的信息被其他用户接收之后，其他用户通过评论、转发等形式参与其中，成为二次编码者”①。受众之间的相互作用产生启发效果，还可以凸显所涉问题的清晰度，提升所涉问题的议程重要度层级，政府可以将这种二次排序后的议程设置再优化组合，进行议题引导，这样议程设置使回馈效果大大提升，有助于认识和解决议程问题。

“两微一端”的这种信息发送和接收传递的方式优于传统媒体，可以形成信息的“首因效应”，要积极“利用首因效应抢占议程设置先机”②，充分重视传播移动化对“议程设置”的作用，特别是在社会舆论的引导上，第一时间发布事实，做到早发、抢发。同时，在报道上将事件的来龙去脉说清楚，做到“细说、慎说、详说，只有抢占议程设置先机，才能有效维护与大众的互信关系，引导舆论”③。

“新媒体为议程设置的发展赋予了新的涵义，议程融合逐步成为议程设置研究的发展趋势，特别是在传统媒体与网络媒体的议程互动和融合以及利用大数据完成公众性的议程设置”④ 方面，要把国家和地方三农工作发展的部署像议事议程一样安排进“两微一端”的报道当中，使人们在思想上重视，“使得个人议题、媒体议题相互交融为一体而成为可能”⑤，推动某些需要解决的三农问题迅速形成舆论话题，进入社会讨论场，进而获得民众的看法和观点，从而推动政策的调整或问题的解决。

（三）交往间性理论下的农业政务微传播

政务微传播属于政务传播的范畴，政务传播的社会性和严谨性决定了其具有理性传播的特点，这种理性传播属于政府与民间互动交流的“交往

① 孟映辰．浅析新媒体环境下微博议程设置的特点［J］．科技传播，2020（09上）：129.

② 徐志武，陈怡．新型主流媒体议程设置的困境及对策研究［J］．中国编辑，2020（11）：22.

③ 袁志坚，李风．突发事件中媒体微博引导舆论的原则与方法［J］．中国编辑，2013（05）：68.

④ 谢睿，朱燕仪．大数据下的媒体议程设置［J］．新闻研究导刊，2015（12）：112-112.

⑤ 田俐．议程设置在新媒体环境中的演化［J］．新媒体研究，2017（13）：23-24.

理性”，西方公共传播话题学者哈贝马斯认为“交往理性”的最好表达方式是主体间性传播。所谓“间性”，即借助于一定的中介物，实现更高效率的理性化交往，哈贝马斯建构“交往行为”理论的核心，“是让行为主体之间在没有任何强制和压力的条件下进行平等、诚实的交往与对话，从而达到理解、谅解和合作”①。

“传播是编织关系网络的社会实践，通过编织各种关系网络，建构了连接之网、关系之网、意义之网，使社会各方面呈现出一种‘共在’关系”②，传与受形成双方“共在”或“共存”关系，有的时候需要一种中介的要素或条件，以形成“间性”平台或态势，这种要素或条件可以是技术或载具，也可以是平台或空间，还可以是物质或情感。社会作为一个内部组件和要素存在“距离关系”的宏观共同体，难以令个体完全紧密接触，“人们希望找到一种媒介能够以人为主体，人与人之间平等、自主、充满人情味地交流”③，应该借助中介。这种中介的整合在情感上包括两个方面，一是加强对共同生活体社会认同感的情感联系，二是改善共同生活体内部各方的协调关系。这种情感维系和各方协调关系的形成应是在平等交互的基础之上进行的，政务新媒体“两微一端”建构了各方对话的平台，形成了彼此“平视”的交往态势，其“自身的技术属性营造出交互性的传播语境，使其传播的信息不再是简单地塑造受众的认知，而是鼓励受众参与其中，可以传达出受众的态度，带有态度的信息充斥在信息环境中，更有说服力”④。

利用“两微一端”作为政民之间交互沟通的中介间性平台，有五大益处：一是这种“间性”是一种跨越时空、诉诸“交”叉与“通”连的便捷方式；二是在理论上，地方政务所能扩大的传播范围与微传播平台使用的

---

① 连水兴，梅琼林．媒介批判的转向“工具理性”到“交往理性”［J］．东南学术，2010（04）：21－22.

② 孙玮．传播：编织关系网络——基于城市研究的分析［J］．新闻大学，2013（03）：1.

③ 赵云泽．微信舆论特点及其带来的监管挑战［J］．红旗文稿，2014（09）：30－31.

④ 孟映辰．浅析新媒体环境下微博议程设置的特点［J］．科技传播，2020（09上）：129.

用户数量成正相关关系，由于目前使用微平台的受众数量占比很高，所以，微传播既能扩大政务传播的覆盖面，又能提升传播的广泛度；三是因为“两微一端”的开通部门具有对用户个体的点对点特征，渠道专一，传播效果稳定且直接，有助于提升资讯传播的精准性；四是政府部门借助微传播这种普及化的、与时俱进的媒介系统，可以吸引年轻受众关注政务生活，能够培养一批关心国家大事，关心地方政治与社会发展的新兴社会担纲人和责任者，一定程度上消解自媒体领域泛娱乐化的传播态势，将受众、特别是年轻人从浅层次的信息消费中引导出来；五是政务“两微一端”的发展，将过去行政化、灌输式和容易忽视传播效果的政民传播改变为关注互动、关注民众反馈，平等交流的态势。这样一来，以“两微一端”为代表的政务微传播成了一种更高级的政治“间性”治理形式，在任何时间和地点，受众在点击和输入中就可以完成参事、议事的表达和操作，体现了以用户为中心的交往观，政务生活不再“高高在上”。

（四）“两微一端”对话关系与涉农部门形象

政府在发布有关农业农村政策的文件、传达思想精神以及展示农业产业发展的有关信息时，可以利用的渠道既有传统的大众传播方式，如报纸上的新闻宣传、电视里的报道以及街头的展板、宣传横幅等，也可以利用新媒体方式。借助于“两微一端”新媒体，三农政务和家乡新鲜事不再“道听途说”且知之不详，涉农资讯不再难以获知，政务信息所要表达的内容化为一条条便于阅读的资讯条目在手机当中展示，图文并茂、新闻报道的“简”“浅”“显”等优势更加明显，受众对于信息所涉内涵要点的接收效率更高；而且农业政务“两微一端”也可以做到与其他商业或娱乐资讯平台一样，每日更新，天天和群众见面，可以成为涉农群体每日的信息食粮。

目前三农社会利益诉求主体日渐多元化，社会阶层与群体之间需要加强普遍的信息勾连和情感信任。公众与政府之间和谐关系的基础也来自普遍的信息与情感的交互作用，来自经常性的沟通，沟通是产生信任与合作的前提，信任是润滑剂，合作是推动机，借助于三农政务“两微一端”，社会个体与个体之间，个体与群体之间，以及二者与政府机构之间的日常信息互动将更加频繁，在信息交流中消弭前进方向中的不确定因素，可以统合社会关系中的分歧和矛盾，形成较为广泛的一致意见，这有益于促成社会政治生活共同意向的达成，能在乡村振兴中形成顺利通畅的行政秩序，便于农村建设工作的展开。

农业政务“两微一端”体现了政民之间三农领域信息传播与舆论表达的“一对一对话”关系，在微传播体系下，作为传播主体的传者和受者的对等关系加强，政府部门不再是绝对的传播主体，用户也不再是被动的接收客体，二者的关系是平等的，可以相互作用、相互影响，互为主客体，这样就改变了在过去政务传播中，报纸、电视时代“纯宣传”的单向模式以及在舆论层面上的单向性，在互动中，提升了政府的日常影响力。在乡村振兴战略中要运用好农业政务“两微一端”，为民众广开参政议政、参与农业农村各项事务管理的渠道，特别要利用好政务微传播一点对多点、一点对一点的双向性和精确性，“拉近政府和民众的距离，使政民互动更具实质意义。进一步保证民众行使当家作主的权利，使之在乡村振兴过程中保持较高的活跃度”①。

对某项三农政策的制订通过微信公众号平台或 App 公众平台征求民意，“政策设置之前的民意征集工作可以辅助相关部门了解基层一线实况，进而为政策方案制订打下现实基础；设置过程中，经由新媒体平台扩大公众参与，进而及时修订并完善方案”②，农业政务“两微一端”发布政务信息，是体现服务型政府“放下身段”与民众沟通，为了政策得以顺利施行，得到民众理解和支持的一个举措和步骤，是一种基于政治沟通的“互联网+”的技术举措，客观上形成了政民交互的“间性平视”，表现为“与民为伍”。政府作为农业农村政务的信息发布方，在发布动机上体现了

① 张建龙，王勇．论政务微信在乡村振兴战略中的积极意义［J］．汉字文化，2018（18）：118.

② 靳史青，位任杰．新媒体对公共政策议程设置影响探究［J］．公关世界，2021（04）：186.

为寻求民众认同的政务诉求，这种诉求有“公开”“主动”“商榷”的特征，体现了一种踏实稳健的三农工作作风和积极的政务传播转向，这种主动精神，也是政府与农民平互交往的良好基础，是农村政治生活民生化、农村政务管理民生化的有益实践，有利于提升政府工作形象。

六、找准问题和差距：农业政务“两微一端”发展建议

目前农业农村“两微一端”的发展较为迅速，各地政府开设涉农政务微传播的积极性也很高，但在发展中也存在一些问题，如有效信息不足、无效信息过载，内容同质化现象较为突出，受众阅读率与反馈率不高等。不少基层涉农政府部门的农业政务“两微一端”缺乏操作理念，在操作思路上没有明显的与报纸、电视等传统政务传播媒体以及与地方政府门户网站的区别，在操作上常与“报纸、电视宣传移植或红头文件内容移植”混为一谈，忽视了“两微一端”平台发布信息的特点，缺少适应当地农业政务环境以及满足当地民众需求的发展思路，社会认可性不高，“两微一端”的关注率、订阅率较低，不少微平台缺乏日常性的报道策划，也缺乏可持续发展的中长期规划。

做好对传播内容的定位与选择是获得目标受众青睐的关键，如果在定位上主题模糊，会出现与涉农政务“两微一端”的文章主题在意义方面的“脱题”，产生在内容针对性方面不一致性的问题和现象，有的微传播平台为了迎合现在社会上泛娱乐化的媒介态势，使一些内容不严谨、不符合政务传播定位的市井俗闻等一些低端资讯加入进来；有的是方向不对头，大量转发一些闲适小品、心灵鸡汤等与农业无关的文章；有的是缺乏编辑策略，不以当地的发展实际为宣传出发点，在发布的内容上，缺少自创、原创等能够反映当地三农发展情况的内容，而依靠大量转发其他公众号的内容来填补页面，转载并无不可，但是在数量上应和本地信息做好配比控制，如果转载内容过多的话，则不具备聚焦地方、面向地方的“地方性”特征。

我们需要指出的是，尽管各地的涉农政务“两微一端”已经取得了长足的进步，但是在建设和发展上还存在一些不可忽视的问题。一是还有一些与农业农村工作密切相关的政务部门，对新媒体农业传播依然存在认识上较浅的现象，重视度不高，对农传播新媒体平台还没有完全搭建起来；二是许多已经开通农业政务微传播的机关部门，其运营与维护工作仍然处于以移植复制为主的初级阶段，不善于利用新媒体的形式与人民群众进行互动和沟通。另外，在调查中还发现，在已经通过认证的数家微传播平台中，有个别微传播号至今没有发布内容，属于空号，占用、浪费了资源，还有若干“两微一端”政务号运营了几天或几个月就停止更新，之后就没有发布新内容。

（一）配合乡村振兴，建立“两个舆论场”

农业政务“两微一端”应当服务和服从于国家政治、经济和社会发展大局，在乡村振兴的伟大战略中发挥舆论先导的作用。乡村振兴向前推进，需要全社会的关注，通过涉农政务“两微一端”，人们可以及时地获取信息并便捷地做出意见反馈，微传播中的各种社交“群”与互动“平台”，更加有效地促使双向性的通信交流和社交互动效果的提升，促使舆论场在短时间内快速形成进而引起延续效应。在移动互联领域，特别容易建构“每日政府信息舆论场”，与此同时，也会产生“民间反馈场”，要以政府信息场、舆论场带动民间舆论场的形成，以及推动两个舆论场的交融，在媒介舆论场的议论、建议、意见中找到沟通点，减少对立、弥补隔阂，消除传播障碍。涉农“两微一端”平台就是要形成点对点的“人手一号”的宣传格局，以当代人已广泛普及的移动阅读和接收信息的习惯加强舆论互动，只有充分地利用新兴媒体，才能“弥短板，补缺势”，占领舆论阵地，树立起舆论的主导地位，打造起引导力较强“政府舆论场”，并使“政府舆论场”和“民间舆论场”互连互通，形成乡村振兴立体化的宣传渠道，最大限度地实现舆论的整合，实现更有效的舆论引领，提高乡村振兴战略的社会影响力。

“两微一端”要善于培育农村发展在官方和民间的“两个舆论层”，圈层的大小“意味着话题的传播广度，用户在进行关键词索引时，有更高的概率命中，通过联合制造话题能形成可观的传播效果”①。各种微平台的实际互动情况表明，现在的“人们更愿意成为信息的传播者，更热衷于表达自己的观点”②，因此“两微一端”在促进“民间舆论场”生成的时候，要注重对受众和粉丝的研究，“在内容设计上应根据用户特征进行规划，精准设计推广内容，满足平台不同层次用户的阅读需求，更加精准地为用户服务”③，稳定用户群、粉丝群，这些受众群容易“构成关系圈，同质性更高，圈内互动也更频繁，更有利于促进信息交流”④，有助于强化“民间舆论场”的生成。

在舆论场宣传中，要有组织、有计划、有目的地宣传党和国家三农工作的指导思想，让发展现代农村各项事业的乡村振兴目标，从基层农业干部到种植养殖生产一线的农民，再到外出务工的青壮年，人人知晓。促进乡土社会物质文明、精神文明的良性可持续发展，通过“两微一端”的宣传，让惠农公共政策与惠农公共服务，像阳光雨露一样，滋润着涉农群众人口的心田，让知识和信息武装他们的大脑，让他们增智慧、长才干。

在舆论引导的内容上，要把各地方在乡村振兴中三农事业发展所创造的经验、成就和所面临的困难和问题及时地反映出来，增强人们共同建设美好家园的信心和力量，还要通过大量播发弘扬社会主义核心价值观的文章、社论，把出现的敬业奉献的典型以及好人好事多向人们进行宣传，成风化人，多方面展现三农社会发展过程中出现的新面貌、新风尚，“一手抓繁荣，一手抓引导”，团结人民、鼓舞士气，丰富人们的精神世界。

---

① 魏正聪．微博话题营销的策略与尺度［J］．东南传播，2013（09）：102-103.

② 高云娇，柳秋华．基于传播学视域的微博营销策略探究［J］．产业与科技论坛，2016，15（11）：249-250.

③ 芦建英，赵勇宏．高校图书馆微信阅读推广现状与对策研究：以山西8所本科高校为例［J］．农业图书情报学报，2020，32（06）：34-41.

④ 李燕．微信社区信息行为研究：基于“信息场”理论［J］．农业图书情报，2019，31（03）：56-64.

在舆论场的建构中，要培养造就一批有影响力的“农业传播大 V”，对于这些“大 V”的选择，要从责任心和专业度两个层面考虑，他们应该是农业技术专家，是农业部门的负责人，是爱农、惜农的知名人士，他们在“两微一端”发出的话语，具有强大的影响力。这些“意见领袖在突发事件中扮演着传播、引导、推动舆论发展的重要作用”。在互动关系上，要致力于服务于当地的涉农群众，通过深入、细致、科学的舆情分析，牢牢吸引忠实受众，打造知名度、美誉度，并赢得潜在受众特别是青年人群的关注和青睐，在舆论互动上，吸引三农社会建设后备军的加入。

（二）内容定位适切，打造资讯可喻性

农业政务“两微一端”要专门树立“农字品牌”，做到定位合适、切入精准、主题清晰。

在内容定位上首先要考虑的是要突出地方三农性质。多采写当地发生的要闻，多传递当地发生的资讯，多收集与当地百姓民生相关的内容，注重内容的原生性，以此来增强当地受众对“两微一端”客户端的使用依赖和使用黏性。使用黏性的提升还要依靠不断优化内容质量来进行，除了必要的转载之外，应杜绝对其他公众号同类别内容的抄袭或改写，特别是坚决杜绝大量复制抄袭其他微平台内容的做法。在信息和文章的发布上，不能将微传播各平台办成“手机报”或“网站内容的简写版”，要设计有特色的界面，确立风格，要将本地的各类日常生活服务型内容集成起来进行模块化供应，使读者用户在读取新闻报道的同时，也可同时获得与其衣食住行相关的附加性服务内容，这都是媒体贴近生活从而提高使用黏性的体现。

根据调查，在涉农“两微一端”平台上，受涉农受众喜爱、阅读量较高的资讯，一是与农村的日常生产、生活紧密相关的内容，如与农民自身生存发展相关系数较高的政策性资讯、市场信息、农科小常识，这些内容阅读率、回复数也较高；二是与农业公共服务有关的内容，如涉及乡镇面貌建设、农产品物流与交通、新冠疫情通报、农事天气预报等方面的内

容；三是与生活品质有关的内容，如乡村旅游、养生常识、烹饪技术等。应对这些内容进行搭配组合，构成内容丰富的推送。有几种资讯的阅读率较低，其中一种就是会议资讯和领导讲话，其实这类资讯是重要的，里面隐含着很多重要的消息线索，与这类信息的传统官方传播语态有关，因文本写作风格或内容要点不易理解，难以吸引人们的关注。第二种是历史文化类信息，不少年轻人因为缺乏文化心态和文化语境，可能对此类内容一知半解且缺乏兴趣，不能产生共鸣，这需要其他社会亚系统如教育系统等的配合，多宣传“爱乡”主义以及“爱农业”“爱农村”的教育。

在内容适切方面还要考虑的是文本语言的运用。要根据具体的资讯内容，考虑严谨性与通俗性内容的协调，一些受众也对“两微一端”的建设提出了一些看法，一是指出部分资讯的内容过于浅薄，在资讯发达的年代，大部分知识程度较高的受众因已有一定认知水平而不去阅读；二是资讯过于快餐化、碎片化，信息突兀，线索模糊，不系统；三是对办“两微一端”的目的提出质疑，是为了单纯的点赞率还是为了责任感。如果是为了迎合受众或为了点赞率而编排一些插科打诨的内容，则得不偿失，如某地“文明办”的政务微信号中出现的一些资讯条目：“酸奶加一物，美容胜燕窝”“未来的婆媳关系拼的是你的格局”“经常买大米的人，告诉你一个秘密”等，在政务平台发布这样的文章，显得不伦不类，要做到在政务性、权威性、资讯性、通俗性、亲民性这几个维度上把握好分寸。另外一些地方的涉农政务微信号，由于受编创人员兴趣、素质等因素的影响，或是为了“刻意改变”内容单一、枯燥的文本印象，或是内容“策划”的结果，大量地采用“吸睛”创作手法和噱头式的叫卖方式，这类公众号，题目耸人听闻，滥用感叹号和省略号，也不太适合于“政务型”传播，如“……美爆了!”“……惊艳了!”“……太实用了!”“……看完默默给100分”；或者是滥用网络用语，如“……简直了”“厉害了……”“……虐哭了”“YYDS”等。内容索然无味、文采黯淡无光，要注意不能够一味地滥用网络流行语，尽管网络语言会给文本增添一些新鲜感，但是不要滥用“一些无厘头的字词语句，如‘细思极恐、不明觉厉、人艰不拆、喜大普奔'等'伪创'语汇。新闻是规范的现代汉语读物，使用的是规范的汉语，未经认可的网络语言要慎用"[①]。还有一些公众号大量地采用"心灵鸡汤""心灵小品"等纯虚构、在真实世界不存在的"故事化"内容来补全信息，用来应付完成工作量，这样看似在内容和表达上做到了贴近用户，但是实际上却偏离了内容主线。

宣传的内容应具有"可喻性"特点，所谓"可喻性"就是资讯不单是资讯，还要有启发效果和启示意义，可以"开启民智""启发民力"，具有益民、育民的作用。涉农政务"两微一端"作为政府部门的宣传触角，它传播的内容主体是三农事业，目标是乡村振兴，它的发展主体和保障主体是广大农业人口，"要紧密跟踪农业各领域用户的需求，针对农业领域不同产业以及组织的差异化需求"[②]。特别是在政治、生产、农村社会治理和乡村文化等方面，做到科学性、文化性与平实性并重，用以"启民"。即使是文艺娱乐类的新闻，也应具备一定的审美价值，即便是生活常识类的资讯，也应体现一定的严谨性。

目前，一些地方的农业政务微平台在内容创设时，依然没有扭转以发布、转载为主的简单思维、惯常思维，工作"启民"意识不强。在资讯发布的过程中，缺乏对信息的深度解读，有的只是就事论事，没有真正满足受众求知、求真的需求。如果在三农财经类资讯中，只是简单、机械地罗列数字，没有解释数字之间的逻辑关系和因果关系，没有揭示数字背后的深层意义和所反映的背景问题，那么，这样的资讯对于一般受众来说是毫无意义的，不会留下任何印象；除了财经资讯类的浅层次内容占比过高外，三农政务信息中对领导讲话、领导出行、会议报道等也仅停留在流水账式地报道，缺乏对此类新闻事件有机化、结构化、因果化地处理。对这类新闻，如果能够做到"跳出会议写会议"，发表真知灼见，在领导行程见闻中发现有意义的新闻线索，这样的采写是有效的。应增加对重要信息

① 屈海文．青年记者要练好三功［J］．记者摇篮，2018（03）：9.

② 赵瑞雪，李娇，张洁等．多场景农业专业知识服务系统构建研究［J］．农业图书情报学报，2020，32（01）：4－11.

和政策的解读，充分挖掘和利用政府机构在数据资料方面的资源占有优势，在信息的采集、筛选、编辑处理、可视化创作方面多下功夫。在有些复杂内容的采写加工方面，应“注重事件或活动的细节和环节刻画，提高发布内容的故事性”①，所谓“故事性”，不是以故事为素材，而是利用文本内容的可读性打造轻量化阅读。所有资讯，都应紧紧围绕三农生活，以可读性、可知性、可喻性（可被充分理解、举一反三、融会贯通等性质）以及启民性，生动地报道当地三农经济社会建设发展的状况，做到受众“知会、领悟”，甚至“开悟”，不仅要发布信息，还要考虑告知效果，不能只是为了完成任务。

（三）优化设计，提升接触界面“友好”性

在“两微一端”的接触界面设计上，要实现便捷化的互动与服务，用户依靠简单操作就可以完成在线业务办理或反馈建议意见，在模块设计上应不断优化，不断梳理和分析模块职能，“深挖用户潜在需求，做好平台的二次技术开发，在微服务、个性服务、便民服务上做文章，打造与自身职能相匹配的平台，走匹配型的发展之路”②。在文本编辑上，“以‘小屏叙事’、轻量化、可视化方式实现‘移动适配’，减少用户获取信息的成本，提升信息获取的轻松度、愉悦性，是当前移动采编理念的核心内容”③。

首先，在界面编辑设计上，要符合移动阅读的特点。农业政务“两微一端”在新闻报道上是类似“掌中刊”或“简明公报”的信息平台，是实时化的“地方农业政务进程纪要和三农社会进程纪要”，微平台的排版“不能照抄平面媒体的方式，每个段落字数不要太多，要合理利用插图。首页和二级页面选择哪条信息做头条、标题如何制作，对于在信息过载的

① 罗昶．拼图结构、嵌套话语与扩散时间：叙事学视域中的微博传播特征分析［J］．现代传播，2011（07）：118－121．

② 阿竹．政务微信：能否离我们更近？［N］．新民晚报，2014－08－31（A7）．

③ 郝永华，阎睿悦．移动新闻的社交媒体传播力研究［J］．新闻记者，2016（02）：40．

时代提高阅读数至关重要。高度重视头条，精选精编头条。还要善用超链接‘阅读原文’，链接到外部信息内容，对内容进行补充”①。对于栏目和模块的设置，要不断研究用户的需求心理，不断改进下拉菜单的内容设置，比如“洛阳网”微信公众号，对自定义菜单的集纳、互动、在线服务功能不断优化改进，适时推出新模块，每年六七月，除了原有的“本地火爆”和“百姓呼声”两个模块，还特意加开“高考”模块。其下拉菜单有三个选项，分别是“查分”“分数段”和“预估分数线”，点击“查分”，则可立即跳转进入该省教育厅的“阳光高考信息平台”，只要输入准考证号、报名序号、身份证号和验证码就可以进行实时查询；“预估分数线”则对近几年一本、二本、三本以及高职等高等学校在当地的招生情况进行介绍和解读，帮助考生选择适合自己或者认为较为理想的学校，极大地方便了考生。特别是对于一些农村留守家庭，由于考生家长外出打工无法亲身协助报选志愿，或家里亲属对高等学校招生录取程序不明晰、不清除，缺乏技巧或信息，在这个平台上，可以进行咨询，或与其他网友互动。

为了多角度、多方位地展示当地三农社会发展面貌，农业政务“两微一端”可以像杂志刊物一样设置一些栏目和模块，通过栏目、模块的设置，可以分类推送、发布资讯和文章。栏目、模块的类别和名称应贴合所涉内容，使阅读者容易根据自己的兴趣爱好找到相应的栏目、模块并阅读内容，这样会使得微平台的内容层次感强，条块清晰性突出。经过长时间的接触磨合，用户可形成媒介接触“惯习”性操作，保证用户的阅读体验。另外，要加强互动模块小程序的开发设计，例如随着农村旅游事业的蓬勃发展，洛阳市旅游局针对遍布城乡的旅游景点开设官方微信号“洛阳旅游”，在主界面设置了三个模块，分别是“旅游年票”“洛阳旅游”和“环保小卫士”。其中第一个模块“旅游年票”的下拉菜单又分为四个选项：“年票续费”“年票景点”“代办点录入”“代办点位置”，点击“年票

① 刘丹．移动互联时代碎片化阅读研究［D］．辽宁大学，2017：92．

续费”，会出现“洛阳旅游年票在线续费平台”，只要输入“年票编号”“姓名”以及校验码，即可登录查询，进行续费操作。在此模块，还有详细的客户端使用说明以及咨询电话、工作时段的提示。第二个模块“洛阳旅游”则下设“玩转洛阳”“我的周边”“热门路线”“旅游公共卫生间”等四个选项，点击“玩转洛阳”，则会出现当地的实时气象预报、景区介绍、购物与热门路线推荐、旅行社推荐、在线入住办理以及餐饮介绍、交通指南、旅游舒适度评价、周边查询等若干子项菜单，逐个点击之后出现的下一级页面内容更加丰富。第三个模块“环保小卫士”的互动性和公益性更强，2017 年开展了“我是环保旅游小卫士”活动，在线报名、在线评选，通过活动开展“垃圾随手带、脏污不落地”的宣传，维护了自然风景区和郊野旅游地的卫生环境，在 2017 年 4 月下旬的 9 天活动时间内，报名人数 258 人，点赞数 43 203 人次，访问人数达到 176 736 人次，取得了良好的社会公益效果，通过微信号的活动征集与受众参与，产生了有效的社会影响。

为了打造界面的“友好性”，除了模块设计的“科学化”“人性化”之外，还要注意研究在互动过程中的交流态势，融媒体时代的受众更喜欢双方平视的互动方式，其接受心理具有以下几个方面的特点，“一是反抗话语霸权，二是冷淡宏大叙事，三是推崇零度关照，四是渴望轻松娱乐以及厌烦枯燥说教等”①，在网络社会传受双方的公共传播关系发生变化的情况下，话语权的主客体与权重比例重新分配，给我们的互动语言提出了新的要求，既要体现政务性的风格，又要体现新媒体端的轻量化阅读特色，特别是后者，如果平视化的语言风格“出现在政府话语体系中，能让官方话语体系和公众话语体系对接，公众内心对政府的认同感也会随之增强”②。政务微传播要善于运用新方式、新语言进行广泛的宣导，党的方针政策、正确主张，要通过易为当前群众所接受的语言讲给群众听。“打

① 陈立生．我国当代受众接受心理的七大基本特征［J］．编辑之友，2005（02）：4－5.

② 吴姗，张欣．回应舆情别搞弯弯绕　要用好快、准、情三字经［EB/OL］．（2016－12－22）［2021－10－17］．http：//media.people.com.cn/n1/2016/1222/c14677－28967697.html.

破由'高位'向下'灌输'的惯性思维，变为与群众平等、互动的双向沟通，摒弃使用'公文语言''官样宣传'，学会与群众互动互通，以真诚、平和、平等的姿态对待群众。"①

（四）加强维护，增强运行技术稳定性

构建并完善农业政务"两微一端"传播的稳定性要从以下几个方面入手，一是看主管部门和运营部门在对农宣传上的发展理念是否科学、工作机制是否完善；二是看媒介微平台的采、编、发各环节是否衔接有序；三是看"两微一端"硬件设施是否完备，人员组成是否专业。对以上这三个方面，要定期自检、自评，对"两微一端"的稳定性运行进行系统性的观瞻、检测、诊断。并积极"引进外脑"，接受受众、专家、上级部门对运行情况的监督和评价，听取他们的意见，

维持运行稳定性的第一个保障性措施，就是要积极获得认证，"两微一端"的认证其实是一种合法性和有效身份的获取过程，经过认证的微平台，可辨识度高，物理 IP 地址具有可验证性，发布的内容具有可追溯性，其资质文件和属性文件备案可查，认证就是赋予"两微一端""法理冠名"和"稳定性加持"的措施，这个名称具有唯一性和官方性，和注册商标类似，可以防止被冒名和侵权。另外，政务公众号能否被认证，也牵涉一系列指标的评审，这也有助于创作人员加强微平台的创建，以操作性强的运营理念和发展目标获取认证，获得认证后，各微平台的幕后 IT 提供商，如新浪、腾讯、今日头条等，也有相应的运营制度与规范，督促认证后的常态化运营。

"腾讯对普通微信公众号的认证设定了最低 500 个用户的门槛，但对政务号则开辟了绿色通道，没有相关限制，各级政府及相关职能部门一定要利用好腾讯的优惠政策。"② 当确定即将创办的公众号的名称、内容、

① 赵凝．网络民意要聆听 更要躬行［EB/OL］.（2017-11-11）［2021-10-20］. https：//www.minshengwang.com/minyi/667800.html.

② 茅杰．地方政务微信公众号现状与发展对策研究［D］. 上海交通大学，2015：87.

功能、属性、风格时，可以先认证，随即开通、运营；如果以前没有接触过相关的业务内容，或运营技术手段还不熟练，但是有行政指令的“上马”要求以及开通时间要求紧迫，也可以先开通，等运行逐步稳定后再认证。无论是先创办后认证，还是先认证再完善，只要准备充分、时机成熟，都要积极地进行认证。

“两微一端”平台运行要依赖计算机技术，“微博、微信与移动客户端（独立 App）的区别在于，‘两微’是借助已经发展成熟、已形成气候的社交媒体平台，运营成本较低；而‘一端’则需要自主开发运营独立的 App，开发难度大，宣传推广成本高”①。所以，在平台对接上，要进行成本考量，要避免出现某些政务 App“高调上线、低调暂停或下线的情况，这对政府形象产生了不利影响。开通前要做足功课，千万不能一哄而上，到时候骑虎难下。上线后，不必追求每天的推送数量，应该追求信息的有效性以及推送的持续、稳定”②，定期监测传播的到达率和有效率，要防止特别事件、突发情况引起的发布中断，避免失语或发布频率过高，应保持发布频率和风格的规律性，培养用户的阅读路径，形成习惯性阅读路径牵引。因此，只有稳定，才能获取受众的信任，公信力才高，如果三天打鱼两天晒网，做不到长期稳定地运行，势必会影响用户的使用感受。

有些地市级和县级的“两微一端”微平台仅在首页制作上较为美观和规范，但二、三级页面存在无法打开或经常打不开的现象，App 站点访问的可用性差或站点无法直接访问，链接效果差。即使登录上述平台，也会发现，工作动态、要闻、通知公告、政策文件等栏目中内容寥寥无几，长期不更新或存在空白栏目，“互动反馈”类栏目长期未回应，这些都是运营方面缺乏稳定性的表现，需引起足够的重视。我们需要指出的是，如果缺少必要的日常维护或网站整体安全性较低，内容更新不及时以及经常

① 严三九．中国传统媒体与新兴媒体渠道融合发展研究［J］．现代传播，2016（07）：3.

② 茅杰．地方政务微信公众号现状与发展对策研究［D］．上海交通大学，2015：88.

出现无内文、无链接、无法查阅或其他安全性隐患，不但起不到政务信息服务的功能，还有可能损害开办此微平台的政府部门的声誉。

（五）做好人工回复，提高互动工作效能

既然开办政务"两微一端"的初衷是为了更好地加强政民关系、传播政府声音、倾听百姓回声，那么在对受众反映的问题，应该做到每一条都重视，应该落实用户的反馈，要做到在 24 小时内有所回复，复杂问题以及需要协同其他部门单位共同研究处理的问题，也应该在 48 小时内先给予预先性答复，以微信公众号为例，"用户向公众号发消息后的 48 小时内，公众号可以与之互动，使用客服端回复用户的时限也是 48 小时"[①]，也就是说互动时效和回复时效均在 48 小时之内，否则端口关闭，互动不能进行，回复功能丧失时效，难以挽回。

现在微平台的回复有三种形式，一是自动回复，二是人工回复，三是混合回复，即"自动＋人工"回复。自动回复是系统智能回答问题，"即问即回"，但是针对性较弱。而人工回复则存在人工工作时制问题，现虽然现在开发了"根据关键词自动回复"的功能，可以根据受众所提问题的文本字段中的实词，自动匹配出相关回复，能给出基于受众询问的众多回答，但是仍然比人工回复的准确度低，功能性依然较差。建议各互动平台至少在每天 18：00 至次日凌晨 2：00 之间安排夜间值班人员。同时应尽量减少机器回复，因为机器回复不会识别受众所提问题的内涵，无论用户发表什么关键字段，回复都是显示同样的语句，如"您好，您的问题我们已收到，我们将尽快在工作日给您答复"，这样的答复给人的感觉"聊胜于无"。在回复时，应该注意受众的心理感受，"缺少互动、缺少人情味是

---

① 腾讯．《公众平台回复用户消息时限变更通知》［EB/OL］．（2014－01－16）［2021－09－13］．http：//mp. weixin. qq. com/cgi－bin/readtemplate? t＝news/message _ time _ tmpl&lang＝zh _ CN.

回复语言普遍存在的问题"①。互动是靠语言进行的，在文本语言的使用上，在对待不同的问题上应采取不同的风格，对于受众反映的严肃话题，如城管与商贩关系危机、交通事故、医患纠纷等社会负面问题，回复时语言应严谨；对于一般的民生话题，可以体现新媒体的特点，呈现轻松的平民化风格，不要使用僵化的、毫无感情色彩的官僚化、程式化的语言，在回复中可以出现类似"亲""有木有"等各年龄阶段、各文化层次都能接受的大众化词汇，并插入简单的"笑脸、握手"等表情符号，营造气氛，以示友好。

人工回复是最能体现政务传播耐心和真诚度的行动，但在调研中发现，有的微传播平台不是有问必答，或是答非所问，或是进行片面、有选择性的回答，甚至有的人工回复采取消极推诿的态度，在发出"我们将尽快答复"的语句后，便不再回复，受众始终收不到任何有效信息。虽然只是一个工作人员的态度问题，但是却降低了政务微传播的公信力，影响了政府形象。对用户的发帖要及时跟进和回复，解答时应多问一些具体情况，做到有的放矢，有针对性地答复，既要避免三言两语就完成回复任务，更要杜绝"虽然答复了一堆文字，却丝毫不在点上"的敷衍塞责，无论是对问题采取敷衍的态度，还是解答不切要害、刻意回避矛盾，都是不可取的。

人工回复的认真程度与时效性，在一定程度上反映了相关部门对待受众的真实态度，也反映了该部门"两微一端"的运营机制、人员素质以及管理水平。应该成立工作小组，安排专人负责，完善工作制度，确保回复能做到及时、准确、热情、真诚，能够急人所急、想人所想。即使因为问题复杂或超出经验范围，难以一时说清，也应该向用户真诚、委婉地说明原因，并提供其他问政渠道，不怕露短；在回复过程中，因为思路不清所导致的一些不太准确的表述，也应该及时自我批评和补救，争取

---

① 方建华．微信订阅号 N 种误区［EB/OL］．（2013-12-18）［2021-09-04］．http：//www.sootoo.com/content/469397.shtml.

对方的谅解。另外，还要强调一点，对用户和网民在其诉求中提出的超出能够回答或者超越本部门权限的问题，"不可不负责任的凭意气使然应承下来，应当做到有限回应，对于职责之外的诉求，可以指导其通过其他正常途径反映问题"①，以免因自身权限的局限贻误用户问题的解决。

人工回复的工作人员应该是单位业务工作的多面手，文化水平及个人修养程度应较高，具有一定的法律意识和较丰富的农业农村政务水平，对相关领域的专业知识融会贯通，能够游刃有余地回答和处理问题。如果启用"新手"，则应该对其进行业务培训，特别要注重礼貌等涉及个人素质修养的培训工作，注重文明用语的使用。在互动中，还应主动地就受众的提问多角度、多方面地举一反三，为对方提供解决思路，以政府部门高度用心和高度热心的态度为群众解决问题。

（六）扩大用户数量，影响潜在受众

利用和发展好农业政务"两微一端"平台有重要意义，当下政府部门需通过改善和提高涉农政务微平台的运作来进一步扩大三农受众群体，深入地与民众进行互动交流；同时，从公众角度而言，人们也需要借助涉农政务微平台的进一步发展来扩大知情权，更加方便、深入地参与乡村公共事务以及对公共政策的评议，并逐步提高"掌上办事"的便捷性。因此，应培养具有一定有忠诚度、活跃度的用户群体，提升政务互动水平。

农业政务"两微一端"的用户数量，是应关注的一个重要问题。如果用户数量少，那么公众号的被关注度就低，也不会有通过既有用户的朋友圈等形成的关系网，会降低继续吸引和发展潜在用户的可能性，所以要注意利用在各种场合推广自己的微平台，吸引受众关注和订阅。

在提高受众数量，注重传播的广度的同时，要加强内容的创作，以

① 栾盛磊．政务新媒体热的冷思考［J］．青年记者，2014（14）：2.

丰富、优质、权威、可信、有用的内容吸引既有受众的认可和赞誉，并使他们成为公众号的二次“宣传者”和“推广者”，继而获取更多人对公众号的关注。还可以利用节假日，在公园、广场等场所进行开放式宣传活动，在大学校园、课堂进行推广。政务“两微一端”微平台应该及时倾听每个用户发出的意见，认真对待，从与用户的交流中去理解用户的需求，在与用户打交道的过程中获取和积累用户的好感和信任，重视那些关心“两微一端”发展和内容建设的用户，对他们重点回复，对“活跃用户”进行专门管理，对“重点用户”加以关注，这些用户受众大部分具有较强的社会责任心，关心政治、关心三农发展、关心社会问题，有一定的知识储备和人格修养，如文化程度较高的农民、关心农业的其他城乡群众、学校教师、机关工作人员等，他们经常对微平台内容进行线上发言、发帖，进行跟帖，发表见解。平时应定期、不定期地邀请他们提供新闻线索，请他们对平台的运行发展提出意见建议，甚至可以做线下的实际拜访，召开座谈会，以他们为工作核心，扩大影响面。

发展潜在用户是“两微一端”影响力建设的另一方面，一些涉农 App 应体现应用的广泛性，如涉及“新农合”的 App，与农民群众关心健康、求医问药的需求相契合，应该重视发挥 App 作为服务平台的实用价值，在预约挂号、费用收缴、单据显示、在线报销等方面，为患者及其家属提供更多便利，改善患者的就医体验，提升他们的满意度，这对 App 的软件开发技术提出了较高的要求。同时需要当地财政结算、医疗卫生部门进行配合，进行 App 端口的界面业务融合，打通服务环节。有了这样的集注册办卡、诊疗查询、结算报账等为一体的智慧医疗体系 App，才能为农民朋友提供便利，自然也就容易吸引大量的用户。

农业经济发达地区以及政务“两微一端”建设的比较好的农村社区，还可以将农户家庭水、电、天然气的缴费服务从物业和银行移植、集成到“两微一端”平台上来，免去用户在缴纳公用事业项目费用时因为路途和时间关系产生的诸多不便。政务部门如果开设有地方性的公用事业账号，可以将各种涉农公用服务进行细分，并集成到基于微平台的查询、支付等功能里，这种便利的举措能在日常生活中、接触频次上极大地促成和拉近群众与政府部门的联系，增强受众对"两微一端"的依赖，从而进一步巩固受众数量。以曾获得河南省地方政务微信号"周阅读数""周点赞数"[①]全省第一的"南阳发布"为例，该公众号由南阳市委宣传部主办，自2014年9月开通以来，设有"微南阳"模块和"县区微信"等几个菜单，下设"微矩阵""微生活""微阅读""微活动""百事通"等五个栏目，涉及21个链接，其中涉及三农信息服务的栏目多达10个。例如"三友劳务"链接，编发有大量关于劳务派遣、劳务外包的信息，极大地方便了农村外出务工者的求职应聘，合计点击量超过230万次，超过南阳地区总人口数量的1/3，未来可能达到300万的点击量。"南阳发布"还曾获得"最具亲民风范奖"，体现了其在解决百姓和社会实际需求方面下的功夫，只有这样，才能成为不可或缺的信息源，不断吸引潜在受众，扩大影响力。

结语：量轻质精　掌中交互

农业政务"两微一端"是创新三农资讯发布、创新三农社会管理以及促进和保障涉农群众参与农村政务生活的新手段、新机制，有助于提升政府公信力，提高三农信息辐射传播的有效性。它具有四大功能，分别是"精准化的信息传播载体、移动化的民生服务平台、零距离的官民互动平台和创新型的公共服务空间"[②]。在信息瞬息万变的今天，利用农业"两微一端"来传播信息，是在民众被网络繁杂信息裹挟而不知所措的状态下，政府部门积极利用新技术介入新媒体，宣传乡村振兴，有效引领涉农群体的重要举措。"有助于政府抢占舆论阵地，拓展网络问政的深度与广

---

① 城市政务微信影响力榜单．[EB/OL]．(2015-05-28)[2021-08-14]．www.henan.gov.cn.

② 张志安，徐晓蕾，罗雪圆等．广东政务微信报告[EB/OL]．(2013-12-26)[2021-09-17]．http://gd.qq.com/a/20131227/015410_all.htm#page1.

度，获得社情民意的途径更加多样，有助于提升政务信息传送的有效性，观点整合时间更短。”① 与传统媒介形式相比，“两微一端”的信息到达精准度高，文本创作媒体化，并且可以形成不同类型、不同内容的栏目，可以为政民互动打开新的渠道，让以往难为老百姓获知的三农政务信息从“隐性”到“显性”，让以往停滞在政府内部的三农信息“活”起来，“流动”到民众中间，方便他们感知和反馈，实现了民众对政府的进一步了解，起到了互相沟通、互相渗透的作用。涉农政务微平台中提供的服务性质类的信息，如业务咨询、信息检索、建议反馈、投诉举报等，也提升了服务型政府在社会上的影响力和传播力，利于形成稳定和谐的政民关系。

在内容上，农业政务“两微一端”要找准发展方向，关注受众需求，明确自身职责，突出地方特色，要注重原创；在方法上，要定位于双向的互动，对用户的建议和意见要及时研究、反馈，对用户的发帖要及时跟进和回复；要优化报道方式，加强信息的丰富性，在栏目和模块的设置上，要不断研究用户的需求、心理，以创新改善阅读体验，提升运营效果；要注意风格是否平实亲民以及能否以涉农群众的视角看待三农问题，应以事实和资讯的重要性来安排信息的顺序和多寡，并做好公共话题的议程设置，服务和打通两个舆论场。要致力于服务当地的民众，培养有忠诚度、活跃度的用户群体。

在对现有的政务微传播的统计中，我们发现，那些真正与农村小城镇建设、“新市民”等城乡一元化生活关系紧密的部门，如“民政”“社保”“住房”等部门开设的“两微一端”目前数量还较少。新媒体时代，涉农政务微传播因其技术应用的普适性，显得十分重要，应该积极思考涉农政务“两微一端”的发展路径。在今后的运营以及发展中，要做好稳定性运营，精心编辑和制作，坐实内容生产，注重传播的深度、广度和传播效

① 人民网舆情监测室．指尖上的“政”能量——如何运营政务微博与微信［M］．北京：人民日报出版社，2013：332.

率，分析在实际运行过程中出现的问题，改变过去“重信息、轻服务；重发布、轻互动；重个体、轻整合”的现象，注重阅读率和反馈率等技术指标，定期监测传播的到达率和有效率等参数，提高传播效率，吸引潜在受众，以期更好地发展农业政务“两微一端”这一优质便捷的传播媒介。

第四章 地方党报：再造影响力

地方党报作为履行地方党委新闻工作的专门机构，是遵照党的路线、方针、政策，结合各地方实际情况，围绕党委、政府中心工作进行新闻报道、理论宣传、信息传播、经验交流、舆论监督的阵地，帮助人们了解时事，开阔眼界。无论时代如何发展，经济社会如何变化，各种媒介形式和传播技术如何变革，地方党报对农宣传的先锋性和先进性的本质不会变，与时俱进的工作宗旨不会变，自身承担的责任、使命不会变，为了实现乡村振兴战略这一伟大目标，在融媒体时代，地方党报的对农宣传要坚定为农业发展指画蓝图的理念，“凝聚社会认识，传播主流价值观；合理应用新技术，开创党报新空间”[①]。

以媒介融合理论和媒介传播效果理论为指导，研究在不断变化的融媒格局下地方党报对农宣传的媒介经营与管理，结合我国目前地方党报对农宣传影响力的实际情况，在系统论、信息论、媒介技术论三大模块下探索党报融媒发展之路以及影响力的建构模式，积极尝试并不断运用融媒方式下的新闻采、编、发的不同方式，因地制宜地探索出一条适合地方情况的三农报道新途径，逐渐在受众心目中产生传播影响力，是目前地方党报三农报道的新目标。

一、发挥地方党报三农工作的排头兵作用

党的地方报刊是党的新闻事业网的重要延伸和重要节点，是乡村振兴

① 蔡青．新媒体时代党报公信力的提升策略［J］．出版广角，2018（11上）：55.

过程中党的声音“二次传播”的重要工具，是贯彻和执行中央农村工作精神的重要接力棒，是发展农村公共信息服务的重要平台，也是重要的意识形态堡垒，具有在政策宣传、理论宣讲、工作指导方面“先知先行”的排头兵意义。

（一）地方党报对农宣传的使命与挑战

地方党报是各级地方党委的机关报，是以地方政治、经济、文化和民生为主要内容，围绕党和地方政府的中心工作，传播党的纲领、路线、方针、政策，是进行政务宣传和舆论引导、反映社情民意（民众意见和智慧）、指导发展民生民力（社会生产力）的重要新闻工具。地方党报是宣传喉舌，在当代传播中具有不可替代、不容忽视的作用。对农宣传是地方党报的重要工作内容，与对经济社会领域中第二产业、第三产业等的宣传工作同等重要，它们共同构成新闻报道的主要内容。在一些农业比重较大的地区，对农新闻工作更显得重要，“农民应该有报看，这张报纸要有效地促进农村改革、发展农村经济、提高农民的思想觉悟；要反映农民的要求，讲农民真正要讲的话，帮助他们解决问题”[①]。

地方党报具有政论性和地方性两个特点，与其他以民生类新闻为主要内容的媒体相比，作为践行社会主义新闻观的地方新闻样态，在办报宗旨方面首先秉承了党媒属性，并以政治属性为第一要素，是时代化的马列主义的风向标。

在党的农村工作宣传上，多角度、多层次地传播地方三农新闻、传递各类农业信息，“讲好大众故事，传播党的理论方针，始终是地方党报宣传的职责使命”[②]。地方党报对农宣传以地方农业、农村、农民为报道和研究的对象，关注地方涉农人口民生，聚焦地方农村社区发展，在围绕地方党委政府关于对农工作的方方面面，以自身的新闻敏感，及时感知三农

① 曲昌荣．省级农民报研究［D］．郑州大学，2004：3.

② 蔡青．新媒体时代党报公信力的提升策略［J］．出版广角，2018（11上）：57.

社会的变化，捕捉各种三农新闻线索。以专业的眼光观察农业经济、思考乡村变迁，用采访、调查、写作、报道去记录和解读乡土社会的发展过程，向读者和群众传播信息，为他们答疑解惑，利用地理上接近等优势，进行广泛和细致的三农发现和社会调查，能够充分挖掘和体现地域农业特质。

“讲好地方发展故事，写出群众喜闻乐见，富有生命力、感召力和影响力的好作品是地方党报宣传的志向所在。”① 在党的农村工作宣传上，要时刻“保持高度的政治敏锐性和鉴别力，自觉强化四个意识，在舆论导向上与中央保持一致，做到立场坚定，旗帜鲜明”②。在促进地方农业农村经济社会发展的过程中，以立足地方、着眼大局为特征，牢记“举旗帜、聚民心、展形象的使命任务，在基础性、战略性工作上下功夫，在关键处、要害处下功夫，在工作质量和水平上下功夫”③，以新闻报道作为促进三农事业发展的推进器，以“舆论催化剂”形成“新闻生产力”和“社会促进力”，推动当地农村系统各项事业的向前发展。

（二）地方党报发展的外部媒介环境

长期以来党报因其具有较高的媒体地位和权威主导性，对广大人民群众进行信息宣传和舆论引导，在时代的发展变化和经济社会的转型中一直居于主流地位。但是随着固定互联、移动互联在国内的快速发展，以计算机、手机为代表的固定以及移动互联技术和信息载体的跨越式发展，使社会受众的媒介选择渠道更加广泛，特别是公民媒体、社交媒体的生活化、工具化，使得新闻传媒业的市场竞争日趋激烈。由于融媒体时代其他媒介平台信息内容的丰富性、表现形式和手段的多样性以及信息推送的高时效

---

① 明雄忠．浅谈地方党报对农宣传记者如何坚守新闻初心［J］．新闻研究导刊，2018（8）：178.

② 齐岚．地方党报对农宣传要旗帜鲜明跟党走［J］．记者摇篮，2018（12）：6.

③ 宋心蕊，赵光霞．举旗帜聚民心育新人兴文化展形象　更好完成新形势下宣传思想工作使命任务［EB/OL］．（2018－08－23）［2021－11－03］．http：//media.people.com.cn/n1/2018/0823/c40606－30245183.html.

性，使得党报的发展受到了巨大的挑战。

随着融合时代社会化公民媒体的发展，特别是移动互联平台微博、微信以及手机 H5 新闻端和各种新闻 App 的普及，公众对于媒介的接触习惯以及社会舆论的产生机制正在发生变化，报业市场的低迷以及商业化趋势都在逐步使地方党报对农宣传的生存境地更加局促，党报宣传中的三农宣传，更显得有些落寞。在媒介市场环境上，传统党报媒体面临“二次销售盈利模式坍塌，用户流失，广告主放弃，收入、利润大幅度缩水乃至亏损，人才大量流失到互联网和民企”① 的状况，一些地方党报为了扭转形式，不断改版，有的改版侧重于经济效益的维持，使得在反映农村发展主题以及反映农民民生方面内容薄弱，有的报纸在对农村发生的新闻事件以及波及三农社会的热点、难点问题的报道中，缺乏力度，在舆论引导上出现主流媒体不该出现的失语、缺语现象，降低了对农宣传的影响力。

由于纸质媒体的市场保有率负增长，以及报纸本身作为传统纸质载体，传播手段相对弱势，在融媒体时代造成的影响有限。从世界范围来看，纸媒的生存环境不容乐观，例如历史悠久的老牌商业报纸大国英国，从北部苏格兰到南部威尔士，2008 至 2011 年期间，70%的地方性报纸倒闭；美国从西海岸的洛杉矶到东海岸的波士顿，多家地方大型报业集团裁员或重组，通俗性商业化报刊如此，严谨的综合性、政论性报刊的发行量下滑更为严重，众多报纸已经全面转向网站模式。

央视市场研究中心（CTR）2010 年上半年的数据显示，中国报纸“面临着相同的新媒体技术的冲击，但由于中西方报业生态的诸多不同，导致融合中两者的状况与结果完全不一”②，世界上其他国家虽然没有严格意义上类似于中国的党报或地方党报的模式以及对农宣传的任务，但也存在类似政党类报刊或以政府意见为主导的报刊，中国的党报体系和对农

① 习近平强调打造新型主流媒体［EB/OL］.（2014-08-19）［2021-09-23］. http：//media.people.com.cn/n/2014/08.

② 黄春平，蹇云．传统报业与新媒体融合发展的研究现状、特点与建议［J］．徐州工程学院学报（社会科学版），2016（11）：86.

宣传不可能因媒介市场情况的暂时低迷而消失，只能在媒介竞争中，“实事求是地调查农村发行的实际情况、实际出版物需求和建设过程中存在的实际问题”①，做到未雨绸缪，不断调整和优化工作模式，引入先进机制，加强宣传工作的力度。因此地方党报的对农宣传在融媒时代的媒介竞争中如何脱颖而出，具有重要的研究价值，从实践上也是亟待解决的问题。

地方党报的三农报道作为地方农业宣传的排头兵，目前在内部采编、经营体系和体制方面也在不断进行调整，以适应乡村振兴宣传新形势。在内容采集与编辑、经营管理、融媒化建设等多个领域进行改革创新，来加强党报的竞争力，利用所属的融媒体各平台形成以党报为核心概念的传播矩阵，提升传播影响力。发挥地方党报特有的严谨性、指导性、公益性特点，加强地方党报的对农宣传工作，使其在三农报道中发挥主力军的作用，更好地服务于地方农业中心的工作，满足广大农业受众的需求。

（三）对农宣传融媒发展的必然性与重要性

媒介技术决定论者——加拿大传播学者麦克卢汉曾断言：影响世界进步的最重要的生产力之一就是传媒技术的进步，媒介本身甚至比信息更能改变世界，这种推动力不但促进新闻生产力的变革，还更新了信息的交互关系和交互环境，新传播技术经过发展所形成的不仅是全球媒体变迁的新格局，更深刻地影响了人们生活、工作的各个方面。新闻业发达的美、英、法等西方国家的主流媒体，如美国的《华盛顿邮报》《纽约时报》《今日美国报》以及英国的《泰晤士报》《卫报》等“相继开启了数字化和移动化发展之路，具有融合特征的转型方式成为全球传统媒体在网络浪潮中的主要应对措施。”② 在技术变革推动业态变革的时候，“报纸必须适应数字时代，进行经营思想、生产与商业模式、内容结构的调整才不会消亡”③，媒体融合“将催生相关产业的革命性变化，社会生活将成为融合

① 张麦青．“三农”出版物传播渠道的盲点与突破点［J］．华中农业大学学报，2008（03）：163.
② 黄楚新．中国媒体融合发展现状、问题及趋势［J］．新闻战线，2017（01上）：14.
③ 王正鹏．报纸突围——数字时代传统媒体变身记［M］．广州：中山大学出版社，2010：27.

媒体产业极具开发价值的处女地”①。经济崛起的中国，新闻事业作为党的总事业的重要组成部分，更应该重视融媒化发展这一推动我国新闻事业在新的历史时代转型升级与跨越发展的重要举措。

融媒化发展作为外推力，“把原本孤立的各产业相连，通过行业间的信息交换，以云计算、物联网、移动通信网络为代表的信息技术使改变信息的闭塞与孤立成为可能”②，媒介环境变化下传统报纸与互联网的结合，可充分利用云传播、数字压缩、新闻推送、大数据演绎等手段，提高新闻的传播到达率。

以智能手机等为代表的移动互联通信载具在人们的生活中目前已经完全日常化、生活化，其功能上的工具性、辅助性意义，使其成为现代人类的一般用具。在收视新闻、查阅资讯、通信联络、交际聊天、阅读网络文章、进行电子交易等网上业务等方面，使用和借助新媒体平台及其载具已经成为普遍行为，对这些媒介载具的使用与接触行为，不仅体现在发达地区和城市地区，在农村社会也极为普遍。现在，在农村地区受众以及外出务工者的日常媒介载体、载具的使用中，手机等移动通信载具不但应用于工作场合，也应用于人们的大部分业余时间，除了一些必要的线下实体工作和家务劳动之外，人们“线上接触时间大幅增加，移动互联重构了生活空间，促进社会时间再分配”③，人们与传统媒体的接触似乎越来越少，而这种基于社会存在和社会生活的新的媒介关系的分离与变化，使得以报纸为代表的传统媒介的融媒发展成为必然，对农宣传报道作为党报纸质媒体宣传工作的一个方面，也不例外。

（四）地方党报多媒体改制的理念与得失

在政治大环境层面，国家号召要善于利用信息革命成果，积极推进党

---

① 吴信训．4G前景下我国媒体融合的新变局与进程展望［J］．新闻记者，2015（09）：12.

② 黄楚新．“互联网＋媒体”——融合时代的传媒发展路径［J］．新闻与传播研究，2015（09）：107－116.

③ 李慧娟，李彦．从线下到线上：移动互联网的时空分区效应研究［J］．国际新闻界，2015（10）：18－36.

报的融媒转型发展，清华大学新闻与传播学院教授沈阳认为，现在是报纸进行融媒变革的有利时机，有以下几个“利好”因素。“①官方媒体的‘利好’：有政策支持和股市运营条件；②开发自媒体的‘利好’：移动受众对优质内容生产的需求；③受众的利好’：可实现多种用户功能，全面移动化、社交化、O2O化和纸质媒体App化已成必然。”[①] 对农宣传完全可以利用“一报多平台”的模式，在点对点精准信息传递、社交化互动等方面做足功夫。

尽管新闻系统和报业近十几年来一直在探索传统纸质媒体的发展之路，研究与固定互联技术和移动互联平台的融合，但各地在发展过程中似乎一直未找到合适的发展途径。主要原因在于，地方党报还没有完全摆脱传统报业的习惯化操作和传统化经营方式，缺乏观念的更新，很多改制思路并不是报社机构根据内部情况的研判和思考，而是依据上级指令，简单地借助参观、考察，照搬其他地区的做法，甚至将社会上民营互联网络公司的运营管理制度挪抄过来，进行所谓融媒改制，不具系统性、适配性，在技术、设备、人员不完备的情况下，应上级的要求而仓促上马。有的报社即使有硬件设施和资金的支持，但是具体的运营模式还不成熟稳定；有的还在重复纸质媒体老旧的“融媒”化做法，制作简单的手机版或静态PDF网络版报纸，没有真正地应用融媒体编辑手段；或只是创办了报纸的微信公众号，但缺乏切实可行的复合型融合操作。目前纸质媒体融媒改革的障碍主要表现为融合模式“局限于报业体制内资源的重新配置与组合，始终无法摆脱体制的痼疾；模式的潜台词和操作规则还是以传统媒体为核心，并未建立真正的新媒体观念和到位的融合意识”[②]。

地方党报纸质媒体对农宣传报道的融媒发展经历了报纸网络版（PDF式）、数字报（现刊、过刊查阅式）、报纸网站（FLASH化）、微媒体

① 人民网．全力推进媒体融合传统媒体面临挑战和机遇［EB/OL］．（2014-08-19）［2021-09-19］．http：//media．people．com．cn/n/2014/08．

② 钟瑛，黄朝钦．从体制内“报网互动”走向体制外“报网融合”——腾讯·大楚网运作模式及其启示［J］．新闻前哨，2011（04）：19-22．

（党报微博、微信公众号）、报纸客户端（App 程序）等几个发展阶段。通过透视和分析地方党报对农宣传融媒发展过程中的得与失，能否有发展取决于能否勇于打破旱涝保收的事业化官媒思维，时代发展是不以个人的意志为转移的客观存在，在当前新媒体的高技术语境下，信息的高增值和社交媒体的广泛影响是传统纸质媒体不可超越的现实，传播方式的局限导致覆盖面较小和影响力较低是纸质媒体发展的瓶颈问题之一。只有树立"不破不立"的精神，打破过去长期以来按部就班的工作模式就显得十分必要，必须要直面现实，在国家提出乡村振兴的号召下，要有紧迫感和危机感。在报业组织化传播的内外两个方面进行改革，对内要改变过去不适应时代特征的三农报道的组织结构、采编方式、营销方式，主动提升报业战斗力，注重内部运营和管理体制以及盈利机制的变革；对外要注重新闻业态的不断进化，注重适应农村变化、读者变化、人们阅读习惯变化、媒体接触习惯变化的新态势，注重传播方法、手段的策划与开发，丰富对农报道的内容和体裁，拓展对农宣传新形式和新平台，增强内容的针对性和影响，营建面向差异化媒介的三农融媒立体传播体系。

二、建构地方党报对农宣传融媒体矩阵

（一）纸质媒体融媒体矩阵及中央化集成编辑

1. 报业的融媒改制与矩阵内涵

融媒体的概念重在"融"字，"融"字有两层意思，第一层意思是指融会贯通的"融"，侧重于"打通和融汇"，是指各种对农新闻工作平台和三农题材要素的"打通与聚汇"。融媒体体系的贯通，是指基于网络技术和数字技术的条件，媒体矩阵（矩阵是指按照不同媒介形态排列组合所形成的面向农业、农村、农民进行信息传递和舆论引领的技术平台与展示平台的集合，矩阵概念来自对农报道媒介工程组的设备及技术参数所构成的方阵）中各媒介单元"在电子通信技术推动下，大媒体业的各产业组织在

经济利益和社会需求的驱动下通过合作、并购和整合等手段，实现不同媒介形态的内容融合、渠道融合和终端融合的过程”[①]。

融媒体概念“融”字的第二层意思是指媒介传播主体，即新闻从业人员的分工与聚合，这种“分与聚”，侧重于全媒体技术的“融与会”，其中的“会”，与第一层意思中的“汇”不同，这个“会”字是指应知应会，是指一种对融媒操作理念的成熟应用和“多面手”意义上的对融合操作技术的交叉使用。

对于报纸来说，融媒改革的具体操作性概念就是整合网络媒体和纸质媒体两种不同的资源和优势，改变过去报纸媒介新闻生产手段单一、对农报道表现形式单一的缺陷，通过基于移动技术的新闻客户端，如面向涉农群体的微博账号、农业部门的微信公众号以及各种三农报道新闻 App 等，进行多链条、多平台、多样化文本的资讯传播，这是利用纸质媒体和网络之间共通、共融和互补的特性，使各种传播载体，经相辅相成的集约化和分散化的处理，形成一种全方位的指向三农的全媒体传播。这种全媒体传播有两个工作指向，一是集约化，二是分散化，集约化是指融媒改制以及改制后的融媒矩阵有中心，以报媒集团、农业编辑为核心；分散化是指制作好的新闻产品可以有多种形式和多种途径的刊发、推送、播示渠道。

在过去，农业报道单纯依靠纸质媒体的时候，尽管采写精彩、编辑精心，希望把重要而丰富的三农信息报道出去，让广大受众应知尽知，但这种理想性的愿望往往是采编、创作部门职业情感与职业思路的一厢情愿，“传统的新闻，在新闻传播过程中，用户始终是被动地接收新闻，与新闻主体之间的关系是单向的，导致用户与主体之间相互脱节，未能充分发挥出信息的反馈价值”[②]。而融媒发展的思路，是打破传统理念和传播技术的局限，“灵活利用网络与互联网媒体进行新闻传播，不受传统新闻局限

① 刘颖悟，汪丽．媒介融合的概念界定与内涵解析［J］．中国广播，2012（05）：79.
② 韩砺．中央厨房——全媒体时代新闻生产方式的变革［J］．新媒体研究，2017（10）：80－81.

的传播方式的影响，可传播图片、视频、信息、文本等资源，满足客户的不同需求，体现新闻信息的实时性，实现了新闻的整合”[①]，这样的操作，将发生在三农领域的新鲜事、复杂事、各种焦点、热点，通过数字化技术的加工、分配、转移与转接，使新闻稿件的纸质媒体样态与各新式媒体样态进行组合。通过融媒矩阵各平台的传播展现，不但拓展了立体传播渠道，而且在传播的文本形式上，除了以传统的线条、图形、标题、图片、字体等要素进行视觉传达的表示之外，更通过以视频、音频以及配合主题的原创 FLASH 和数据图表的形式构成资讯主题，特别是微传播平台，条块化、动态化的页面，更利于色彩、声音、画面以及由此产生的页面各要素的呈现，文字、图片、视频链接等素材的顺次排列，在页面上呈现出的各种素材图块的大小、疏密、强弱的对比，有更强的读取冲击力，使所传递的内容与形式更具吸引力。

特别是通过融媒新媒体平台图文并茂、声画结合的新闻形式，优化了受众的阅读体验，过去在报纸上平面印刷的文字都变得立体化了，那沃野平畴、绿塘清湖“跃然纸上”。乡间的田园、农家的宅院，整齐规划的农业厂房，挂满蔬果的种植大棚，随风摆动的稻麦黍稷，还有操纵机械的农工，这些图景直接展示给阅读者，促使他们在直观的三农报道氛围中成为关注三农的热心受众，通过这些多媒体方式不断地对读者受众进行可视化、直观化的资讯涵化，使受众成为“会思考、有感情、能行动的有机体”[②]。

2. 发挥“集成编辑室（部）”总协调功能

为了搭建对农宣传的立体传播渠道，纸质媒体编辑部中心一般要进行融媒化机构改组，成立“集成编辑室（部）”，可将其视为新闻生产的“中央厨房”。“集成编辑室（部）”负责所有对农报道文字、音视频素材的汇总，然后由“总编室、夜班编辑室、音视频部、数字新闻部等部门组成全

---

① 李春燕．全媒体时代“中央厨房”新闻生产方式变革探讨［J］．新闻研究导刊，2019，10（04）：1，55.

② 张延民．地方党报对农宣传创新新闻报道的思考［N］．中国新闻出版广电报，2019-01-24.

媒体工作室，搭建跨纸质媒体和新媒体的统筹平台，把新闻的采集、制作、分发、传播等生产任务带入滚动采集、滚动发布、统一指挥、统一把关、多元呈现、多媒传播”① 的链条中（图 4－1）。具体操作方法是：“集成编辑室（部）”的编辑人员把“记者在采访过程中搜集的信息进行整理，形成半成品后将素材统一收纳到数据库中，进行统一的调配，并灵活利用各种媒体资源，对半成品进行合理的搭配，根据人们的实际需求，形成个性化产品”②。编辑人员应由具有不同专业优势的人员组成：传统新闻专业的编辑进行新闻把关和文本润色，网络前端的美工编辑进行音视频的创作，网络后端的网络平台集成人员进行后台的数据库编辑和网上发布。

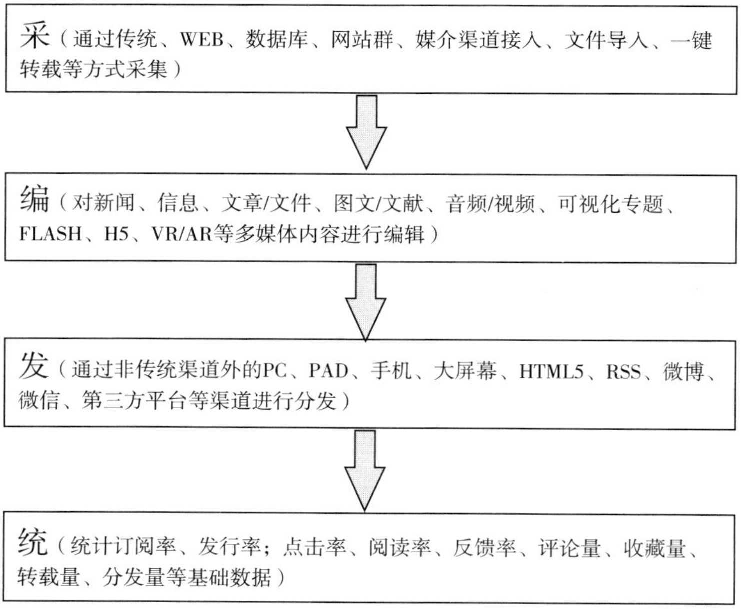
采（通过传统、WEB、数据库、网站群、媒介渠道接入、文件导入、一键转载等方式采集）
编（对新闻、信息、文章/文件、图文/文献、音频/视频、可视化专题、FLASH、H5、VR/AR等多媒体内容进行编辑）
发（通过非传统渠道外的PC、PAD、手机、大屏幕、HTML5、RSS、微博、微信、第三方平台等渠道进行分发）
统（统计订阅率、发行率；点击率、阅读率、反馈率、评论量、收藏量、转载量、分发量等基础数据）

图 4－1　对农报道融媒体运作采编发统体系

实际上，在融媒体矩阵所有对农报道的形式和平台当中，作为传统媒介形式的纸质媒体编辑部相对于其他新型媒介，相当于“新闻生产中央厨

① 伦少斌．广州日报中央编辑部正式运作［N］．广州日报，2014－12－2（A1）．

② 彭洋．新媒体时代新闻生产方式的变革——“中央厨房”模式的融合路径［J］．新媒体研究，2016，2（24）：97－98．

房的‘行政总厨’”和消息“总把关人”，在融媒新闻生产与传播体系中是一种集新闻信息汇总、报道通稿提供以及对融媒系统内各子媒体进行指挥、调度、协调，互通有无的大本营和司令部，相当于计算机系统的中心处理器和 HUB 中心单元，是一个“集约化总平台”。也就是说，作为不可或缺、具有中国特色的党报纸质媒体在整个融媒体矩阵中的作用是突出和显著的，并有统领和整合的功能，党报纸质媒体是对农报道融媒矩阵的精神核心，利用自身多年历练成的农业报道经验、人力资源优势制定乡村报道计划、制定政策宣传指针，组织下乡、组织基层采访与编创，同时系统化、规模化地“利用微博、微信、网站等相关信息平台进行新闻信息搜集，提升信息的数量与质量，并利用信息技术优势进行分类处理，将信息资源整合，深入挖掘信息的价值”①。

在融媒体的操作模式下，基于报纸“中央厨房”所提供的各种乡村采访素材、记者乡村手记等众多半成品“配菜”和成品“菜肴”，进一步根据各种新闻 App、网页、微信、微博等用户端的形式特点进行文本的重新调配整合，满足不同用户的需求。在这一过程中，传统纸质媒体和互联网络相融合，实现平台渠道的“互融”、传播内容的“共融”、编创和受众的“交融”，特别是受众从纸质媒体读者扩展到新媒体用户，读者和用户二者相融合的概念，使传播的针对性、反馈性更强，用户使用体验更好，进一步扩大党媒对农宣传的“有效的”和“目标化”受众群体，从而去争取这些关心三农问题的读者、用户的支持和响应，提高对农宣传的效力。

（二）地方党报对农宣传的品性与“两个影响力”

1. 报纸媒介影响力的品性内涵

西方学者克里斯将媒介影响力定义为一种“价值等价物”（见克里斯：《公众信任或不信任感知》，《大众广播与社会》杂志；Kiousis：Public

① 李春燕．全媒体时代“中央厨房”新闻生产方式变革探讨［J］．新闻研究导刊，2019，10（04）：1，55.

Trust or Mistrust Perception of Media Credibility in the Information Ag, Mass Cbmmuication & Society），马克汉（Markhan）以报刊采编人员为研究对象，从媒体评估的结果得出影响媒介的三个重要因素："严谨、表现技巧和可靠性"，见马克汉：《电视新闻节目来源可再生性维度》（The dimensions of source sredibility of television newscasters），《传播》杂志（Journal of Communication），在西方，"公平、无偏见、完整报道、可靠性和正确性"等性质成为媒介影响力公认的重要指标，美国《时代镜报》（Times Mirror）也提出了"新闻机构特性、权力结构与新闻机构、新闻机构表现、特别利益"是关乎媒介影响力的四个重要因素。

塑造影响力要重视品性，是竞争力与媒介生存、发展、获得经济效益和社会效益的前提，是获得受众资源的重要基础和保证，与树立媒介形象、增强美誉度直接相关，是扩大传播面、赢得受众群体的重要手段。地方党报对农宣传影响力的形成和维护要日积月累，是一个长期发展的过程，党报拥有自身的媒介魅力和权威性，这种魅力就是一种品性魅力。

媒体有没有发挥正确舆论导向是衡量地方党报影响力的重要指标，从地方党报对农宣传的传播内容来看，如果仅仅是为了增加发行率和阅读率，迎合某种所谓脱离农村生活的低俗"大众文化"，忽视党报的政治品位，忽视对舆论和社会思潮的引导功能，仅仅以处理一般社会新闻的手法去进行新闻线索的采集和信息内容的处理，会严重偏离党报的办刊方针和职能。盲目地迎合受众、取悦读者，忽视自身农业农村报道战场的主阵地建设，只追求经济利益的行为也是不可取的。个别地方对农宣传记者和经营人员的有偿新闻和不良广告等经营活动更是对党报影响力造成巨大的负面影响。

例如，报纸的"三贴近"品性（贴近实际、贴近生活、贴近群众）生动诠释了地方报纸传播规律中受众为本的思想，体现了社会主义新闻事业的基本要求，加深了受众与媒介的紧密联系。为了加强对农新闻工作的影响力，应把信息的有效供给作为出发点，把加强舆论监督作为关键环节，把做强报道作为重要手段，把满足受众需求作为发展目标。

众多国内学者都将是否秉持真实性、公正性、有益性等三个"品性"作为媒介影响力生成的重要前提。根据传播学的理论并结合中国媒介的实际情况，对农宣传的影响力研究可分解为传播者研究、传播内容研究、受众研究、融媒体传播渠道研究、传播效果（传播覆盖面、订阅率、阅读率、接受率）研究等主要方面。传播者研究体现地方党报对农宣传所产生和营造的政治形象和社会公信力，传播内容和受众研究是在竞争激烈的媒体环境下，对采编业务和采编策略的研究，传播效果研究是地方党报对农宣传的威信力研究。

2. 注重“品性”：提高对农宣传的“身份影响力”

地方党报作为对农宣传的排头兵，面临着在新媒体环境下提高竞争力、影响力而进行融媒改革的任务，地方党报作为一种传播媒体，影响力是衡量其社会意义的重要指标。对农影响力的内涵是指在消息传播与新闻舆论建构中，其组织机构或组织名称能否被社会公众，特别是涉农受众群体或个体“首先提及”或被“经常提及”；其传播内容能否成为受众看待农村新闻事件、分析乡村问题的原点和依据；人们对其传播形象与传播功能有何种印象，认可程度如何。

评价地方党报对农宣传影响力，要看它的“实际作为”，除了看它是否认真地宣传了党的三农工作路线方针政策，是否客观地报道了农村的经济社会变化，是否正确地做到了对农业焦点话题的舆论引导等政治性任务之外，还要看它如何解读农村社会新现象、分析乡土社会新问题，怎样做三农社会发展过程中的前哨兵和引导员，同时也要看它是否与群众心连心，是否情为民所系、利为民所求，能否公正、理性地看待重大的或难以理清的是非问题，是否敢于追求真理不说假话。正如近代报刊史上著名的政论家、记者邵飘萍烈士所提出的，“报纸的品性应为第一要素”，报纸的品性决定了它的影响力，就是说报纸也要像人一样，有品性、有人格魅力，报纸要有“报格”、有“品性”，有“报格魅力”。衡量人的人格方面有仁善、侠义、勤勉、担当、勇敢、诚实等概念，党报的对农工作也有相应的“报格”，这种“报格”就是：我们的农村新闻工作是否实事求是，是否敢于说真话、反映真情况；是否能走下去、伏下身，以发现亟待解决的要点为第一要务；是否与农村群众有血肉联系，能为良善者“呼”、为困难者“谋”，匡扶正义，扶危济困。“办报纸也是办情感”，没有“报格”、没有“品性”、没有情感，就没有受众，就没有影响力。

除了新闻报道职能，党报媒介还承担着引导社会情绪的职能，我们的宣传内容能否深入人心，也是影响力的重要方面。为了提升“内容影响力”，对农报道进行采写创作的出发点“不是报社，而是读者，除了报道任务外，采写的方向和主题要根据读者的需要而定，纸质媒体要注重树立受众意识”①，农民读者、涉农群体在生产生活方面的资讯与情感需要就是工作指南，他们的需要就是地方党报对农宣传的“被需要”，没有“被需要”，就没有影响力。

3. 注重升级：提高对农宣传的“技术影响力”

科学技术作为第一生产力潜移默化地改变着人们的生活方式和交往方式，媒介生态环境中的多种业态并存格局，使得纸质媒体难以像过去一样对受众产生单一的影响力。

融媒体时代，人们利用不断开发出来的新型媒介或通信载具，频繁地进行信息的接收与传播，接触移动化媒介已经成为生活化、日常化的受众行为，人们可以通过便捷、开放的互联平台，特别是移动互联渠道与外界和他人进行基于信息、情感的交往与互动。当下，媒介技术的进步已经深刻地影响到农村政治、经济、文化诸领域和普通农业人口的日常劳作与生活。

在中国，报纸除了具有信息职能，还承担着重要的宣传舆论职能，这个职能决定了我国的纸质媒体，特别是党报不会像其他国家的纸质媒体一样大规模地陷入颓势。相反，还必须要加强宣传阵地建设。现在，尽管报纸杂志等纸质媒体发行量因市场变化而急剧减少，地方党报对农宣传的喉舌功能也趋于弱化，但作为关系着国家发展的事业，报纸行业在政策与资金扶持下，“上技术台阶”，促融媒转型，重改革突围，依然可以与PC互联和移动互联在传媒市场抗衡。

“传统媒体颓势的根源在于传统传播渠道的‘中断’或‘失灵’，解决

① 宁威．国外纸媒新媒体采编经营探索启示［J］．中国报业，2014（12下）：12-13.

渠道失灵成为进行转型的第一要务。”① 当下，以社交媒体等自媒体为代表的移动网络媒体是报纸行业发展的强大对手，向移动媒介传播领域发展，进军传媒新科技平台，通过自身拥有的融媒技术和平台，跨越新旧媒体之间的传播障碍与传播隔阂，打破技术壁垒，转移一部分宣传力量，形成新的宣传战线，攻占新的宣传高地，并在充满竞争对手的媒介生态中，在风气引领、舆论引导、深度解读、广告资源等方面，化劣势为后发驱动力，变被动为主动，打差异牌，既重视报业融媒发展设施的基础性升级改造，又重视对社会发展的洞察。紧随乡村振兴宣传战略，在融媒多元平台的业务发展上，自加压力、自创动力，找准突破口，使现在在媒介格局中占主要地位和“市场主盘”的移动网络等新媒介平台“为我所用”，通过技术手段的多平台投放和多元文本推送，形成传播新引擎，使信息增值，造就信息传播的新红利。

（三）打造党报宣传立体体系，巩固影响力高地

中华全国记者协会书记处原书记王冬梅同志指出，由于当今各种新媒体层出不穷，其产生的技术影响力和话题影响力正逐步扩大和上升，“传统媒体要有危机意识和紧迫感，从业者必须要适应媒体融合的趋势，重视原创首发，充分挖掘和整合资源”②，要有跟进思维，要做新形势下的新型主流媒体，新型主流媒体是指“能够正确表达国家话语，体现社会主义核心价值，为人民群众喜闻乐见，并具有足够影响力的媒体，新型主流媒体还应具有强大赢利能力与发展能力，否则，就没有经济基础”③。

在2014年8月，党中央审时度势，研究并通过了《关于推动传统媒体和新兴媒体融合发展的指导意见》，对党媒融合发展做出了前瞻性部署，

---

① 喻国明．破解“渠道失灵”的传媒困局：“关系法则”详解［J］．现代传播，2015（11）：1-4.

② 专家热议媒体融合　建议“引入退出机制”［EB/OL］.（2014-11-22）［2021-10-15］. http://society.people.com.cn/n/2014/1122/c2014-11-22.

③ 陈国权．新型主流媒体建构已上升为国家战略［EB/OL］.（2014-08-19）［2021-09-24］. http：//media.people.com.cn/n/2014/08.

意见指出："推动传统媒体和新兴媒体融合发展，遵循新闻传播规律和新兴媒体发展规律，强化互联思维，优势互补、一体发展；坚持先进技术为支撑，内容建设为根本，推动传统媒体和新兴媒体在内容、渠道、平台、经营、管理等方面的深度融合。打造一批形态多样、手段先进、具有竞争力的新型主流媒体，形成立体多样、融合发展的现代传播体系。"① 在2018年8月召开的全国宣传思想工作会议上，党中央又提出，党报工作者"要不断掌握新知识、熟悉新领域、开拓新视野，增加本领能力"②。要求地方报纸在学习中央意见、贯彻任务的过程中，在宣传上应抓住三个方面，一是强化立体报道思维，新老媒体优势互补；二是技术与内容并重，不能忽略内容的基础性作用；三是两手都要硬，既抓经营管理，又保政治方向。

地方党报对农宣传的融媒发展，能够提高新闻报道的受众接触率，在"发布平台"与"接收载体"技术更新不断推动下的"党报-大众"双向互动模式，也会提高党报与受众沟通的有效性与即时性，如此一来，"以党报为首的大众媒介，以其权威性的优势，合理融合新媒体技术，改变传统单一、刻板的传播形象，重夺麦克风，有利于党报在理论传播中占领传播高地，重夺话语权"③。

三、党报影响力不断生成的历史观与系统观

（一）继承和发扬党报对农新闻工作的优秀传统

1. 20世纪党报面向农村宣传的生动实践

历史上党报影响力的形成主要依靠三个方面的工作机制，即：联系实

① 中央深改小组第四次会议关注媒体融合［EB/OL］. http：//media.people.com.cn/GB/22114/人民网.

② 张洋．举旗帜聚民心育新人兴文化展形象　更好完成新形势下宣传思想工作使命任务［EB/OL］. http：//media.people.com.cn/GB/22114/421094/人民网.

③ 刘青青．新媒体时代党报的马克思主义传播研究［D］. 浙江财经大学，2018：2.

际、联系群众、批评与自我批评。这三个机制形成的党报影响力是经历了漫长的时间发展而来的，是伴随着中国革命和中国建设的宏伟任务和伟大征程并经历了新民主主义革命时期、社会主义建设时期、社会主义改革开放时期和社会主义新时代等几个重大历史时期形成建立和发展起来的。

在武装夺取政权的革命战争年代，以革命根据地和各个边区为主战地的苏维埃报刊和后来的根据地报刊是我党地方报刊的雏形阶段，这些报刊在中华民族的危及关头，宣传马克思列宁主义、宣传反帝反封建的革命纲领，从 1927 年到 1949 年的革命战争时期，这些报刊站在人民和革命的立场上，在宣传建立红色政权、反映根据地建设、宣传土地革命、宣传团结抗日、建立民族统一战线、宣传党的纲领、宣传进步思想、团结民众、宣传大众思想等方面起到了重要作用，成为人民群众思想的指路明灯。

从 20 世纪五六十年代开始，各级党报工作者对在革命战争中发展起来的党的新闻事业进行调整与充实，在社会主义建设时期，党在新闻事业的布局方面确立了一个以北京为中心、遍布全国各地的新闻事业网，形成了以各省市地方党报为构成主体和延伸脉络的报刊网，以地方省委党报和各地市级党报为主体的地方新闻报刊网建立起来，除了施行普遍的“一地一报”的架构外，有的地方还形成了日报、晚报的双重宣传格局，有的地方还有专门化的涉农报刊，起到了充分交流工作经验、引领群众思想的作用。

在宣传报道方面，注重对新闻的指导性以及报纸是农业集体组织者等新闻理论的坚持和运用，毛泽东强调各级党报要全党办报、群众办报，投身广阔的社会生活当中，做党的政策的宣传员，深入农村社队，善于“解剖麻雀”，分析问题，各级党委的主要负责同志要兼任地方党报的总编辑，要关心对农报道；刘少奇在对新闻工作者谈话时提出，进行社会调查和专题研究是新闻工作者的专业，记者和编辑要到农村基层蹲点，调查要深入细致，及时发现问题，不断改进报纸工作。

后来各地报刊配合《人民日报》和新华社，着眼全局、立足地方，积极进行组织报道，从号召适龄青年参军抗美援朝到宣传农业社会主义改造和合作化运动，各地都掀起了声势浩大的舆论宣传，振奋了人心。这一时期还特别注重典型报道，开展向农业战线劳动模范、技术能手学习的报道；开展先经由地方报刊宣传、继而形成在全国有影响的经验与事例的宣传。这个时期重视报纸的理论工作，通过对各个地方不断涌现出来的先进典型的宣传报道，营造出一种热爱祖国、热爱家乡，热爱农业、发展农业，工农互补，以农业产出支援国家建设的社会主义农村新风。

在这个时期各地方党报的对农宣传还利用自身在平时形成的采编关系网和工作联系单位，建立起广泛的农村通讯员队伍和群众性的读报小组，当时的公社、大队、生产小队等都形成了每周固定时间的读报学习会，劳作之余，在田间地头，开展读报讲报活动。地方党报及时地宣传和解读当时的中央政策与任务，又结合当地的情况，因地制宜地宣传组织与安排，积极动员广大社员，在农村建设和农业发展上，形成了很大的推动力。每年各地的春播夏种情况以及禾畜良种培育、农田水利建设、农村新人新事等新闻和消息都可以通过报纸反映出来，还有的报刊开展批评性报道，设置“言论角”等小栏目，反映部分农村在生产上以及部分农民在思想意识上出现的落后现象或小问题，文章短小精悍，形式生动活泼，针砭时弊，在鼓动农业生产力发展、移风易俗、提高群众思想觉悟等方面，产生了广泛的影响。

2. 改革开放以来对农工作的新征途

党的十一届三中全会后，党的报刊以新闻规律为工作出发点，努力消除过去存在的认知偏差，以客观实际为报道对象，以党性和人民性相统一为纲领，树立实事求是的精神，改革开放 40 年以来，地方党报在对农宣传上形成了以农业经济报道以及农村社会主义精神文明建设报道为内容核心的新闻生产及宣传体系。无论是改革开放初期对“实践真理”的大讨论还是对“包产到户”的宣传，无论是掀起 20 世纪 90 年代市场经济建立之前“姓资姓社”的思想解放运动还是对“村风文明、村貌整洁”的社会主义新农村建设的报道，地方党报对农宣传服务于中国特色的社会主义农业宣传，宣传农村改革，紧密配合地方党委和地方政府的农村中心工作。主要报道地方上各种涉农重点项目建设的发展与成就，向读者告知地方农业经济社会日新月异的变化，交流各地农业工作经验，让农业生产一线的广大干部群众成为宣传报道的主角，突出宣传在两个文明建设发展过程中出现的先进人物与先进事迹。当时农村发展的“珠三角模式”“长三角模式”在报纸的宣传下成为搞活经济的经验样板，正是得益于这些报道，大批农村富余劳动力走出封闭的乡村，到东南沿海发达地区务工，学技术、学经验并反哺家乡，形成了人数达 2 亿 7 千万的农村外出群体，打开了农村发展的突破口、解决了农村大量剩余劳动力的去向问题。

20 世纪 90 年代以来，地方党报的对农宣传秉承“以科学的理论武装人，以正确的舆论引导人，以高尚的精神塑造人，以优秀的作品鼓舞人”的工作思想，把握四项基本原则的主流意识形态不动摇，加强对三农发展方向性问题的重点报道和舆论宣传，努力做好“群众喉舌、改革尖兵”。《全国报纸出版业“十一五”发展纲要》提出了把“优先发展‘三农’类报纸作为促进公共文化服务的重要组成部分”[①] 的工作目标。在新时代，地方党报的对农宣传及其融媒矩阵中的各新闻客户端也承担着秉承宣传社会主义核心价值观的任务，坚守主流思想舆论阵地，在鼓干劲、维稳定、促发展以及不断丰富人民群众对新闻信息的需求上下功夫。在乡村振兴战略发展过程中，党报历经百年发展的宝贵经验必须传承并且进一步拓展，地方党报作为地方最重要的主流媒体，应不忘初心，努力为涉农受众提供及时、客观、权威、优质的新闻与资讯，积极构建健康向上的乡村文化氛围，服务好当地经济社会不断向前发展的中心任务，并在工作中时刻以党的思想建设要实事求是的原则鞭策自己，直面媒介技术发展变局，不甘落后、勇于自新，秉承一切来自人民群众、一切为了人民群众的务实精神，形成在受众心目中的影响力。

---

① 王晓东，吴锋．改革开放 30 年我国农村报刊发展的回顾与反思［J］．中国报业，2009（02）：40.

（二）马克思主义新闻影响观的当代意义

马克思说，人们读报是为了在“报纸上去寻找当今的精神”[①]，“报刊是一种居于物质世界与精神世界之间的媒介”[②]，并且具有独立的社会作用和社会影响。马克思在论述无产阶级报纸的“新闻影响观”时说：报刊是个人与社会之间互相影响的、互相联结的纽带，“报刊使需求、欲望和经验的斗争变成理论、理智和形式”[③]，把社会的物质形式变化成文化形式，体现在人们面前，展示给人们，指导给人们看，使人们获得对社会的体验感，这种体验感就是“新闻的影响”。这种影响体现在，“它无所不及，无处不在，无所不知。报刊是观念的世界，它不断从现实世界中涌出，又作为越来越丰富的精神唤起新的生机，流回现实世界。”[④] 也就是说，报纸的新闻报道和各种新闻性社会工作的“来由”源自社会现实，刊载的内容通过发行传播，通过“被阅知”，通过启迪、唤醒读者大众发生作用，又反作用于现实。报纸既反映物质社会世界，又起到“唤回”物质社会，引导社会的作用，作为信息的传播者和社会进步的推动者，具有巨大的社会影响力。这种影响力如果表现在地方党报的对农宣传功能上，就表现为：一要唱领时代发展“主旋律”，奏响“乡村振兴进行曲”；二要起到引领农村地方社会发展的宣传舆论作用。前者是为了站稳政治立场，产生政治舆论影响力，后者是为了推动地方农村各项事业的蓬勃发展与进步，孵化能量，产生经济、文化的推动力。

“当前一些媒体对落到群众身上的实际效果关注、挖掘不够，导致群众对党媒报道的新闻逐渐意兴阑珊，觉得离自己太远，是‘当官儿的事’。”[⑤] 这也说明了我们的一些地方党报的对农宣传没有对自身的影响力

① 马克思恩格斯全集（第2版）[M]. 北京：人民出版社，1974，1：141.
② 陈力丹．马克思论报刊的社会地位和作用 [J]. 新闻界，2017（12）：102.
③ 马克思恩格斯全集（第2版）[M]. 北京：人民出版社，1995，1：179，329.
④ 马克思恩格斯全集（第2版）[M]. 北京：人民出版社，1995，1：179.
⑤ 刘发奎．浅谈地方新媒体融合发展方向 [J]. 新闻传播，2018（06）：65.

做充分的思考，眼睛只“朝上看”，只关心自己的工作是否在上级眼里产生影响力，而不关心是否在农村现实中、在涉农群众的心目中产生影响力，逐渐与农业群体产生了离心力，背离了马克思主义的新闻影响观，这也是群众不爱看报，离报纸传播越来越远的原因之一。

（三）打造“三感”，地方党报新闻影响观的时代化

马克思主义“新闻影响观”的时代化体现在三个方面：一是体现反映地方社会事务和百姓生活热点、焦点问题与难点问题生成、演变的动态“生活感”；二是体现接地性与地方性的“接近感”；三是体现群众参与性与荣誉感的“亲民感”，使受众通过党报及其融媒体平台积极关注地方时事和评议公共事务的公共精神不断形成。

新媒体在当今时代的普及，正是地方党报重新崛起的有力背景，融媒改制既给党报提供了突围升级的技术利器，又开设了更多能切入社会各角落并直触受众的报道平台，赋予一条宣传地方各项战略决策部署和社会发展状态的直接通路，是面向群众信息需求的双向快车道，使人民群众了解身边的变化，便于老百姓参与地方政务的大事小情和地方社会发展的方方面面。

在新闻报道体现生活方面，有“及时性和现场感”两个要点，融媒体的采编与发布基于网络时代的信息传播快捷及时，能做到图片和视频阅读时代的现场再现。当一个新闻事件产生后，纸质媒体和同属一个操作团队的融媒体部门的编辑记者、计算机前端开发与后端数据库系统软件编程的技术人员快速组成综合报道小组，互相配合，就某个话题或某个事件的各种要素进行深入挖掘，选取角度，选择主题，搜集数据，进行程序编辑和图文编辑，生成的视频报道、图片、图表等增加了新闻的真实感和既视感，还能使受众通过直观的画面和声音感受和捕捉到新闻现场存在的其他有用信息要素，二次产生新闻线索。

在接地性与地方性的接近感方面，接地与接近的含义，一是指立足地方新闻工作，反映地方的大小事，大到涉及地方经济社会发展建设的各种

政务要闻，小到方圆几十、上百公里的城乡生活，如法制与社会治安、居家与车船出行、商场、市场与商品、招聘、旅游、地方文学文化等内容，满足地方读者受众的需求；二是指融媒体的传播载体要接地和接近，将信息传播到大众层面。

新媒体以手机等移动媒介为载体，可以在某种程度上减轻党报因需订阅或购买所带来的传播障碍，把党和地方政府的声音直接推介给手机等移动终端持有者，接地气的含义，是指新媒体的表现形式通俗化、生动化，与普通文化层次的读者的阅读接地，如 H5 和 FLASH 可以使新闻报道图表图片化和动画化、视频化，生动直观；还有在融媒体平台上，文章要短小化，图片化、订制推送化等模式要符合和接近潜在年轻受众的阅读习惯。因此要善于发现传播过程中的传播内容、传播形式的哪些要素是受众喜闻乐见的，哪些是最新的、鲜活的、具有时代特征的形式，要有敢为人先的尝试性创新，善于思考和借鉴，在各种文本元素中，体现报道符号的时代化。

亲民感要体现受众与党报各平台信息与反馈对接互动后产生的责任感与义务感，即因参与而生成的“责义感”。Web 3.0 时代，融媒体最突出的“端口对点”（Port to Point）互动反馈功能，使广大媒体用户可以广泛参与对新闻话题的讨论，使得人们对社会事务的建言献策更加便捷，如果党报平台系统的工作人员能认真、及时、高效地与受众沟通，商讨或移交有关部门解决问题，人们会由此产生间接参与社会事务管理和评议的被重视感和荣誉感，由此增强责任感。

融媒矩阵各反馈平台中那些表达与新闻事件相关的意见和评论，展示了读者受众自身对社会的观察与思考，表达了他们的世界观、价值观，也实现了他们“参与发声”的情绪、情感传播和参与性满足。融媒矩阵各平台和意见领袖不断接收读者用户关于地方事务和社会发展的意见建议，并就需要解决改进的问题进行媒体层面的分析回复或进一步提交有关部门进行处理反馈，使受众感受到自身参与社会问题的事实被社会承认和重视，从而进一步地产生更积极的参与感和荣誉感，达到社会“众治”和“善治”。

（四）融媒系统“理念—要素—结构—功能”四个环节

融媒体时代地方党报对农宣传的发展要有系统论的观点，要有系统的眼光和谋略，这个系统由“理念、要素、结构、功能”四个环节组成，这四个环节存在着递进关系：理念决定要素，要素决定结构，结构决定功能（影响力）。

对农传播的融媒化首先要解决的是融媒的理念问题，理念是基于策略和模式的思考，是指把融媒发展放到报业发展战略中什么样的位置，如何捋顺报纸和新媒体的条块机制，如何进行改制。理念不是一经确定就一成不变的，要不断随变化做调整，在发展中，不断理清工作思路，考虑什么样的报道形式和传播方式会受到当前涉农受众的关注和喜爱。

融媒发展的要素是指改制所需的资金、物质（包括各种软硬件设施等）和人员等，这些是开展工作的必备要件，也是融媒传播的原初资源。如何在理念的指导下，对各部分资源、要素进行“有机组配”，是融媒改制的基础性工作。而“有机组配”就是“结构”，结构设置的科学与否决定了传播的功能和效率。

对农宣传融媒改制后的结构搭建重点在于新的媒介系统各平台、各要素如何有机结合，怎样各司其务，在传播链上是否具有逻辑、动态性，在传播面上能否使框架形成互补性，严肃性报道内容应该放置在哪个平台，文化娱乐类的题材应该放到哪个平台，功能性的差异如何体现。传播结构的差异可以形成多层次的传播体系，传播触手能够达到具有不同阅读习惯的受众的接收载体上。年轻人喜欢手机媒体和微信微博的内容，喜欢视频新闻；文化程度高的人群可能更偏爱纸质媒体和文字阅读；农村外出务工者可能爱看乡村花絮新闻和休闲娱乐的资讯；基层三农工作者可能更关注严谨的政策新闻。采取这种“有传无类”的办媒思维，就能最大程度地产生影响力。

不同平台的功能不同，形成的传播差异，可以更大程度地满足不同范畴的“小众”，化“大众”为“小众”和“分众”，是将这些年轻的、文化程度不高的或本来不关心三农问题的人群，变成潜在受众，这样的举措可以提高受众数量，增加阅读量。但由于不同地方的党报面临的情况不同，要想做到有效地提高阅读指数，就要下功夫做调查研究，善于分析当地的人口结构、经济结构、教育结构，因地制宜地采取试验的办法，分析哪种方式、哪种平台的传播效果更胜一筹。

地方党报对农宣传向融媒运营的方式改进，是一种从被动创新向主动创新的变革，从微观层面上讲，是推动报业机构内部的报纸与网络的融合发展；从宏观层面上讲，是推动报业体系（包括报纸、网站、新闻客户端等）适应时代的主动升级。这种变革会影响到传统媒介内部原有信息产品的生产、传递等供给模式，也会牵涉人员、物资、设备等各要素的配给关系，也关系到新生成的融媒矩阵的各要素的轻重次序，因此无论采取何种办法和机制进行融媒改革，都会形成一个新的运行结构，包括组织结构、管理结构、分配结构等，而这些结构的联动机制和总体架构是否科学合理、运行稳定，又关系着融媒矩阵对农宣传的效率与功能。

（五）从主线到目标：影响力生成的系统思维与模块衔接

1. 理念“统军”：全局观的主线思维

融媒体理念使传统报业与新媒体这两个完全不同形态的领域对接，前者是运作经营方式已经十分成熟的纸质媒体，后者是具有计算机网络软件操作难度和超文本标记语言技术难度的网络媒体，二者无论是在采编、发布模式还是在赢取市场、赢得受众方面，以及在方法、渠道上都存在很大的异质性，“在其融合发展中如何从机理上将二者整合起来产生最大的协同效应，使传统报业在新媒体环境下赢得发展先机，形成新的增长点”①，

① 黄春平，蹇云：传统报业与新媒体融合发展的研究现状、特点与建议［J］. 徐州工程学院学报（社会科学版），2016（11）：86.

是十分重要的问题，对于理念与策略的思考必须放在前面，要在发展和提升影响力指标的总目标统领下，才能避免盲目发展、规避误区。

在融媒操作理念不断深化的过程中，对于以往的采编与经营工作的“作法更新”非常重要，这是排在第一位的操作理念，“由于受众对信息需求的日益提高，对党报的信息采集、理论传播以及报道的深度提出了更高的要求”[①]，在新媒体环境下，党报与读者之间的关系联结方式必须做出技术和机制手段等方面的调整和跟进，否则难以适应多种媒体手段并存的传播格局，在这方面，有些地区走在前列。以浙江为例，在乡村振兴报道中，浙江省积极谋划推动省内各地农业高质量发展，建设“共同富裕示范区”，在相关新闻的采写报道中，嘉兴、衢州等地的地方党媒通过内部科技创新和设备数字化建设，推动农村公共信息服务的提升，通过“采编方式创新，传媒组织形态升级，传播渠道改进，产业链条重构，基础技术平台革新，传媒体制与政策的改革等”[②]，形成对传统报业跨界运营的推动，很多具体的操作措施都体现在最初理念的建构中，有了理念，就有了主线，就有了可以依据的“图纸”。

“转型即转场，媒体融合通过场景再造，从传统媒体和大众传播的受众场景转向新兴媒体和人际传播的用户场景”[③]，实现影响力的突围。在发展理念方面，要特别注重移动平台，它所“形成的新空间和时间维度，以个人的便捷性和个人行为的舒适性为基础”[④]，实现了传统报纸的功能递延。

在理念上，融媒改制后的体系既要传承传统纸质媒体的宗旨和机制，又要利用新媒体的新手法和新形式；既要遵循“传统”，又要追寻“时尚”，这个“传统”，不是保守、退却，而是成熟和自信，以及保持党报体系性质的内容与风格；这个“时尚”是指技术上的“时尚”，人有我有、

① 刘青青．新媒体时代党报的马克思主义传播研究［D］．浙江财经大学，2018：2.

② 严三九．中国传统媒体与新兴媒体渠道融合发展研究［J］．现代传播，2016（07）：2.

③ 谭天．从渠道争夺到终端制胜 从受众场景到用户场景［J］．新闻记者，2015（04）：15.

④ 王佳炜，杨艳．移动互联网时代程序化广告的全景匹配［J］．当代传播，2016（01）：92-95.

不甘落后，传播手段与形式要新颖别致、耳目一新，是指在舆论宣传阵线上，要有永立潮头的时代感。

2. 要素“先行”：改制的基础性条件

（1）发展资金是融媒传播得以施行的重要保障

在当前，融媒运作不能一蹴而就，它是一项由资本推动的工程，“要从未来互联网生态系统的战略高度重新思考，充分运用资本运营在传媒市场上的作用进行新的布局”①，目前一些地方党报在融媒发展过程中，只是简单依靠财政拨款，缺乏造血能力，“没有清晰稳定的盈利模式，很多传统媒体所成立的网站尚未探索出合适的盈利途径，网站无法根据自身的实情思考问题，最终折翼”②。

在融媒战略发展过程中，无论是固定资产投资还是日常运作所需的费用，启动资金和流动资本等金融资本要素不可或缺，“‘互联网＋资本’已经成为各行各业创新、转型发展的基础动力。‘互联网＋资本’本身是‘互联网＋’的内在要求和体现”③。地方党报对农宣传进行融媒体运作“是一个有着资本门槛与规模要求的领域，其发展已经逐步趋向以资本引领、以创意与模式为核心、以规模与占有率为目标的竞争状态，资本运营的规模不断加大、方式日益灵活”④。

地方党报作为自主经营、自负盈亏的主体，也应该把面向技术升级扩展和实现多平台新业务的多元化盈利作为自身发展的一项工作任务。其中，报纸作为融媒体产业矩阵或产业集团的主业，其经营性盈利在过去主要是依靠发行、订阅和广告，以自办发行或任务发行（摊派发行或指定订阅）两个渠道拓展，如果没有政府资金做政策性支持或者与“财政供养”逐渐脱钩，相比一些民生型、时尚型的报刊，其盈利手段是比较单一的，

① 刘峰．基于互联网思维的电视媒体资本运营策略探析［J］．电视研究，2015（02）：69.

② 李兰，杜骏飞．巷战还是突围——传统媒体转型的策略与思考［J］．新闻战线，2012（06）：23－25.

③ 刘峰，吴德识．“互联网＋资本”背景下面向东南亚的视听产业融合发展探析［J］．广西社会科学，2015（07）：42－45.

④ 刘峰．基于互联网思维的电视媒体资本运营策略探析［J］．电视研究，2015（02）：71.

获得较高的利润也较为困难。然而，在融媒体时代，地方报业的盈利手段和市场空间扩展了，其利润的获取并不主要依靠传统纸质媒体，可以从融媒体矩阵的其他平台获取。应考虑转型后的影响力和盈利效果。不同平台在传媒矩阵中的功能不同，属性与性质的发挥效果也不一样，有些平台盈利很少，如报纸平台；而融媒平台，有可附加广告的传播内容，如音视频、图片等，会产生利润。

融媒各平台在运营过程中，可以根据自身平台的特点，利用人们对新闻资讯的需求，采取适当的盈利手段。现在是信息社会，“人们的需求不但是量的增加，还是层次的增加，过去人们对共性的东西有需求，现在对个性的东西也有需求，过去对理性的东西有需求，现在对涉及情感、情绪等过去在主流传播中少见的东西也有很大的需求”①，针对当代受众的分众化和需求的个性化，以及社会各部门、各单位对信息细分和专业化的要求，在融媒体的客户端或 App 上可以根据人们的这些需求，推送量身定制的新闻或资讯产品，如“种植、养殖技术视频”“乡土小吃制作技术视频”等。另外，党报系统在各个历史时期形成了丰富的资料储备。“可以利用多年积累的新闻资料和文本资料，做数据服务与售卖，做成数据光盘或者数据库，有偿或无偿检索；报社还可以变成写作军团，做特稿社，再去卖特稿，如通过记者和专业写稿人撰写金融稿、农业供求信息稿等，给有需求的企事业单位或者个人。”②

在发展资金获取上，还可以利用以往对农报道、跑基层过程中已经形成的既有三农社会关系网，盘活渠道，内引外联，积极打通法律允许的涉农投融资渠道，从投资股票证券到开发第三产业等方面获取融媒资本，“完善的资金链能为媒体转型与融合提供强力保障。选择多元化战略，登陆资本市场，借助新媒体资源进行整合重组、投资收购、融资上市，拓宽

① 喻国明．媒体融合重在应用“互联网思维”［EB/OL］．（2014－08）［2015－11］．http：//media. people. com. cn/n/2014/08.

② 宁威．国外纸媒新媒体采编经营探索启示［J］．中国报业，2014（12下）：13.

募集资本渠道，完善资金链”①，继而再用这些资本“反哺”融媒产业的发展。

（2）优质人才是融媒传播得以发展的关键条件

影响地方党报融媒发展的其中一个瓶颈性因素是人才建设的滞后，融媒发展很重要的一个环节就是建立网络系统之后，对于计算机软件技术、移动平台 App 后台技术的掌握与应用，融媒转型需要的不仅是新闻专业的人才，还需要大量辅助性的跨专业的计算机人才，需要具备复合技能的采编人员。很多地方党报的对农宣传队伍缺乏专业化建设，不但面临着传统媒体优质人才的流失，还面临着新媒体人才的补给缺乏，在新老人员之间的业务磨合、匹配协调方面也存在问题，老一辈的记者编辑不善于利用新媒体的设备，不熟悉或不愿意使用新媒体的语言创作方式；新入行的记者、编辑虽然懂得一些新媒体的编辑技巧，但对农村工作缺乏深刻认知，容易浮在表面，这些都是阻碍党报对农报道向前稳步发展的关键性问题。

从专业人才的培养方式来看，未来应培养更多兼具新媒体技能和新闻职业素养的从业人员，但是现在高等院校的新闻专业的教学存在理论不强、实践也流于表面的现象，理论科目仅仅局限于新闻学、传播学等，导致一些后备人才的专业角度较为狭窄，缺乏真正具备三农新闻融合报道技能的人才。还有一些人通过考研来谋求上升，但是考研学习也只是记背书本条目，教条主义严重，在科目上，如果重点抓英语和政治两门主要考试科目，只要这两门过了国家研究生招生分数线，或者总分过了招考学校的分数线，就有升学并进行更高层次学习的可能，但是实际上，这批人仍然缺乏对专业知识的深刻理解，毋庸说存在对新闻传播理念的真知灼见。2020 年以来研究生扩招，导致很多从业人员尽管学历上了台阶，但是仍然不具备研究农业传播的基本素质，在工作上自律性也较差；而大多数本科毕业生即使去地方媒体单位就业，在对农报道上，因为对三农常识的认

① 黄楚新．中国媒体融合发展现状、问题及趋势［J］．新闻战线，2017（01 上）：16.

知浅略，不能胜任艰苦工作，农村家庭出身的年轻从业者也几乎没有从事过农业生产劳动，很多人对种植业、养殖业、农副产品深加工等农业产业的结构、产量、市场情况一无所知，一些年轻人几乎从来没有到农村进行过采写实习，甚至不少学新闻传播、广电编导的学生不愿意从事三农新闻领域的报道，只热衷于市井新闻和娱乐新闻，即使毕业之后从事三农报道工作，也缺乏责任感。从融媒体技术的操作角度来看，即使很多从业者学习过计算机与新媒体的相关课程，但是学习的内容与实际操作联系不多，仅掌握了理论知识。

人才要素是融媒发展的软件条件和智力支持。地方党报具有人才优势是因为它拥有对人才的吸引力，可以积极利用这些有利因素，在人才使用和引进方面，调动各个领域、专业的人才的积极性，推行辅助性激励政策。要打破专业限制，破除“非新闻广电”不招的专业偏见，除了引进农业专业、新媒体专业的人员外，还要大胆在农村基层工作的公务员、农村教师、农业产业的从业人员中招录人员，只要他们满足关于学历的硬性条件，具备采、写、编的基础能力，可以不拘一格用人才，破除身份、专业的限制，启用那些长期工作、生活在农村的基层人士，他们往往对三农问题有深刻的认识。

3. 结构搭建：影响力生成的模块衔接

地方党报对农宣传融媒矩阵内部系统的各模块之间要有整体和部分的互联、衔接意识，只有注重模块结构架接的“有机化”，才能提升效能。所谓“有机”，是指各模块之间的组合是一种“有生命”的衔接方式，各部分之间结合能力强，结构稳定，相互反应、联动的动作就会有速度、有效率，因此，“媒介融合的体制变革需要各方打破自己所习惯的旧有模式与利益格局，根据多媒体内容采集与生产的需要，进行生产流程的改造，重新进行分工规划”①。

地方党报对农宣传在融媒体经营的发展过程中，应努力调节好三个方

① 彭兰．媒介融合方向下的四个关键变革［J］．青年记者，2009（06）：9.

面的结构架接：一是机构内部人员、财务、资产要素之间以及新闻生产、新闻供应、广告经营等几方面的结构性关系；二是传统纸质媒体分部和新媒体分部的机构与部门配比关系；三是投入与支出的资金配比关系，逐步“摆脱传统采编理念，以互联思维从内容生产、运营推广、体制机制、人才培养等方面加快转型，争取注意力资源”[①]。

在纸质媒体模块和新媒体模块的衔接上，还要改变过去下乡走基层的采编人员单一为纸质媒体供稿的模式，具有全媒体功能的记者队伍与后台“中心厨房”的多媒体编辑相结合，共同进行文字、图片、音视频以及后期的数据图表、地图、动画、评论等的研讨与制作。在新闻与资讯的播发上，除了纸质媒体通过一日一报发挥权威性宣传的作用之外，多媒体平台还要及时推送并更新内容，不但要配合纸质媒体的舆论权威性，还要依靠自身更新颖的新闻展现形式手法，如数据新闻、FLASH 新闻等，表现形式更灵活，表现效果更直观、更生动，实现“轻量化”阅读，从而重新协调融媒系统内的纸质媒体和新媒体，用两种形式双重深化三农报道主题。

4. 功能形成：对农宣传影响力的落脚点

在技术哲学语境中，一个事物与另一个事物的融合或者聚合，本身是“事物发展的常态，分合、聚散是事物发展过程中的辩证统一”[②]，辩证统一的程度要视是否达到预定的功能而定。地方党报对农宣传融媒系统论的基本思想是把需要研究和处理的融媒矩阵各模块和各对象看作一个整体系统，研究纸质媒体子系统和新媒体子系统各组成部分的功能以及形成整体后的相互关系和叠加的总功能，只有动态地在运行的过程中完善其结构，协调其行动，才能不断地推进其功能，以达到最优的宣传效果。

由地方党报对农宣传与新媒体融合后生成的客户端，在结构上因为聚

---

① 王冬梅．地方党报对农宣传新闻客户端的建设与发展——以平顶山传媒新闻客户端为例[J]．新闻战线，2018（08 上）：86.

② 刘珊，黄升民．解读中国式媒体融合[J]．现代传播，2015（07）：1.

合了传统报业丰富的新闻资源、社会资源，并拥有具备一定政治素质、思想修养和专业技能的采编团队，同时还拥有新媒体成熟的发布渠道和新颖的订制、推送和多文本样态等表现形式，不但可以采写具有较强原创性的三农新闻报道和信息资讯等内容，而且由于网络技术的加入，使得这种新闻加工的能力得以有跨越式的提高，能够提供更多门类的新闻产品，并在各种新闻客户端，实现内容的精准递送并进行特定内容的用户反馈调查。在传播功能上，通过融媒运作，加强了与读者和用户的功能性互动，并可以形成大数据语境下的对阅读行为的调查，分析所传播内容的热点效应，以及读者用户的阅读喜好、浏览频次等数据，继而对新闻“采、编、统、发”的功能性进行不断改进。

在提升和发展地方党报对农宣传影响力的总前提和总目标下，系统论视角要实现对农传播功能的优化，优化包括受众面的扩大和传播影响的深入。仅从文化教育传播的扩大和深入的角度上讲，当代对农思想领域的传播任重而道远。现在很多农村地区的空巢化现象严重，大量青壮年外出务工，农业人口的文化结构也产生重大变化，虽然基本普及九年义务教育，且农村教育和文化事业在向前发展，但是进展仍不容乐观，在一些农村，享乐主义、拜金主义、过度消费思想比较普遍，由于家长在外务工，农村青少年特别容易受到不良思潮的影响，这直接关系到农村未来的发展。所以，对农宣传如何扩大覆盖面、引领农村社会思潮，抨击农村各种不良现象就成为十分重要的事情，如何将对农宣传的内容有效地传递给农业社区的各类人员，使他们能够接受主流新闻媒体的思想政治、科技文化教育十分迫切，这是建设社会主义新农村、培育“干事创业”的未来农村主人翁的要求。

宣传引领功能与传播效应的实现是报纸为什么要与新媒体进行融合的出发点，融合后的传播覆盖面广度和传播力影响深度等是否达标，是我们最终的落脚点。为了完成这些目标，我们就要对地方党报对农宣传系统融媒改制的平台结构、组织链接、新闻产、编、发等方面进行动态的业务考察，不断地以新闻工作原则以及客观存在的传播规律为依据，以系统内各媒介矩阵子系统的模块衔接为考察对象，并对如何提升三农传播的机制、方式进行综合研判，不断调整，促进影响力功能的形成。

四、地方党报对农宣传影响力的主客体研究

（一）传者、信源可信性效果与话题影响力方法

1. 信源可信性对影响力的作用

一般情况下，人们会根据传者本身的可信度高低对其所传播信息的真实性、可靠性、价值性做出判断，传者的可信性包括其所传报道、信息、评论等新闻文本的真伪、依据、舆论价值、社会伦理的可说服和可信服程度等。对于党报来说，从其影响力的历史形成我们可以看到，媒体的可信性的获取包含两个维度：一是传播者的信誉；二是专业权威性。二者恰如在直角坐标系的横轴和纵轴上形成的影响力的发展曲线，信誉是在历史过程中形成的，是新闻真实和敬业的直观表现，专业是通过在采写编评等领域不断学习和实践的过程中得来的，是理论与实践的不断进步，地方党报在传者公信力方面有着历史上形成的天然身份认证优势。

但是，传播学上也有一个叫做“休眠效果”的理论，即随时间推移，原本“高可信度信源”的影响力和说服效果会产生衰减，而“低可信度信源”的说服效果则有可能上升。这个理论说明，影响力和说服效果的产生不是完全看这个媒体是不是权威媒体，或者说在中国语境中它是否为党媒、政府媒体，而是看其具体传播的内容是什么。如果官方媒体公开说假话，进行虚假新闻报道，混淆视听，以及存在文风上的浮夸风气、说不切实际的大话，塑造不真实的典型人物，掩饰自身报道工作的失误过错等，都会降低公信力。

当下个别地方党报的部分业务部门由于资金的短缺，对农宣传过程中出现了一些软新闻过多、播发有偿新闻等不良现象。部分农业相关的编辑记者乃至中高层管理人员由于自身的修为、素质的问题，去农村基层时蜻

蜓点水、浮夸散漫，甚至夸夸其谈、颐指气使，有的还出现了收受红包礼品、变相吃拿索要、为农村腐败和恶势力遮遮掩掩等违纪、违法行为。这些都会使信源的可信性效果极度降低，从业个体或少数人的无视职业道德的不法行为，直接影响了党报的整体公信力。

特别是地方党报对农宣传本身在行业中居于领导地位，有政府和社会提供的各种优先可用资源，国家和人民赋予地方党报较高的信源可信性背景和地位，无疑这对其新闻工作的传播效果有重要的辅助作用。但是，就三农新闻工作的长期影响力效果而言，最终起决定作用的还是从业人员的素质和其报道的内容这两个因素。在新闻工作中，要坚持真实、客观、公正，不唯上、不唯书，怀有职业良知，不畏恶腐，敢于与邪恶势力作斗争，这些都是传者能够产生影响力、产生说服力的根本因素。在传播过程中，真实和虚假、真理和谬误在新闻舆论战场上的针锋相对，不是一时、一地、一事的较量和胜负，也许“真理会一时蒙羞、蒙尘”，谬误带着它“惯有的、特别能迷惑大众的面具”笼络人心，混淆视听，似乎在某个历史时段会占据上风，导致秉承职业理想的新闻工作者举步维艰，但是世界总是在运动变化的，总有一天，真理会以其进步性的光芒战胜谬误和邪恶，这在历史上已经有过无数先例。所以，作为信源，背景不重要，重要的是作为。

2. 影响力传播的有效性问题

（1）对农报道要重视议程话题的排布

在地方党报对农宣传的融媒体各平台上，越是从“量”上不断强调的三农资讯以及长期宣传的三农舆论，人们对于该问题的感官化认知程度往往越高，从而会上升到意识层面上的深入，例如对乡村振兴“美丽乡村”“种植补贴”“农业产业集聚区”“农业电子商务”“沼气利用”“农户厕改”等话题，只要不断地形成议程话题，在新闻的头条、信息的配比比重等方面加以设置，做到重要农业政策反复宣传、重大三农问题前置化排版、重要资讯主动推送，初步的感官化宣传效果就会自然达成。

社会层面上每天发生的事情纷繁复杂，新闻媒体对外部事件的报道不能是“有闻必录”，新闻采写是体现新闻价值重要度的采写，不是照镜子式的全部反射，而是有目的地对新闻事件进行有取舍、选择与价值排列的采编活动，主流媒体在议程设置方面更应重视政治性和思想性。

在融媒体运作的过程中，应重视和强调各种媒介平台具有“设置”或“形成”三农社会议题的功能，能够发挥营造农村社会主流议题气氛的作用。地方党报对农宣传的办媒宗旨和报道方针与一般商业化报纸不同，传播的新闻价值和意识倾向也与其他类型的媒体不一样，在宣传任务上必须要聚焦涉农群体需要知道的消息，要对该消息与三农工作生活的利害关系进行反复的报道，加以强调，努力唤起社会的关注，形成一定的“议程设置”气氛，促使人们形成对于特定传播内容进行接触和思考，产生一定的社会关注度。

（2）对农报道要注重观点提示的方法

我们要考虑三农报道对象的文化程度和受教育状况，尽管从1986年我们国家就制定了义务教育的政策并逐步推行实施，但到2006年我们国家才基本普及了城乡义务教育，要考虑我国涉农人口体量大、受教育程度普遍不高的现实状况，在信息传递和舆论宣传方面注意直观性和通俗性，关注农村生产生活的身边小事。

在报道观点的提示上，直接明示论点或结论可使观点鲜明、读者易于理解，作者的采写意图和舆论立场也容易第一时间传达出去。例如，对于国家出台的农业利好政策，就可以以直接宣示观点的报道手法去写新闻，这样的表达直观简洁，便于群众接收要点。而有些新闻报道，不是直接提示观点，而是以事件作为素材，寓观点于材料之中，让读者自己去得出结论，也是一种方法。采取哪种方法，要视具体情况而定。一般来说，当受众的文化水平和理解能力较低时，在宣传报道及舆论引导中直接明示观点效果较好，如对农村产业结构调整、乡村振兴发展步骤以及土地政策、人口政策、迁移政策等的宣讲介绍时，适宜采用直接明示观点的方法；但是对一些争议性话题的报道，如对农村煤改电、红白喜事操办、散户养猪养鸡是否存在污染和扰民、农村住宅增高扩建是否需要村委批复等问题的报道上，当几种不同观点的群众人数相当的时候，为了防止激化矛盾，记者的报道可以采用“寓观点于材料之中”的手法，采取以事实性材料去提示和呈现报道主旨的方法，让“事实说话”，让群众自己提出合理的意见，因地制宜地进行处理。

在传播方法上，不要“一面传播”，不是仅向要宣传的对象传递和提示自己的观点，或者是宣传有利于己方的材料，而应该“两面或多面提示”，即在提供己方观点或有利于己方观点的材料时，也应以某种方式提示对立方的观点或不利于自己的材料，或者提供第三方的信息和观点，这样的新闻报道和舆论宣传才有说服力。

（3）对农报道要兼顾“诉诸理性”与“诉诸感性”

对地方三农工作的报道，应事无巨细，工作较为复杂，从基层村委建设到村容村貌的整治，从扶贫款的下发到生活垃圾的处理，难免会遇到很多矛盾，在纠纷出现时，我们的新闻报道能否以公心、道理服人，以情感人，是能否获得人们信任的决定性因素。

所谓“新闻理性”是指人们面对社会现实，在正常的思维状态下，通过认知、归纳、演绎和推理等手段，冷静、独立地获知、了解并能分析新闻事实和信息资讯的能力和素质，进而决定自己的态度和行为。理性（reason）一词源起于希腊语的“逻各斯”（希腊语：λόγos，即 logos，逻各斯是指事物本身固有的内在规律，人们依靠理性来认识事物的内在属性），诉诸理性的宣传是基于因果关系和事实关系的宣传，通过科学的逻辑引导，对受众的认识效果和理性行为产生影响，理性宣传侧重于理论与政策宣传。而感性宣传对于传者来说是指按照事物与人的心理与情感的对应关系来诉说事件或事物，重在以情感人，是侧重于人物和事件的通信报道。

更多的时候，我们的新闻报道采取的是“诉诸理性”与“诉诸感性”相结合的方式，既指出新闻事件所反映的问题焦点和实质，又从受众情感接受角度考虑传播的方式。例如，我们的记者在进村入户，进行农村纠纷的调解性报道时，当事人如果有不理性的情绪，那么我们可以先利用感性服人的方式，进行说服教育，再辅以理性分析，促使和教育当事人以一个社会人的认知和行为标准来考虑问题，使其理智、不冲动，促使这些容易在农村出现的紧急事件、负面事件等得以平稳解决。

地方党报及自身的微博、公众号客户端，在遇到这些复杂的情况时，既要及时表明公正的新闻立场，又要以“同地关切”为理念，在报道中做到既阐理、又讲情。应既能通过具有说服力的论据表明问题焦点所在，又能通过符合道理、人心的情感逻辑产生舆论观点，这里特别强调要杜绝“和稀泥式”的、看似维护和谐的所谓“调和性”报道。当前社会上存在一些不讲道理、违德违法的事件，对农村一些不讲道理、胡搅蛮缠者要进行揭露曝光，对受到委屈、受到伤害的群众要积极扶持，做他们的“靠山”，从而排除农村社会不安定因素，恢复公道公正，形成“存天理、育人心”的舆论氛围。在一些社会热点事件的报道上，各传播平台要及时跟进，客观分析，在对事件进行阐释时，提倡“换位思考”，形成“公正、理性、客观、宽容”的舆论氛围。

（二）群体关切、分众研究与涉农受众媒介偏倚

现在网络传播居于信息传播的主流，“传播模式发生改变，人们的阅读习惯和信息获取方式也随之发生变化，媒体运行规范、机制需要通过与时俱进的创新来满足网络时代的发展要求”①。当下由于外出打工潮以及农村小城镇建设的需求，农业种植、养殖业的产值已经在农户的收入中居次要地位，加之一些农民欠缺阅读习惯，无论是到城市打工者还是留守农村的务农者，报纸对于他们的影响力急剧下降，得不到他们作为涉农受众的关注。现在很多年轻人不看报，甚至也不看电视了，这就必将带来新闻工作如何吸引受众、加强渠道建设的问题，当受众关注点转移到互联网上时，对农宣传的工作阵地和渠道也必须转移，只有转移阵地，转移到新媒体领域，利用融媒矩阵各个传播平台，才能使读者接受

① 黄楚新．中国媒体融合发展现状、问题及趋势［J］．新闻战线，2017（01上）：16.

对农报道。

1. “农口”分众与分众研究

网络时代的融媒体传播不再具有单向性，也不能把受众看作绝对被动的存在，受众不仅不是被动的，而且具有很强的能动性，他们对新闻报道可以进行选择性接收、选择性阅读和选择性理解，甚至还会曲解或反向理解媒体所发出的信息，并发出反馈，因此必须研究网络读者的阅读行为。

现在涉农受众群体已经发生了巨大的分化，已经不再像 20 世纪 90 年代以前生活在乡土地区的农业生产群体那样，现在的“农口”群体也被称为涉农群体，包括：在农村进行种植、养殖和农业第三产业的人员；在城镇和都市的各类企业或服务业领域从事生产、加工、销售、物流、外卖等进城务工人员；农村户口已经注销并迁入城镇生活的人员；以及其他工作于农村、与三农工作打交道的人员，如涉农部门的基层干部、职工也是我们的受众。

这些受众作为农村社会存在和发展的主体，有着对三农传播在内容上的不同需求，他们选择接触的传播平台也有所不同，融媒体的多媒介平台一方面可以满足对不同媒介载体有接触偏好的涉农读者，另一方面，融媒矩阵当中，文本形式的多样性也可以满足各层次受众的阅读习惯需求，在传播的过程中，要分析个人、小众群体和大众群体的心理，并从受众接收的角度，从内容到平台对媒介进行适应性调整。

（1）把握传播对象的个体属性偏倚特点

这些属性包括：性别、年龄、受教育程度、信仰、从事职业、所在地区等属于人口统计学的特性；有的受众分析还要细化到属性的亚层面，如分析在农村教育、农业科技、乡村文化的影响下所形成的区域受众的“知识结构偏倚”“文化背景偏倚”“认知角度偏倚”等，因为这些因素会对传播内容的印象和评价产生不同影响。

不同的涉农群体对阅读内容的选择和阅读品位会有所差别，要研究这些差异性带来的阅读差别。对农村宣传中，在融媒体的新闻互动中，由于网民媒介素养的差别，一些缺乏理性的网民在匿名情况下容易出现发言任性、个体盲从、道德绑架以及是非不分、污言秽语等现象，这与其青少年时期的教育缺乏和教养缺失有关，对这部分涉农群体，需要特别注意，防止其破坏和干扰正常的主流舆论氛围。我们的对农宣传要配合农村中小学教育，要特别注意对农村青少年需要形成的教养、品性、媒介接触习惯等进行宣传。这些看似只是受众自身素养，与新闻工作无关，其实对媒介宣传有很大影响，所以要全面地了解受众的个体属性，从而做到心中有数，以平常心对待问题，以冷静的态度对待与网民互动过程中出现的紧急事件，做到“事先有规避、处理有章法”。

（2）熟悉涉农受众的群体属性及其认知特性

涉农群体中的受众有的从小就出生和成长于农村，有的从小就随父母到外地上学、务工，他们的原生村落和家庭情况，如家乡的文教传统、原生家庭的经济状况、家族家庭的家风家教、自身从小形成的主观意识等，对他们接触媒介后的观点形成有很大的影响。由于出身的不同，他们分属于不同的社会阶层和社会群体，有的还属于具有特殊诉求的人群，这些涉农大众的社会背景的差异，导致了同样的传播内容对他们所形成的影响效果不一。大众的心理趋势也表明来自青少年时期的经验、阅历和家族、社群的倾向性，对他们个人的影响很大，不但影响个体的成长，也会影响到个体的世界观，这是因网民所生活的农村社会经济圈层、居住地域和对理想生活期待等所形成的综合性观念偏倚，对于同一个问题，不同圈层的人心理认知差异较大。

也就是说，媒介影响力会受到受众所处的群体归属关系的制约，所以要全面地认识受众的家乡、村落以及青少年时期成长的群体属性，这种群体叫做“初属群体”，了解“初属群体”的群体规范和群体理念赋予受众个体的“文化身份”，通过了解某一特定整体人群的人格特点。从而进一步了解受众个体的人格特点。例如对“90 后”农民工群体、“90 后”农村大学生群体、“90 后”外卖员群体等的认知，想要了解他们的世界观、价值观，则要从分析他们的人生经历开始，这些都属于从整体属性到个体属性的研究，只有这样进行受众分析，才能做到有针对性、有目标性，这对大数据体系下的新闻推送和资讯订制都有意义。

当代涉农群体在人数上规模巨大，在分布上具有分散性和异质性，他们分布于城乡各处，具有不同的经济和文化的分层属性。在融媒体平台面前，他们还具有匿名性，不但媒体不易了解其个人信息，网民之间也互不相识，同时他们的阅读习惯还存在易变性，在媒介的影响力形成之前，并不会对媒体产生较高的忠诚度和用户黏性。从消极方面来说，涉农群体在网络上的行为很多是缺乏独立思考和自我约束意识的表现，容易受到外部力量，如所谓“大 V”等传播精英或伪精英的影响和操纵，个体看法容易受到数量上居大多数的意见的暗示和裹挟，往往这些意见中“谬误”的成分较多，因此，就存在着怎样引导受众的思想路径的问题。

2. 重视涉农读者、用户的需求与媒介偏倚特点

地方党报对农宣传的主要责任在于传播党的三农政策，宣传农村经济形势，传播各地的农业发展经验。对目标受众的确定与选择和对潜在受众的争取是媒体得以生存的工作任务，所以必须重视传播的另一面——读者和受众。我们报道和服务的目标是广大涉农群众，地方党报对农宣传各媒介矩阵的新闻工作者不能“唯上”，应把读者大众和网络用户当作自己主要面对的传播对象，融媒传播的着力点“在传播之外，服务更重要，渠道融合的核心不是新技术，而是能够满足新需求、新欲望的新思维”[①]，要把传统媒体与融媒后的各平台如何从不同方式的运作去满足大众的需求作为主攻方向，“转型必先转脑，信息服务为王，以用户和市场为导向”[②]。

（1）把涉农受众作为信息的权利主体

要把涉农受众看作是具有各种公共权利诉求的主体，特别要重视他们

① 严三九．中国传统媒体与新兴媒体渠道融合发展研究［J］．现代传播，2016（07）：7.

② 黄春平，蹇云．传统报业与新媒体融合发展的研究现状、特点与建议［J］．徐州工程学院学报（社会科学版），2016（11）：85.

的信息获取权和舆论表达权。农民群体有知情权，特别是对农业政策信息、农业发展态势、农业中长期规划或远景战略的知情，知情权包括对所居住地域的“信息环境”了解的权利，以及获取与自身生存、发展和保障相关的各种资讯的权利。要做好信息公开工作，做好政府公报、三农统计数据的开放性公布。

在客户端平台上，受众不再是单纯的新闻消费者和信息需求者，他们还是国家和地方社会公共事务的关注者和参与者，不但有知情权，借助媒体反馈机制，他们还是拥有言论传播权利的公民主体。公众拥有宪法和法律所规定的言论自由的权利，公众的表达权和传播权也该相应地在媒体平台上凸显出来。地方党报对农宣传及其融媒客户端作为具有社会公共性和公益性的组织机构及平台，理应成为信息的公开场，成为公众了解社会的工具，成为涉农百姓表达建议、意见的公用平台。

（2）重视和三农读者的互动交流

融媒改制的成果之一是要形成与受众的充分互动。党报的影响力有没有重视涉农读者或网民，所传信息有没有被受众读取，报道和评论有没有在被读取后生成反馈，这是评价影响力是否生成所必须关注的方面。党报不是商业性报纸，不要把媒体与受众的关系固定为“卖方”和“买方”的一次性消费关系，而是要考虑所传递的观点能否着眼于受众的信息需求，能否对社会现象进行答疑解惑，能否反映地方发展过程中深层次的社会矛盾和人们的所思所想，这些内容是提升阅读率和反馈率的关键所在。

注重读者用户，作为技术社会时代的党报必须注重融媒体客户端以及各种新闻 App 运营过程中的关于量化指标的分期研究：如信息的发布频率、信息总量、活跃率；将受众的阅读数、反馈数等关系运营稳定性的技术指标按照以周、月、季度为周期进行统计，并以这些指标调整传播的内容、方向以及深度。

在当今互联网时代，媒体和受众之间进行信息互动和交流是维系影响力的重要工作，要重视新闻客户端每条新闻后的读者反馈和回复，对一些涉及地方三农事务的典型事件或者关系国计民生的重大报道的反馈和评论，部门编辑应及时逐一应答、认真回复，使受众认识到媒体对相关问题的重视，以及产生自身被尊重的感觉，从而对媒体产生好感。同时，媒体在把握农业政策的情况下，要做到知无不言、言无不尽，激发读者、用户积极参与、踊跃“发言”，会使新闻客户端的活跃度大为提升。为了增强读者用户与党报平台之间的交互性体验，融媒客户端还可以设置新闻热线性质的UGC栏目（读者用户自创内容再上传到媒体平台），在这样的UGC模式下，读者用户可以做一名三农生活的记录者，反映身边农村社区的生产、生活，农村的面貌和存在的问题，以及自身外出打工、就业的喜怒哀乐，“通过文字、图片、视频，直接给客户端发送突发事、新鲜事，实景信息‘即拍即传’”①，由客户端编辑整理后直接推送、播发。

五、策略论视角：地方党报对农宣传融媒发展的方法与途径

作为具有几十年传统经验的地方党报的对农宣传工作，与各新兴媒体形态的融合，应注重宏观层面的战略和微观层面的方法两个维度：在宏观层面上，传统做法与新兴技术在媒体形态变化之后如何相辅相成，前者发挥的是纸质媒体的身份优势和内容资源，后者则可转移和开拓更多的传播渠道，搭建多样的展示平台，形成“扇状传播面”；在微观层面上，传统报业向数字媒体转型在方法上“‘你中有我，我中有你’，不仅是报、网等各种媒体的融合，而且包括各种媒体的从业者以及不同媒体产制方式的融合”② “它们各自独立运行，相互推销产品并资源共享”③。融媒改制，没

① 王冬梅．地方党报对农宣传新闻客户端的建设与发展——以平顶山传媒新闻客户端为例［J］．新闻战线，2018（08上）：87.

② 王君超．“全媒体”时代，报网融合大发展［N］．人民日报，2010－11－29（22）.

③ 马汉清．报纸与新媒体共存的发展策略［J］．城市党报研究，2011（06）：20－22.

有固定的模式和套路，“其初级形态是技术应用、内容复制和共享”①，“一次采访、多方利用；报纸利用网络形成全面覆盖，网络借助报纸建构内容平台，做到品牌共享”②。媒介融合的发展形态，各地都有一些不同的途径和方法，可以在吸收“他地经验”的基础上因地制宜地进行创新，根据自身的软硬件条件，形成自身的融媒特色，并持续在以下几个方面做好工作。

（一）业务拓展：多元对接开放性服务

经过发展，可供传统纸质媒体业务对接的融媒术平台较多，有适合传递简短、重要、突发新闻的报纸微博、报纸微信公众号；有基于移动载体的 PDF 电子报、新闻简讯；有符合 HTML 网页特征的报纸新闻网站，还有“报纸二维码、有声报纸、3D 报纸、LED 显示屏、城市通、报纸社区 BBS、报纸网站论坛”③ 等等，不一而足。

在对农宣传的业务发展上，地方党报的各种客户端可以与所在地的党政涉农企事业单位开展更为广泛的合作，采取协作、联合的方式嫁接起各种农业类平台，如农资系统、水利系统的政务微博、微信公众号，拓展基于报业 App 宣传体系的各农业部门面向社会的问政服务与联系互动。

“直面大众迫切需要解决的生活难题，运用媒介优势弥补优化社会生活资源和社会公共服务体系的不足与局限，从单纯大众媒介转型为综合生活媒介时，传媒的发展空间就豁然开朗了。”④ 因此，把融媒工作仅仅等同于利用客户端对新闻报道进行推送、分享是不能满足读者需求的，除了农业农村“硬新闻”的报道，还可以增加由报社媒介矩阵各 App 承担的其他信息性内容的推送：如农产品生产、农资售卖、外出劳动力招聘、家

---

① 刘文章．报网互动如何“动”起来［J］．新闻世界，2009（07）：155-156.
② 郝青．报网互动的三层境界［N］．人民日报海外版，2013-07-19.
③ 周必勇．报业“媒介融合”热的冷思考［J］．当代传播，2013（05）：53.
④ 吴信训．4G 前景下我国媒体融合的新变局与进程展望［J］．新闻记者，2015（09）：18-23.

政培训等，这些服务资讯以及农村社区化、城镇化之后的“市民”办事预约、水电燃气缴费等线上便民服务也应可以在各App上开通，还可以将地方特色商品、绿色农产品电商等其他商业服务模块整合进地方党报融媒的App平台中，拓展融媒体平台的开放性业务。

对农宣传从传统纸质媒体模式到App模式，“面临的不是小修小改的问题，是深刻性、革命性的转型改变”①。必须要指明的是，所谓技术对接不是把纸质媒体的内容移植到网上就算是完成融媒对接，所谓对接要有“精确服务对接到精细平台和细分市场”的认知，不同的融媒平台对应不同的受众，也适合不同的新闻文本内容（如：是视频还是文字，是宣传还是互动）。所以，“传统媒体的新媒体平台尝试虽已较为丰富，但距深度融合还尚有距离，深度融合不仅是通过入驻或者开通账号的形式进行转型，而是切实找到新旧媒体真正资源共享、协同发展的模式”②。融媒发展的主创人员应始终保持旺盛的跟进思维，不断研究传统媒体和新兴媒体二者分别在新农村建设方面的传播优势，统筹纸质媒体和网络两个阵地，使纸质媒体的严谨性、指导性、政策高端性与新媒体的灵活性、多样性、亲民性的风格相结合，只有这样，“新媒体环境下实施基于个性化、特色化、专业化的内容生产和数据库生存才能实现报业的数字化转型”③，这种转型也会在业务上开办并提供给受众多种开放式的惠民、便民服务，建成涉农受众“用得上”的媒体。

（二）阵地巩固：合力舆论“场域”的生成

三农社会转型期也会使网络社交化媒介不断变化，这使整个农村社会舆论的引发模式发生变化，过去由主流媒体统揽舆论的时代已经过

---

① 喻国明．媒体融合重在应用“互联网思维”［EB/OL］．http://media.people.com.cn/n/2014/08 人民网．

② 黄楚新．“互联网＋媒体”——融合时代的传媒发展路径［J］．新闻与传播研究，2015（09）：107－116．

③ 冉华．报业数字化生存与转型研究［M］．武汉：武汉大学出版社，2010：11．

去，多元混淆化的舆论格局已经形成，特别是一些社会化自媒体平台，由于“人人都有麦克风”，在一些别有用心以及缺乏认知的受众的推波助澜之下，各种虚假、荒谬、低俗甚至邪恶的信息也趁虚而入，社会热点信息中，重要信息被垃圾信息淹没、裹挟，负面社会舆情频发，使得人们对各种社会事件和焦点话题的获取和研判难以有真实的获取途径和理性的讨论空间。对于哪些渠道的信息是真实的，哪些舆情评价是客观的，如何进行识别、辨析，对普通受众来说是困难的，甚至被裹挟在“沉默的螺旋”中，被所谓“大多数人的意见”所压迫，不敢表达真实的想法。作为地方党报对农宣传的融媒矩阵体系，应该有效地利用自身的宣传平台，多角度、多层次地发挥舆论引导作用，化解负面舆论生成、表达多元化时代给人们带来的困惑，宣传矩阵的各平台要一起发力形成舆论合力。

媒介舆论中容易引起社会反响的是负面新闻，因此我们不能回避三农社会发展进程中出现的新矛盾、新问题，要积极主动地介入此类新闻的报道和事件的调查，开展批评性报道和正面报道都是营造良好舆论氛围的方法，前者涉及的冲突摩擦，一旦引起思想上的重视，调查清除并解决彻底，社会舆论会有正面效果。如融媒平台上那些来自群众的反馈：“《不要缩短农村邮路!》《稻子提前抽穗造成损失谁负责?》《我们的粮食补贴为何没有发放?》，切实反映了三农工作中存在的一些问题”①，对于这些群众反映的实际问题，不能视而不见、怠慢处之，要把群众对于我们的信任落实到进一步解决问题的新闻报道中去，促使相关问题的合理解决，给读者一个合理交代。

在当今网络的海量信息大潮中，各类资讯泥沙俱下，最容易发生资讯低俗、舆论无知和泛娱乐化的现象，如果缺乏主流舆论的引领，加之“无良自媒体”的混淆视听，农村地区也容易成为这些现象的重灾区，地方党

① 蔡小华，沈菊生．浅析媒体三农报道的得与失——以《湖南日报》为例［J］．东南传播，2008（05）：64.

报对农宣传应该发出清晰的声音："越是众声喧哗，越要坚守住自己的阵地，发出主流声音，以传达正确的立场、观点、态度为己任，牢牢把握正确舆论导向，引导地方群众分清对错、善恶、美丑。绝不能急功近利，为了一时的影响力，盲目追求内容和形式上的新、异、奇、特，丢失了地方党报对农宣传本、真、原、实的传统。"①

在三农问题舆论引导的过程中，要不忘政治意识是党的舆论工作的灵魂和关键所在，要多进行对马克思列宁主义新闻思想和毛泽东新闻思想的研究，要把舆论宣传的对策研究和农村社会心理、乡土大众文化等其他相关学科领域的研究相结合；要围绕中心、服务大局，把握好地方三农经济社会发展过程中的政治方向性，要有敏锐的政治鉴别力，确定政治立场，始终和党中央保持高度一致，特别是在网络上，要凝心聚力、澄清是非，维护意识形态和文化领域的自信与安全。

（三）场地转移：线上与线下的党性原则

地方党报对农宣传应有崇高的职业理想和自觉自愿的献身精神，仔细体会读者需求和群众心情，努力倾听人民心声，在办报特色上，"以服务三农的专业特色见长，其报道内容对农民应更具贴近性"②。

在线上，以地方党委和政府各部门、各机构正在酝酿、筹划和开展的各种政务活动作为新闻议题，在主题设置和内容安排上，体现贴近群众、贴近生活和贴近时代的特征，作为百姓参政议政的切入点。同时，把人们普遍关注的地区新闻以及与人民群众切身权益相关的内容推送到网络各平台上，以此为话题，把社会热点与线上策划新闻报道结合起来，通过开展多种形式的政民、党群线上互动性的交流与反馈，使人们感受到党委政府的工作要点和工作成绩，感受到社会的发展变化以及党报对社会所起的宣传引领作用，通过线上政务微博和政务微信公众号的推介，增强人们对国

① 明雄忠．浅谈地方党报对农宣传记者如何坚守新闻初心［J］．新闻研究导刊，2018（01）：178．

② 刘刚．浅谈"三农"报刊如何走出困境［J］．新闻世界，2009（10）：52．

家和地方党委政府各种决策的认知和理解，使社会各阶层之间的思想情感能够更加贴近。

除了在线上要全面、准确地宣传党的路线方针以及地方党委政府出台的各种三农政策和发展举措，还要在线下到农村基层及时了解党的路线方针政策的执行情况，善于用农民群众易于接受的方式进行宣传，并反馈各方群众的呼声。现在一些媒体的“农业报道中存在一些问题，主要表现为：记者不爱下农村，不愿往偏远处跑；爱唱赞歌，不愿写‘坏消息’，疏于监督；多浮在上面采访官场，少深入基层采访市场。这样写出来的文章显得空泛、老套，大大降低了报纸的贴近性”①。要“坚决告别‘干部腔’‘白领腔’‘城市腔’，一定要用带着泥土芳香的话语与农民的阅读习惯和文化水平同频共振，定期与读者互动”②。

党性原则不但要体现在口号上，还要落实到实践中，不仅表现在我们的工作方针中，更体现在各种新闻工作的实际中，通过形式多样、丰富多彩的“三农政策宣传下乡、记者编辑下乡”活动，体现党的人民性，体现媒体为地方农业工作大局服务的自觉意识，体现为乡村百姓着想的情感贴近。“在日常过程中，要始终坚持新闻为民、新闻惠民、新闻利民的服务宗旨，以生动活泼、寓教于乐、服务民生为目标，以公益活动为载体，通过各种形式的新闻报道，提升媒体在人民群众中的影响力。”③

（四）身份转变：从记者编辑到意见领袖

融媒体时代，对农新闻工作者要善于运用新的传播工具，掌握网络时代涉农受众的特点，学会在融媒平台表达意见、聆听民意，善于从报纸的记者编辑转变身份为平台的意见领袖，善于在网络舆论场里与群众沟通。

---

① 周晓凤．三农报道如何增强感染力［J］．传媒观察，2006（09）：56．

② 赵跃华．融媒体时代“三农”报纸的定位与资源开发［N］．科学导报，2017-12-8（BO3）．

③ 张士君．融媒背景下地市级党报提升其影响力的路径研究［J］．记者摇篮，2018（07）：61．

报纸记者无论是走基层，还是在网络各融媒平台上与受众互动，都是社会工作，都是与群众“心连心”的交流，也是“从群众中来，到群众中去”的党报工作方针的体现。新媒体时代的新闻工作者不应该抱残守缺，应主动积极地创新群众工作途径，学习新技术，主动地运用、熟练地驾驭各融媒体平台，开办“网上专栏”，并以“QQ群、微信群、BBS、朋友圈”等工具作为实时的“即时通”交流工具，及时地与受众进行“面对面”的交流，方便与读者用户的互动，从报纸的记者编辑转变为网络平台的“思政工作者”和三农工作意见领袖。

做涉农群体的网络思政工作，是纸质媒体政治和思想文化引领方面的另一举措，能在较大程度上拓展对新闻时事报道、地方涉农公共事务以及三农公共议题的影响渠道，决定三农话题的议程设置及舆论走向。在融媒生态中，媒介矩阵各模块是三农思政影响和舆论引导的宣传阵地。在网络上，记者编辑通过转变身份，成为网络意见领袖与网民用户对事实和观点进行交换，以此来调整与三农受众的关系。目前，报业融媒思政工作存在的主要问题在于其引导“理念和方式仍沿用报业的传统思路，缺乏新媒体运营经验与人才”①，只有与读者用户进行多元化、个性化的信息交换、交流，在变化的舆情中传播观念、发现问题、不断调整方式方法，才能提高做网络社会工作的本领，只有通过融媒平台进行各种平等对话和舆情对接，在网络平台中拓展并坚持群众路线，才能始终同人民群众保持密切联系。因此，要求纸质媒体的记者、编辑在深度融合转型过程中，强化对新媒体融合技术的学习，掌握数字化技术、计算机技术，把这些纳入常规工作之中，“主动融入社交媒体中，了解最新网络动态，熟悉各种活跃的论坛，寻找受众关注度高的热点话题，精准捕捉热点，有意识地熟练驾驭多种体裁、题材，吸引用户”②。

作为三农传播的网络意见领袖，还应该多与涉农受众交朋友，与读者

① 常宁．报业整合式转型须解开三大死结［J］．中国报业，2013（11）：30.
② 崔雪茜．融媒体时代的记者融合转型［J］．网络传播，2017（09）：98.

用户共同策划各种乡村社区的线上线下活动，“有前瞻眼光的媒体应先行一步，着手在乡村培育读者媒介素养，积极创造条件，组织读者参观报社，组织记者、编辑到乡村学校开设课堂，组织送新闻知识下乡等活动，拉近与读者的距离，培养乡村人群的读报、用报的习惯和自觉性”①。“活动可以说是一种黏合剂，是党报利用自身的公信力，整合各种资源推出的有创意、有吸引力的策划，吸引相关群体参与的行为”②，要积极地与读者用户打成一片，潜移默化地施加影响，获得群众的信任和委托。在这方面，与非主流媒体相比，党报具有政治性、权威性、高端性和既有影响力等优势，这为党报开展线上线下的各种活动有推动作用，是有利因素，因此，党报要抓住和发挥这一核心优势和有利因素，以“提供意见的高度和亲和力”成为主流三农媒体的“意见领袖”，充分发挥党媒的舆论催化作用，积极探索新形势下对农宣传工作的新思路，不断提高舆论引导的权威性和公信力。

六、地方党报对农宣传影响力维系与评价机制

（一）流程、产品、渠道的巩固

就目前状况来看，地方党报对农宣传的“数字化、网络化进程正促使媒体不断融合，报业从简单复制、‘网借报力’再到报纸投身于网，报网正逐步走向融合”③，目前各地的党报体系“从形态上看，作为传统媒体已经完成了全媒体化的转型和布局，但是这些努力究竟是推动了传统媒体自身实力的提升还是丰富了新兴媒体平台的内容生态，当下的局面对于传

① 陈昌清．“三农”类报纸的困境与发展途径［J］．新闻知识，2006（11）：54.

② 张士君．融媒背景下地市级党报提升其影响力的路径研究［J］．记者摇篮，2018（07）：61.

③ 黄春平，蹇云．传统报业与新媒体融合发展的研究现状、特点与建议［J］．徐州工程学院学报（社会科学版），2016（11）：86.

统媒体来说有无突破”[①]，报网之间建构融媒机制，网络矩阵各平台不只是报纸对农宣传的简单转移和部门附属，报纸也不仅只是网络平台的内容来源，对于这些方面如何进行考量，还需要建立起一套完整的融媒宣传影响力评价机制，对融媒机制建设的程度和影响力效果进行定量、定性的评估。

对地方党报融媒改制进行影响力能效评价，包括三个方面的内容：评价主体、评价方式和评价内容。评价主体一是当地政府及三农业务主管部门；二是广大的受众。评价方式可采取采取诊断性评价、形成性评价、发展性评价等手段与模式，并把目标评价和过程评价结合起来。其中，诊断性评价是指对融媒发展过程中各部门、各平台之间的技术障碍、沟通隔阂进行诊断，对采编内容与受众需求的衔接问题进行剖析，找出症结和问题所在，然后进行整改；形成性评价指的是对于融媒各矩阵业务效能的评价，不是单纯依靠年终考核，而是平时就对各部门工作制度的执行情况进行日常的监督检查，从而形成日常记录性评价；发展性评价是指融媒机制的改革在未来5年、10年或20年的中长期和远景规划上，是否留足发展空间，可以做到未雨绸缪，不断找准继续发展的突破口，能与未来的进步技术和社会发展同步偕行。也就是说，融媒改制不只是技术设备上的一蹴而就，而是改进和革新在持续进行。

在评价体系中，评价内容是考察、评判地方党报对农宣传融媒建设的重要定性和量化指标，基本的评价内容包括以下几个方面。

1. 发展理念是否成熟、融媒机制是否完备

媒体融合发展不是纸质媒体与新媒体之间简单的业务叠加，融媒改制首先是一种观念，是整个传媒体系全员、全系统、全过程的由内而外适应新传播格局的主动性变革，既要意识到建设融媒工作体制的重要性，又要看到改制面临的困难，看到在改革过程中媒体人、财、物管理结构以及工作模式发生的巨大变化带来的紧迫感。

---

① 严三九．中国传统媒体与新兴媒体渠道融合发展研究［J］．现代传播，2016（07）：4.

在发展上，党报媒体及其融媒矩阵各单元作为地方党委宣传部的重要功能性机构，在改制传播的政治理念、使命理念等方面要与主管机构党委宣传部的统一部署和统一要求相协调、相一致，在组织的统一领导下，做到融媒理念成熟，机制方案详尽，在计划、预算、组织、人事、指挥、协调、控制、报告、反馈等方面衔接有序。

地方党报对农宣传为了提高影响力进行的融合战略，“不但要面对其他媒体的竞争，还要面对旧有传媒体制、机制的束缚”①，在融合的理念上，如果“只是报纸的网络化版再生，缺乏对市场、对受众的调查和了解，对用户缺乏热情、缺乏差异化的精细定位”②，片面地以纸质媒体思维的创编理念以及在模式上忽视“互联网基因”③，则依然没有出路。

融媒理念的成熟表现在融媒改制要符合地方的媒体生态客观实际和报社财力、物力、人力的实际状况，地方党报对农宣传及其融媒体各单元是面向地方三农读者、服务地方三农宣传的信息、知识家园和舆论阵地，各地的情况不同，因此融媒发展的路径和做法也会有差别，要研究在现有条件下，如何通过合理地组织和配置人、财、物等要素，提高融媒改制的水平，遵循效率至上的原则，以提升影响力为目标，强调以“制度管理”来代替传统的“经验管理”，要发掘具备自身地方特色的适应性和可行性。

2. 传播技术是否先进，融合流程是否科学

技术是第一传播力，要积极引进媒介技术发展的最新前沿成果，严谨论证技术平台的适用性，全面推进要件建设，组织人员进行学习，消化吸收技术要点，在设施、标准、规范、指标等方面采用行业最新标准，在机

---

① 张惠建．传统媒体转型前沿探索［M］//崔保国．中国传媒产业发展报告．北京：社会科学文献出版社，2012：169－176.

② 寿光武．报纸融合当慎行：关于报业转型的若干思辨［M］//强荧上海传媒发展报告．北京：社会科学文献出版社，2012：306－312.

③ 郭全中．报业发展新媒体的探索与分析［J］．新闻与写作，2012（10）：16－19.

器转写技术、虚拟播报、“媒体云”、AI 人工智能等方面不断产生传播的增量空间，使融媒发展不断产生向前的推动力。在融合流程上，避免“只融不通”的现象出现，也就是说，融媒改制不是简单的“一加一”的过程，而是传统媒体组织与新生的技术单元协同运作的过程。在流程机制上，融媒建制后的各新闻生产单元要产生交集，要同程作业，衔接有序，要把内容的采编和发布进行系统化“链式”运作，统一运筹，打造集资源汇聚、存储存取、编辑加工为一体的链条式服务体系，促使融媒矩阵各单元之间的运作有序流动，要根据信息资讯和新闻内容本身的特点来确定选用何种发布文本、何种发布平台与发布方式，形成“纸版＋PC 站＋手机站＋微网站＋小程序＋新闻 App”等多平台的工作分解、分配通路，并在计划、控制、组织、协调方面做好工作（图 4－2）。

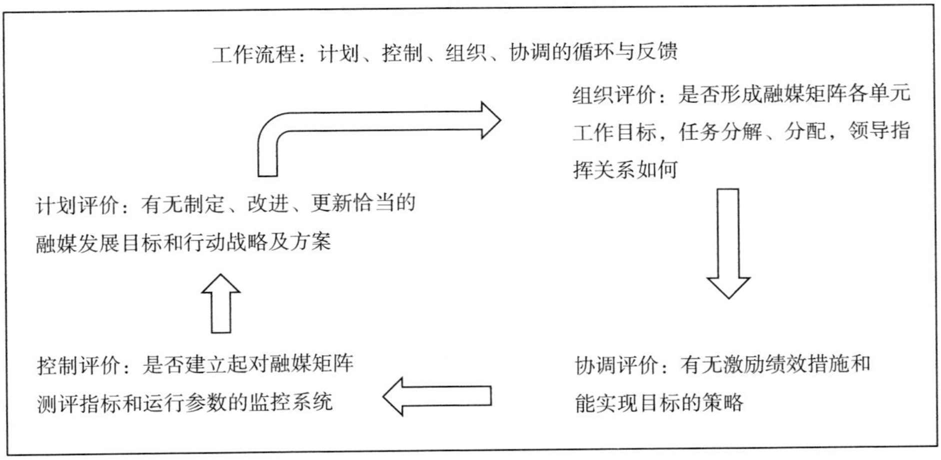

图 4－2　融媒体工作流程衔接评价

3. 设施硬件是否齐备、人员部署是否到位

融媒改制的硬件建设是指各种技术设备的功能性配套建设，基本要求是所需功能齐备、操作界面友好、维护升级方便。另外还要根据行业要求进行量化和标准化评判，其评价标准包括：设备选择标准（含设备寿命标准、设备投资回收标准、设备租赁标准等）；设备管理标准（含设备分类标准、设备代号编码标准及设备技术档案标准等）；设备使用、

保养与维修标准（含设备利用指标、设备保养规程、设备检查规程、设备维修规程等）。

对于基于网络数字技术的融媒建设，其硬件的基础性配套也涉及各种计算机软件的配套建设方面，而软件的核心在于操作它的人员。在资金到位的情况下，国内有众多的融媒技术公司的设备和软件产品可供选择，从腾讯云、阿里云、红云融通到赛特斯、中科闻歌，设备的选购和软件的使用都需要专业的技术人员参与，地方党报要建设一支熟悉多媒体技术的专业水平高、反应速度快的全媒体技术型采编队伍，除了日常硬件维护人员外，在大数据分析、文本创意、UI设计、舆情分析、网页及微信公众号编辑等岗位需要定岗专业人员，在人岗分配评价上，应考量是否做到了新闻学、农学、传播学和网络开发、计算机交互、平面设计等各专业人员的合理配比，能否确保各信息平台的日常运营和网络后台的日常维护，从而保证传播的稳定性。

4. 传媒产品是否新颖，传播渠道是否畅通

传媒产品品类数量和质量是融媒运营评价的重要指标。融媒体矩阵各平台运营的地方新闻、视频新闻、个性化内容推荐、个性化订阅（微博、微信、RSS）、搜索新闻、离线下载、“评论盖楼”、线上活动、好友动态、一键分享、收藏、文本语音转换、用户图谱、用户画像等模块，都属于融媒的产品。文字、音视频、图表、动画等应重视新闻信息的实质性内容，如果内容重复或空洞无物，是无法产生用户黏性的。对于党报的融媒客户端，优质内容和权威信息是其在新闻市场中参与竞争的宝贵资源，应在热门话题、最新话题、精华话题以及用户创造内容（UGC）等方面形成能够独当一面的新闻产品，并根据平台社区里的点赞、评论、分享等指标，评判这些新闻产品的影响力。有的地方党报在融媒发展过程中，在融媒各单元的内容整合、产品管理、创作激励机制和媒介产品的宣传推广等方面未能探索出行之有效的运营机制，有的是照搬传统媒体的栏目，缺乏融媒产品属性，在新颖度方面过多地模仿和复制，没能形成契合地方特色和平台形式的内容，这些问题需要解决。

对媒体融合发展程度高低的评判，除了要看其业态创新的频度和产品创新的数量、质量，还要评判其融合后各分支渠道的传播通畅程度，要通过其新闻信息发布的有关指数，如到达率、接触率、阅读率、回复率以及信息的日均发布数、月均发布数等活跃率指标的统计，衡量其面向外界的媒介渠道和路径是否通畅，通过对这些基于大数据反馈的指标的观测，从而形成对党报传播畅通效果的评价，从过去的经验评价走向指数评价，从定性评价走向定量评价。

（二）融合发展的持续科学评价

地方党报对农宣传融合建设持续发展评价包括以下三个方面。

一是看能否形成持续发展的管理创新体系和可持续发展的科技创新系统，有无对发展计划和管理目标进行定期修订，各个阶段的计划与实施的衔接情况如何，有无独立运行的纠错、纠偏机制和产业风险规避方案，有无具体明晰的中长期发展规划，在投入资金、招募和引进新媒体运营人才方面有无计划性的保障措施。特别是人才的保障，拥有高质量的人才是媒体能够在竞争中获取胜利的首要要素，也是核心要素，是“媒体智慧的发出端”，是创新的主体，不同于纸质媒体排版印刷和一般性的创办网络，地方党报对农宣传融媒平台及客户端的采编运营和技术运营是一项既要考虑三农政务传播影响力的提高，又要保持融媒竞争领域经营目标实现的综合性工作，这些任务是由雇佣社会单位与外部力量协作完成，还是由自己的富有职业理想的管理运营团队完成，关系融媒能否可持续发展。

二是看受众数量上有无稳定性，或能否有新的受众加入进来。拥有一定数量的涉农受众，是评判对农传播影响力的指标之一。有无形成固定的三农报道的受众群、客户群，传受双方相互交流互动的频度与各个阶段的用户黏度如何；有无对潜在受众，特别是对年轻群体的宣传推广，这些都是融媒可持续发展在策略层面要着重考虑的问题。

三是看是否已经形成可持续的盈利模式。要关注新媒体的运营是依靠传统体制收入的供养，是政府政策性的资金扶持，还是凭借自身功能造血，有无可利用的民间资本。融媒发展不能只依靠报社或者融媒 PC 端的广告收入，也不能完全倚靠国家的资金支持和政策倾斜，在加强自身积累的前提下，应在资本市场的运作下注重布局产业，应“积极推动其他类型的企业入股传媒企业，以资本壮大传媒；并尽快实行传媒职业经理人制度”①，以推动融媒发展在技术、资金、人力、推广上的可持续发展。

地方党报对农宣传与中央级党报相比，在影响面上存在整体和局部的差异；和其他类型报刊相比，在内容方面有所不同，要想成为有影响力的报刊，必须要有优质的可持续发展思维，并打造特色优质的融媒体平台和各色引人入胜的精品专栏，“多种新媒体形态扩大纸质媒体报道效果，报社内部不同子媒之间应发挥协同效应，通过资源的互动和整合，既节省成本，又提升交互媒体的品牌效应”②，为地方党报对农宣传的纸质媒体影响力提升做贡献。

对三农信息的精品报道是新闻业得以持续发展的法宝，要想塑造口碑，使读者用户带着期待的心理去看待地方报刊及其融媒平台的发展，就必须注重三农报道的质量；同时，创新意识又使编创人员富有对工作的责任感和使命感，是提升整个融媒系统精神战斗力的催化剂，要下决心摆脱依赖党报为事业单位的“自身优势”惯性，开动脑筋，加强品牌建设和相关产业开发。例如，《河南日报》从 2005 年起就形成两种版面形式，“一份是在县以上级别发行的城市版，平均每周 70、80 版，主要面向都市读者；一份是在乡镇以下发行的农村版，平均每周 20 版，主要面向三农读者。在版面上给农民留位置，农民在心里就会给报纸留位置，这样才能保住读者”③，仅开发农村版的这一项举措，就使当年的发行量就从 35 万份

---

① 燕帅，赵光霞．习近平强调打造新型主流媒体　专家：以互联网为主体融合［EB/OL］.（2014－08－19）［2021－04－16］. http：//media. people. com. cn/n/2014/0819/c14677－25493504. html.

② 周必勇．报业“媒介融合”热的冷思考［J］. 当代传播，2013（05）：54.

③ 吴锋．农村报刊发行营销的五种思路［J］. 今传媒，2007（09）：30.

增加到41万份，增长率达到17%，因有图文并茂、接地气、指导性的农村版，随报广告额也出现了可喜的增长，农村版的报纸更加有市场，是三农报道大展身手的广阔天地，成为中原地区农业基层干部群众有口皆碑的有影响力的报纸。

纸质媒体的融合发展不能一蹴而就，也不是一次性工程，融合机制的持续性、影响力的持久性，是衡量地方党报对农宣传融媒发展状况的重要指标。地方党报对农宣传融媒发展的可持续性包括：理念策略的持续、文化特质的持续、要素机制的持续，这些都属于核心竞争力的持续。融媒的可持续发展仰赖社会、科技、文化、环境等多项宏观因素，其中，政策、制度、科技等方面构成了融媒发展可持续战略的外部支撑体系和环境要素，而决策、管理、人力资源、公众参与等内容则是可持续发展的内部能力建设要素。

结语：先知先行　再筑“灯塔”

对地方党报融媒发展三农报道影响力的研究，要从媒介公信力的维系和扩展机制进行分析，要对当下党报融媒体制改革发展的内、外部有利因素和短板进行分析，要对地方党报对农宣传的受众环境和技术环境进行融媒发展适应性考量。地方党报对农宣传融合发展的工作十分重要，在工作属性上，“属于加强舆论引导能力的政治问题，也是媒介新型产业模式的探索问题和新闻生产流程改造和品质提升问题”①。除了以技术论的视角去看待融媒发展，还要上升到对农宣传的品牌论的高度，关注融媒体时代地方党报对农宣传在受众媒介选择发生变化的情况下，地方党报的区域性影响力如何维系和发展。

媒体融合转型最重要的是要有应用思维，互联网强调平等、对话的姿

① 于小薇．中央全力推进媒体融合传统媒体面临挑战和机遇［EB/OL］．（2014－08－21）［2021－09－17］．http：//www.ce.cn/culture/gd/201408/21/t20140821_3399465.shtml.

态，做好媒介产业发展的三个关键点分别是，要具有好的内容点、好的技术支撑，好的用户洞察。“单靠单纯的技术上的‘孤军深入’，其结果将是跛脚的融合”①，我们的对农报道既要有农业管理者的眼光、又要有媒体实业家的魄力，还要有对三农事业发展热切关爱的赤诚之心，要从纸质媒体的融合理念、融合要素、融合结构、融合功能上多下功夫，对地方党报对农宣传影响力的可持续发展进行系统性观瞻和维护。

① 习少颖．传媒经济：高成长性板块与未来发展格局——“中国传媒经济 30 人论坛”第一届年会综述［J］．新闻前哨，2011（02）：8－11.

第五章 对农广播：开门办台实视化

一、对农广播发展与乡村振兴战略

广播作为党和人民的喉舌，作为重要的思想文化阵地，在农业农村发展进程中，因其信息传播系统中发射与接收载体的技术上具有简单性，特别是接收载体的随身性以及广播喇叭在乡镇、村组街道上的声音传播随着人们游走等活动的伴随性，是非常便捷的信息传播与接收渠道，还具有时效性强、应急性强的特点。当前，我们已经全面建成小康社会，必须发挥农业信息化所形成的传播生产力和发展促进力，加强三农信息传播体系的普及与推广，对农广播作为报道三农新闻、宣传涉农政策、引导农村舆论发展的重要的普及化媒体，办好对农节目是国家、社会对广播事业发展的要求，更是广播媒体发挥对农宣传公信力、引领力的必然选择。应积极利用广播这一宣传利器，发挥内容生产和声音传播优势，积极融入移动互联融媒平台，借助可利用的资源，打开工作思路，创新工作方式，以生动有效、多种形式的广播新闻工作连接起政府和百姓，做好乡村振兴宣传工作，为建设美丽富足的乡村擂响战鼓。

（一）国家宣传工作不可或缺的组成部分

对于涉农广播对农业、农村发展重要性的认知产生得非常早，很多有识之士在 20 世纪初就已做出理论探讨和实际应用，乡村改革家晏阳初在 20 世纪 20 年代末到 40 年代初，在河北定县等地就开始开展对农广播在乡村的实践活动，他在《平民教育的争议》这本书里阐述了当时存在于农村社会中最普遍的现象和亟待解决的问题，特别是对生活贫困和思想愚昧等问题充分重视。而解决这两个基本问题最有效的办法，首先是要通过教育发展生产力，同时要改变当时农民身上存在的小农意识，培育公民意识，而这些都要通过教育灌输和文化推行的手段实行，除了在当时农村推行“小学”学制（分为初级小学堂和高级小学堂，学业内容阶段相当于现在的小学教育与初中教育），广泛招收农民子弟，大力开设农民学校、农民夜校外，覆盖面更广的办法是通过更为普及化的有声语言的大众传播方式，低成本、广覆盖地对农村进行文化教化和知识传播。当时广播这个在20世纪20年代兴起的事物，已经在北京、上海等地开始成为一种提供新闻传播与娱乐休闲的新兴与新型传播载体，如果利用广播这种在当时来说是最先进、最便捷的空中学堂，发动政府和地方乡绅集资建设，号召知识分子参与进来，对农民进行卫生、文艺、国民等思想意识的灌输，是非常有效果的。晏阳初提出“无线电广播是平民教育一种具有潜力、效率很高的媒介，我们已在进行广播实验，决定充分利用它作为乡村建设的文化工具”①，他认为当时农业农村的建设“离不开两个方面的物质基础，一是广播媒介的发展，二是农业科技的进步”②，而前者又可以推动后者的推广和发展。

新中国成立之后，党和政府特别注重广播事业的发展，建立起了以中央人民广播电台为核心的遍布全国的广播网，在20世纪的50年代到80年代，农业广播发展如火如荼，社会的向前发展带来的新科技与新生活，都离不开朝向乡村制定和释放的政策与信息，从文化和社会的角度看，“对农广播的关怀对象显然是农民，而这种关怀的本质就是对农民的关注、尊重、理解和维护”③，对农广播在当时极大地发挥了“组织化传播”的功能：它是党的各项工作的宣传阵地，是三农工作克难攻坚的宣传堡垒。我们的对农广播，面向广大农村受众，像牵牛花、常青藤一样，开遍农村

① 晏阳初．晏阳初文集［C］．詹一之编，成都：四川教育出版社，1990：152.

② 王文利．民国时期广播农业科技传播浅析［J］．东南传播，2020（06）：137.

③ 金震茅．把握农村改革开放历史的深层脉动——试论新世纪以来对农广播的创新实践及其科学发展［J］．声屏世界，2009（04）：10.

大地，深入到乡村各个角落，对于乡村政治和组织建设、思想与文化建设，对于加强党委、政府对农村的全面管理，对于加强党对三农工作的全面引领，有举足轻重的意义。贵州省龙里县文体广播电视局的黄德新通过在当地进行对农广播工作实践，认为广播“具有覆盖面广和方便快捷等优势，它与电视和其他媒体相辅相成，互为补充，特别是在广大农村具有其独特的优势，更能发挥其灌输性的作用，由于广播它是用声音传播，特别是对日出而作、日落而息的农村，无论是在田间耕种、山坡放牧，还是在路上行走，是有意、还是无心，广播的声音都会送耳中”[①]，可以积极利用这种伴随式的广播开展对农传播。

对农广播媒体历来都是对农传播的中坚力量，有主流舆论作用，“从产品生产角度来看，主流媒体具有双重属性，一方面是意识形态精神产品的生产者，另一方面是信息与文化产品的重要参与者”[②]。所以，对农广播是国家宣传体系的重要组成，不可能因媒介市场的变化而消失，尽管现在已经进入了数字化社会，传统媒体的发展空间进一步被压缩，特别是新媒体的发展对传统媒体生存空间的挤压，传统媒体对社会的统领权、话语权正在慢慢被削弱，传播时空被社交媒体等自媒体传播干扰甚至占领，但是对社会主义国家来说，每一种主流媒介都具有国家政体赋予它存在的必要性，从目前情况和未来发展趋势看，广播媒体依然有顽强的生命力和广阔的传播空间。

（二）乡村振兴战略与对农广播任务的契合

乡村振兴是中国在新时代巩固脱贫攻坚成果基础上提出的伟大战略决策，对在现有基础上进一步改变农村生产生活面貌、提高涉农人口生活质量和幸福指数，对农业现代化、新型城镇化和农村新型工业化的跨越式发展有战略性意义。乡村振兴战略中三农工作千头万绪，农村干部群众和各

---

① 黄德新．加强农村广播建设更好服务“三农”问题［J］．广播电视信息，2010（06）：51.

② 颜景毅．媒体组织的双重属性及其经营创新［J］．编辑之友，2018（09）：30－34.

级党政部门，特别是基层农业农村的生产者和工作者，下了大量的气力和功夫，对乡村振兴作出了巨大的努力和贡献。在所有的工作当中，有一项看似“外围”的工作不可忽视，那就是新闻媒体的对农宣传，它作为党和政府的宣传喉舌，作为联系政府与群众的工作纽带，面向三农领域的新闻传播是社会主义新闻事业的重要组成部分，是关系到农业农村产业发展、事业兴旺的大事，是关系到农村软性治理、城乡二元社会稳定的大事，事关农村经济社会发展的道路与方向，也事关每个涉农受众的生产、就业和衣食住行等基本方面。国家高度重视农业传播事业，关注三农报道工作，党中央多次强调，新闻工作要将党和政府关于农村发展的理论路线、方针政策及时且广泛地进行宣传、解读，做到高效推进宣传工作，贯彻与落实宣传精神，积极以新闻人的视角关注农民群体的前途和乡村发展的未来。

“长久以来，广播以其较低的成本投入、快捷的信息传递及生动的传情达意，在竞争激烈的现代媒体市场中坚守着自己的地位”①，我们国家的地方对农广播系统可以分为三个层级，第一层级是省（区）级的对农广播电台，有的省（区）还开辟有对农广播的专业台，传播范围可以做到覆盖全省及周边地区，有的还面向全国进行广播；第二个层级是地市级广播电台的农业节目或专门的对农广播频率，经过统计，目前我国地市级以上的对农广播频率共有40余套，分布在约20个省（区）；第三层级是由各县广播电视局单独或连同当地农业局、农委合办的县级的对农广播，一般在县区新闻中报道播出。

此外，在四五十年前，广大的农村地区还存在着以广播喇叭等转播新闻与节目的“广播村村通”形式，以这样的信息传播和宣传模式，将县里接收到的广播节目通过电话线路传递至各乡镇，再由乡镇传递到各自然村落和村组，利用村部的喇叭进行广播，尽管那时广播的形式较为简陋，但是起到了很好的宣传作用。现在虽然时代发展了，但是依然可以采取这种方式，将广播大喇叭变成更为先进的音箱设施，可以将原有的线路和设备

---

① 佟光．新媒体环境下广播媒体的困境与发展［J］．新闻战线，2016（12下）：105.

重新修整、更新启用。在村委会、村中小广场、农家院利用各种类型的音箱等进行信息的普及化传播，可以使农民朋友每天定时或不定时收听国家和地方的三农新闻以及相关通知，以推送的形式改变农村广播收听的格局。这其实这是一种很好的低成本、广覆盖、高效率的“组织化传播方式”，现在很多地方已经意识到完善广播传播的“最后一公里”的重要性。“在扩大传播力方面，积极寻求政府支持，推广采用新技术的‘广播音箱、音柱入村、入户、入大棚’工程，发挥广播的便捷性、经济性、伴随性优势，让农民在更多的时空里用广播获得物质或精神上的收益。”①

面向三农的广播，特别是地方对农广播，从全国到地方的涉农信息都可以播报，“中央的广播节目通过卫星可以直接转播；地方上的农村信息可由广播信息员提供，内容是当地老百姓身边发生的人和事，是他们最关心的话题”②，它传播的内容非常广泛又非常细致，大到对中央 1 号文件精神的传达，对中央农村工作会议精神的宣传，小到对农田施药的配比比例和稻麦种植的行间距的介绍，事无巨细，观照三农，包括农业政策、农业知识、农业科技、农村文化等方面。它的听众除了最广泛的农业农村群体，如那些从事种植、养殖业的普通农民、全国 2 亿多外出务工者和数百万农村基层的党政工作者之外，还包括其他所有关注、关心三农事业发展的人，影响广泛。

二、地方对农广播目前的危机和存续状态

（一）载体和“场域”发展滞后

广播属于电子传播，它以声音为信息载体，以声波和电磁波的相互转换，电信号的调制和解调为技术手段，可以做到远距离和广覆盖传播。国

① 史敏．办好对农广播，助力乡村振兴［J］．传媒，2019（09）：卷首语．

② 黄德新．加强农村广播建设更好服务“三农”问题［J］．广播电视信息，2010（06）：51．

内 AM 中波广播可以做到全省域覆盖，传播信号可以传至周边数省，短波 SW 的跨越距离更长，可以覆盖上万公里，但 AM 和 SW 广播普遍存在受其他电磁波干扰而出现的杂音明显、声音信号断续的现象；而现在使用频率较高的城域 FM 广播，因其波长和频率的特点，只能以一个中等大小的地级市区域为传播范围，尽管音质清晰，但是传播范围不及 AM 和 SW 广播广阔。尽管目前很多智能电视机和广电有线系统可以将广播信号集成在电视接收端进行播送，实现了三网合一和广播的 IP 化，但是从电视端收听广播节目的受众寥寥无几。

除了城市近郊的农村之外，大部分“深度农村”远离城市，如果用收音机（或半导体类袖珍收音机）进行收听，由于传播频率和接收工具的限制，对于基于 AM 频率的广播，无论是一般的新闻节目还是农业专业节目，都存在信号不稳定、音质效果差、接收质量差的情况。因此，以 AM 中波的方式进行传播的远距离省级广播和地市级广播效果均不理想。目前最有效的方式是以 FM 方式发展中等距离的城域广播，能够克服 AM、SM 这两种传播频率受地形和距离影响的限制，以及易受其他噪声干扰的弊端，这种方式信号强，音质也较为清晰，而且完全可以做到与省级、中央级等上一级广播网的对接，也适合用收音机（或半导体类袖珍收音机）进行收听。但缺点是不能做到远距离的传播，因传输距离短不能实现广覆盖。

《国家“十一五”时期文化发展规划纲要》中指出，地市级的新闻单位和机构，特别是“市（地）县党报、电台、电视台等，要把面向基层、服务三农作为主要任务”[①]，为了确保这一任务的胜利完成，在媒介技术不断发展的今天，必须考虑如何采用和发展技术手段。无线广播技术已经存在了上百年，如果不考虑在当今媒介竞争格局下的技术更新问题，将会逐渐失去传播的“场域”，受众也会逐渐流失。“传播场域”这一概念，源

① 新华社．国家“十一五”时期文化发展规划纲要（全文）[EB/OL]．(2006-09-13) [2021-11-12]．http://www.gov.cn/jrzg/2006-09/13/content_388046_8.htm.

于物理学，现在已经渗透进社会学，是指媒介技术、传者、受众以及三者之间的相互影响和相互作用关系，提出者是德国的考夫卡（Kurt Koffka）和法国的布迪厄（Pierre Bourdieu）等人，受众接触和使用媒体的行为是受传播者及传播技术所激发的场域所影响的，这个场域由媒介技术、媒介空间、媒介市场等构成，“传播场域”既指物理空间环境，又指人的媒介接触行为、意识等其他相关因素。布迪厄认为，场域是一种由距离产生的三维空间，这个空间内部的各要素存在着位置间的既分离又联系的若即若离的客观关系，从而在传播可抵达的空间及其内部形成一个网络或者一种形构，这种形构并不具有特定的边界，不是被有形或固定的边界线所包围的控制领地，而是一种内含生气、变化的革命（指作用与反作用）力量，有潜力因素形成的存在。之所以内含动态和相互作用的生机，是因为场域是各组成要素参与活动的场所，拿传播场域来说，是社会个体、传授双方按照传播供需逻辑共同维系的空间场所，是传播手段、传播策略施行的空间场域。传播场域内的目标实现受制于自身的技术框架，不同的传播类型有不同的目标结果，而且不易以传播者的意志为转移，除非采取开创性的传播模式转基因式地发展。考夫卡也认为传播所产生的行为环境和生活空间是一种主—客混合环境，这种传播的混合环境是否富有活力，取决于人类传播技术的模式是否有进取性以及传播活力再造功能的强弱，“物化”技术所营造的环境场域对传播的影响力有决定作用。加拿大的传播学者麦克卢汉早在 20 世纪六七十年代就指出技术对于社会发展的决定性作用，特别是媒介技术对社会生活的影响，他提出了“媒介即信息”的观点，即人类只有在拥有了某种媒介之后，才有可能从事与之相适应的传播活动和其他社会活动。对于传播型社会来说，真正有意义、有价值的不是各个时代的媒体所传播的“资讯内容本身”，而是那个时代所使用的传播工具的性质，作为媒介传播工具所开创的可能性以及带来的社会运行模式的发展变革，言外之意，媒介工具所形成场域甚至比信息本身更为重要。

在媒介技术场域理论的观照下，对当代广播媒体的运行困境似乎可以找到一些解释，但这绝不是我们放弃作为传播工具的广播的借口。诚然，在广播能够传得出去、又能被人接受的情况下，才能考虑采、编、播的其他问题。所以，恰恰是因为广播媒体所形成的场域不能成为适应新媒体时代的社会传播需要，我们才需要考虑怎样转基因式地进行发展。因此要想做好对农广播，无论是采用什么频率和波段，首先要做好技术与设备上的优化选择和更新换代，采用最先进的设施，以及将广播进行网络化转换。进行网络化转换就要考虑广播的融媒体建设问题，广播的融媒体建设包括以下几个方面：一是网络平台的选择，是固定互联平台，如广播网站，还是移动互联平台，如微信公众号或广播 App 集成软件；二是内容变换问题，如何将电波里的空中声音转化为网络页面上的文字、图片等多媒体形式；三是有了网站和移动端，受众怎么知晓的问题。我们发现，很多广播电台积极响应国家号召开展融媒体建设，但是建成之后存在缺少受众的现实情况，广播网站无人登录、App 无人下载、公众号无人关注的现象十分普遍，如此一来，导致广播传播的场域扩张以及在媒介格局中的竞争力一直达不到理想目标。

（二）媒介市场竞争力亟待提振

当下，媒介技术推动各类新兴媒体载体与传播技术平台不断出现，各种适合现代人快节奏生活方式的新媒体逐渐占领了传统媒体的生存领域和舆论战场。由于媒介市场发展的大环境因素，加之受众媒介素养的不同而形成的媒介接触倾向性因素，广播在媒介市场中的下滑趋势早在 21 世纪初已见端倪，据 2010 年进行的对陕西、山东、辽宁三省的省级农村广播调查统计，城乡综合收听率较低，在省内个别地区的“收听率仅有 0.3%，而且都不是广播市场上的主流频率”①，尽管采取了多种措施弥补短板，但是由于市场占有率的不断缺失，导致广播事业采取维持性发展战略，对农广播的收听市场更是受众寥寥，甚至农村受众也不收听。目前，真正关心和收听对农广播的以知识型受众居多，受众在城镇化区域占比较

① 赵稼祥．新时期农村广播发展初探［J］．中国广播，2010（12）：75．

高，但是他们也反映现在的对农广播从内容数量到质量上均不尽如人意。辽宁东港人民广播电台台长朱明丽说：“十几年前，县级广播已经被边缘化，生存举步维艰，一些县级广播有的成为转播台，有的被市级台兼并，有的被广告公司承包。”[①] 东港的农业经济在该省名列前茅，特别是设施农业，是中国最大的海蜇、梭子蟹养殖基地，有国家级的草莓产研中心和最大的优质生产基地，是全国村庄清洁行动先进县，是省级直管县级市，这样一个农业重点县的对农广播状况也能反映出全国的情况。湖南省保靖县位于云贵高原东侧，武陵山脉中段，湖南省西北部，曾经属于贫困县，是应该大力发展对农广播、因地制宜地促进地方经济社会发展的地方，该县毛沟镇社会事务综合服务中心的杨昌生在通过大量的实地调研后指出，在目前国内农村户籍人口较多，占比在36%以上（数据为2021年统计，2019年调研时占比更高）的情况下，“但是农村广播电视市场的发展却不容乐观，仅仅只占整体市场份额的1%，甚至更少”[②]，受众占比与专业传播的占比不平衡性十分明显，1%包括的不单是广播媒介市场，还包括电视收视市场，如果只是统计广播的收听率，可能更低，这样的情况令人担忧。

除了媒介市场格局多元化的原因导致对农广播整体收听率不高之外，还存在着信息传播不充分、不丰富，信息传播不流畅的问题，20世纪80年代形成的服务于三农工作的媒介环境和媒介空间逐渐萎缩，曾经建立起来一套完整有效的对农公共信息的服务平台受到其他新兴媒体的冲击导致其逐渐势弱。在现有的对农广播的节目总体体系中，内容不平衡的特征明显，“时政新闻多，深度解读少；新闻报道多，新闻评论少；都市新闻多，庄户新闻少；领导讲话多，农民声音少”[③]，节目形式单一的现象普遍，“当前的农业栏目，为乡村社会传播的内容和形式往往错位于受众需求，

① 朱明丽．创新理念实现县级广播新突围——辽宁东港电台创办对农广播十年记［J］．中国广播电视学刊，2020（04）：120.

② 杨昌生．农村广播电视服务乡村振兴的思考［J］．西部广播电视，2021（01）：179.

③ 韩春秒．目前对农广播新闻的缺失及对策［J］．中国广播，2007（07）：21.

有节目，无市场份额”[①]，在激励农民积极投身科教兴农和新农村建设方面，在为乡村振兴营造良好的发展舆论环境方面，亟待扩大影响。

从目前对农广播的存在地位来看，“广播对农节目处于弱势状态，往往受重视程度不够，投入资金少，人员配备不足。有的基层广播电台甚至将对农节目的任务合并到新闻部，由兼职人员负责对农节目的采编工作，节目的独特性和精彩度难以保证”[②]，根据资料显示，一些曾经存在的地方对农广播业务，也因种种原因停办。例如，位于黄河北部华北平原腹地的农业大市河南省濮阳市，在 2013 年调研时，当时“全市有 386 万人口，其中农业人口接近 300 万，但截至 2013 年年底，农业节目在广播中仅仅只有每周 3 期、每期 10 分钟的《科技之声》，新闻综合广播 2007 年曾经开办一档每天播出 1 小时的直播农业节目《田园四季风》，勉强维持了 5 年多时间，最终因节目资源、资金、人力、人才等多种压力而停播”[③]。

（三）缺乏存在感，生存状况边缘化

在新的时代背景下，特别是在新媒体冲击的媒介格局状态下，广播媒介必须要有自己的传播定位。菲利普·科特勒认为“一个好的定位既立足于现在，又放眼于未来，定位的诀窍是在‘现在是什么’与‘可以是什么’之间取得正确的平衡”[④]，现在的情况是很多地方台的广播属于“关门办广播”，自说自话、自娱自乐，甚至一些地方的对农广播，既没有考虑自身的状态“现在是什么”，也没有考虑“可以做些什么”。

所谓“关门办广播”的含义还包括“两耳不闻窗外事”，不考虑放送与收听效果。工作状态不因外界的变化而动，过多地从自己的感观出发，一心只关注自己的业务，不因时代的发展和社会的变化做出调整，或者调

---

① 桂全宝．农业栏目功能定位和价值取向［J］．新闻前哨，2010（06）：69－71．

② 方勇涛．广播对农节目应用短视频转型意义与路径［J］．声屏世界，2020（06 上）：75．

③ 蒲丽红．关于地市级广播电视台做好农业节目的思考［J］．中国广播电视学刊，2014（09）：81．

④ 菲利普·科特勒，凯文·莱恩·凯勒．营销管理（第 15 版）［M］．王永贵，何佳讯，于洪彦，陈荣译．上海：格致出版社，上海人民出版社，2016：257－258．

整有限。过度因循自身所熟悉的方式，只是按部就班地遵守习惯化的操作程序和步骤，按照已有的方法和策略去进行广播节目的策划与制作。一些地方台的主创人员认为，既然广播事业已经日落西山，也无人问津，很难再开发其他的形式去争夺市场，努力也白费功夫，即使是借助网络，也是计算机的技术，已经和传统的广播是两种事物，无论再怎么样做都已经不属于广播事业的范畴，因此心灰意冷，于是还是采用过去常用的放送手段，放送常规化的内容。很多地市台还是采用朗读杂志或接入其他大台节目的内容占据放送时段，有学者对多家地方对农广播进行调查研究后发现，在对农节目中，求医问药等健康养生类节目的占比竟然高达 16%，对农新闻节目只有 7%，剩下的节目类型及其占比分别为“广播评书 14%、音乐 10%、休闲娱乐 10%、戏曲 7%”①，剩下的 12%为天气预报、热线对话等服务型节目。对农广播的这般举措是无奈之举，因为要通过开办求医问药节目收取商家的代理费、广告费以维持效益，但是涉及农村农业发展、关乎国计民生和地方政务的新闻节目只占 7%，数量偏少，有的对农广播以大量播放可以延迟和占用时段的音乐、评书等作为播出内容，这对于新农村建设中的信息需求，特别是农民群众需要的农业资讯需求，无论是从丰富性还是针对性上都难以满足。

尽管在客观上广播媒介的竞争力偏弱，难以满足现代人的媒介需求，在激烈的媒体竞争中不断丧失优势。但主观上，很多地方台的对农广播在工作过程中也存在“节目定位失准、节目形式呆板的问题。一是新闻节目粗制滥造，节目质量下降，受众闻之乏味；二是节目错位，弱化了对农广播”②，缺乏广播节目应有的影响力、向心力和凝聚力。

（四）形态单一，缺乏直观感受

由于广播节目是播音员或主持人在电台的播音室里通过电波将声音传

---

① 王宇，孙鹿童．省级对农广播频率的节目现状与创新［J］．中国广播电视学刊，2013（09）：64.

② 秦红英．如何提高地方农村广播节目的影响力［J］．记者摇篮，2009（06）：63.

递给受众的，缺乏形象性和直观感，人们在接收广播节目的时候，缺乏对节目所涉问题的实在感。同时由于没有对广播节目主创人员的形象化视觉了解，广播节目的主播影响力也不如电视节目的主持人，甚至在社会影响力方面不如自媒体主播，尽管前者的知识素养和个人修养通常高于后者。既然是要进行理论创新和实践创新，对农广播服务三农就应“既完成好‘规定动作’，也突出‘自选动作’”①，走到广阔农村，走到田间地头，走到农家小院，与相关农业职能部门以及乡镇的基层政府协作，策划系列报道，站在党和政府关心群众疾苦、改善民生的高度，在和群众打交道的过程中，运用群众的语言，以群众的视角，感知群众的所思所想，把基层群众的切身利益和民生福祉视为自身的利益和福祉，把农村基础教育、医疗保障、农技推广、五保供养以及危房改造、改厨改厕等环境治理等作为宣传报道的工作方向，身体力行地去解决群众提出的问题，真正和群众打成一片。

广播节目的主创人员可以学习社交媒体的网络直播化做法，改变过去“只闻声音，不见形象”的缺憾，移动互联中的社交媒体平台，出现了很多网络主播，他们以自身独特的方式演绎着大千世界和芸芸众生的日常生活，吸引了大量受众，为了防止广播越来越被边缘化，我们电台的编辑记者和主持人也可以转换方式，学习他们的一些做法，专业化水准较高的我们一定会比他们做得更好。而且在过去广播发展势头好的时期，如20世纪八九十年代，广播节目的主持人（很多也是记者、编辑）是受广大听众喜爱的，当时就设立有主持人、编辑记者和听众的“广播见面日”活动，通过在公园、广场、街道设立交流现场，电台的主创人员有的在活动宣传页上给受众签名，给听众送上祝福；有的耐心倾听和回答听众提出的各种问题，无论与广播工作是否有关联，帮助他们解决心理、情感上的困惑、苦恼，帮助他们找到寻求社会帮助甚至社会申诉的

① 徐红晓．融媒生态下提升对农宣传服务实效的策略研究——以河南广播电视台农村广播为例［J］．中国广播电视学刊，2019（10）：98.

路径。每到见面日时，活动现场人头攒动，受众来自四面八方，有的受众来自省内偏远地区，为了赶上第二天的见面日活动，甚至连夜坐火车赶来。

在当前受众的收视习惯和收视兴趣不断变化的情况下，我们必须改变过去“只见声音不见人”的传播方式，必须把我们的风采亮出来，把我们的精神展现出来，这样才能在群众心中产生信任，使我们的广播节目大放异彩、受到重视，提升我们的影响力。我们必须将对农广播从“习惯思维中脱离出来，从说教式广播改变为‘兴农’广播，成为农村、农业的宣传者与城乡合作的桥梁”①。“兴”字的含义，从甲骨文的层面上讲，下面的部首，就是“人的两只手举起来的动作和状态”，也就是说，我们要行动起来，广播电台的工作者应走出演播室、走向农村，立足乡土大地，面对乡亲百姓，把演播室里的“音容笑貌”带到真实的人际交往和群体传播中。

当前农村文化与信息传播的接受形式发生了巨大变化，在形象化和直观化改造方面，对农广播可大有作为，可以利用身份优势，内引外联，将村里村外的各种资源引入引出，可以做调解中介、做红娘月老、做产品代言，可以到农村开展文艺体育和社教活动。例如，在农业科技教育传播方面，过去通过广播“听声音”，效果不好，广播提到的很多实物名词或技术步骤只能靠观众想象，如“物联网”“测土配肥”等，我们完全可以令农村广播课程结合农时农事，定期将大专院校的农业师生请到田间地头进行联合采访，把广播课堂移植到农村的广阔天地，把农村科技教育的课堂办在果园、麦田，办在鱼塘、大棚。围绕当地种植、养殖业出现的问题，将现代生产技术和经营理念实实在在、手把手地教给一线农民群众，“课程设置上突出理实结合，使农民综合素养与生产经营技能共同提升”②，

① 胡剑玮．变“对农广播”为“兴农广播”促进城乡协调发展［J］．中国都市报人，2019（11）：44.

② 袁立峰．新型职业农民培育背景下农广校体系中职教育存在问题和对策［J］．现代农村科技，2019（07）：17.

这样的方式比“传播只存在在声音广播中”的方式效果更好，甚至可以做到“一对一”地帮助农户家庭，也是农民群众需要的“传、帮、带”形式，能够提升农民群众的学习兴趣和学习欲望，这项举措也能够大大提升对农广播的服务力和社会影响力。

三、突围之路：地方对农广播的传播“破局”

移动媒体时代，广播事业是不是就显得毫无竞争力？答案是否定的。广播媒体的优势是其他媒体不能比拟的，它所采用的声音传播渠道，相比于电视和网络媒体，有它自身独特的适应性，这种适应性表现在它是一种“轻量化”传播体系，节目制作上相对简易、以声音为主的“轻质化”、接收载体的轻量化以及传播渠道的相对安全与稳定，更适合在广袤的农村地区发挥它的功用，特别是接收工具可以制造得相当小巧、经济和耐用，除了收音之外，还可以集成其他的功能，如报时、照明、录放声音等。袖珍型接收载体所具有的便携性、伴随性是其他媒体不可比拟的，更能适应农业生产的野外、户外环境，在林区、牧区、海洋渔业有广泛的应用前景，随手打开开关、调谐频率，就可以收到不同台频的广播节目，只要加强节目建设，与基层民众日常信息生活可形成和维持较强的联系。

（一）做好 SWOT 分析，“面壁”与“破壁”

1. 以媒介市场营销的出发点看待广播的发展

技术进步导致媒介时代的变迁和受众对媒介选择与接触的变化，以及已形成的媒介市场、受众市场格局，使广播人产生思考和行动，要突出重围，重新审视广播业务作为电子媒介自身所潜藏、所具有的所有电子化传播的共性属性，即广播技术本身是基于电磁波的电子传播技术，而“数字技术、网络技术、信息技术”的共性核心本身也是属于电子技术的大的范畴。电磁技术与数字化、网络化的结合，是广播媒体生命力、再创力的基因所在，在机遇与挑战并存的发展形势下，只有善于“面壁”且“破壁”，才能立于不败之地。

传统媒介市场份额趋于饱和，维系网络受众难度较大，在广播业存在发展的机制与结构困难、媒介市场开拓困难的局面下，俗话说：穷则变、变则通，通则达，“达者成”。实事求是地认清发展瓶颈，分析现在和未来的广播应该是朝向什么样的结构和功能发展，强化“一抓市场、二抓受众、三抓内容建设”的发展战略，强化巩固宣传阵地的意识，从以传播者为中心向以受众为中心转变，坚持目标导向、问题导向、结果导向，为了做到导向科学，必须找出自身存在的固有优势所在，同时找准自身的缺点和阻碍发展的劣势所在，要借助市场营销学的理念，进行 SWOT 分析。

SWOT 分析是一种系统分析办法，是对系统自身和外部环境的竞争条件、竞争环境、竞争态势等方面进行的系统化考量，S（strengths）代表优势、W（weaknesses）代表劣势、O（opportunities）代表机会、T（threats）代表威胁，只有充分发挥自身优势，同时将劣势化解或者进行人为转化，才能避免“短板”带来的负面影响。在移动媒体时代，广播媒介在向前发展的过程中不会一帆风顺，会遭受挫折，会不断“碰壁”，遇到各种“T”的挑战，这种威胁性挑战可能来自媒体类型壁垒带来的技术鸿沟，可能来自资金短缺的压力，也可能来自受众，因为他们素养水平不同、偏好不同导致传播效果低下，但是只有在威胁和失败中才可以获知正确和成功的那条道路在哪里，“碰壁”的目的就是要为了“破壁”。在“破壁”的过程当中发现存在的机会，那就是 SWOT 当中的 opportunities，只有清楚分析影响广播事业整体发展的内外因素，强练内功，抓好内部“可控性”因素和条件，改变外部“不可控”因素和条件，对“困局”进行“破局”，才能有所建树，扭转发展颓势。

对农广播的优势体现在哪些方面？首先它站位高、起点高，有几十年来打造的良好的媒介形象；同时有权威性，拥有国家赋予的采访权、报道权，具有一定的公信力；其次，尽管资金缺口需要我们自身弥补，但是有国家新闻事业的财政拨款做基本保障，人员专业化、系列化，知识、智慧和技术力量强，容易形成规模化传播，规模化也是一种机会，容易创生媒介市场份额；另外，在经营上，我们有广覆盖的优势以及广播广告的低成本优势。

对农广播也存在市场劣势，影响较大的竞争对手一是电视媒介，二是社交媒体等自媒体媒介。前者具有可视化特征，制定发展策略也要依靠创新思维，努力开发可视化形式；后者的互动性强，特别是那种满足大众浅层感官刺激的“即时性、碎片化信息消费的方式，在一定程度上对广播新闻发展提出了严峻的挑战”①，但这与其说是自媒体的优势，倒不如说是我们的机会，碎片化消息不全面、展示不充分，尽管适合快节奏的当代传播市场，但是容易以讹传讹，公信力不强，而广播媒体作为主流媒体，一贯强调以内容取胜，在工作环节中，注重把关，质量意识强。因此，作为主流媒体的对农广播在“讲好三农故事，展现巨大成就，呈现新时代农业农村农民的崭新风貌，营造全社会关注农业、关心农村、关爱农民的浓厚氛围”② 方面，作用更大、能力更强，只要坚持积极适应媒体融合发展趋势，就能打造出更多高质量服务三农的精品节目。

2. “守正创新”，形成“两个驱动”

广播事业的“破局”有“一个中心”和“两个驱动”，“一个中心”是发挥“站位高”的权威性优势，这不但体现了我们高屋建瓴的政治意识、大局意识、责任意识，同时也是新闻工作权威性和公信力生成的法宝。“两个驱动”一是内容驱动，二是服务驱动。

在内容驱动上，以内容为根本，“说人民话、写人民事，才能摆脱主流媒体影响力衰弱的困境”③。受众由于受教育程度的普遍提高，对媒介的看法和期望也和之前不一样，特别是文化程度较高的受众，更注重媒介内容的内涵和质量，而且还会对媒介内容质量的高低做出自己的评判，进而对媒介做出评判。农业广播面向三农工作、面向农业大地，面对的是三农人口，从经济信息的传递来说，它聚焦的是农、林、牧、渔的农事生产

---

① 才杰．自媒体环境下如何发展广播新闻［J］．中国广播，2018（10）：71.

② 中国广播编辑部．把农业农村频道办出特色办出水平［J］．中国广播，2019（10）：5.

③ 娄杏杏．主流媒体的定位转向与传播变革［J］．视听，2020（07）：11.

以及农村集体经济、农业产业化、农村电商等工、副业。而收音机，尤其是半导体型袖珍收音机，由于广播传播信息采集的便捷和信息节目的“轻质化”，就像是16世纪荷兰与英国在海上贸易竞争时，以小型商船“好掉头、易近岸、随时载卸、随时启航”的经验取胜一样，更容易形成时效性较强的农业信息的高效率传播，对于生产、市场方面的信息传递作用明显，而且这些资讯经过采编部门的筛选、把关，奉献给受众的都是准确无误、有一定采用价值的高端信息，真实性远高于自媒体。在服务驱动上，善于应用国家赋予广播事业的对各种可利用、可协作的社会资源的整合权利，发散经营理念，开办实用性强、指导性强、农民喜闻乐见的对农服务。

要注重新闻与信息传播语境下的传者、受者关系，做好对农服务工作，答疑解惑、帮难助困，发挥线上线下各层次的新闻报道、舆论监督、风尚引导的功能，密切加强党和人民群众在广播体系上的“政民互动”关系，坚持服务社会、服务大众的新闻观，发挥促进地方经济社会发展、引领农村资讯生活的特殊作用。

（二）嫁接新形式，拓展异质化平台

“‘互联网＋’时代对于传统的广播来说，既是冲击也是发展机遇，要探索广播节目与新兴媒体融合的路径，使内容更加多元、科学、接地气”①，国家《乡村振兴战略规划（2018—2022年）》中也明确指出，“完善农村新闻出版广播电视公共服务覆盖体系，推进数字广播电视户户通，积极发挥新媒体作用，使农民群众能便捷获取优质数字文化资源”②，因此，在媒介大环境的竞争格局之下以及国家政策与任务的推动下，广播事业必须认清目前的发展形式，找好站位点，摸清发展思路，找出发力点，建构适合自身的发展模式，利用自身已形成的宣传体系，扎实推进发展工作，主

① 谢金华．“互联网＋”影响下的广播内容模式创新［J］．中国广播电视学刊，2016（08）：104-105，125.

② 中共中央 国务院．乡村振兴战略规划（2018—2022年）［R］．2018-09-26.

动对接新媒体领域，创新广播业态的新方式和广播产品的新形态。

所谓“异质化”，就是与传播的以声音传播为主的广播业不同样态的传播模式。对农广播的融媒改革，要善于打破常规广播接收端（如收音机）的限制，除了依靠原有的模拟广播设备和数字广播设备，还要与“两微一端”等网络设备、平台对接，开发多种接收终端，使广播受众可以从除收音机以外的不同的平台和渠道接收广播信息。

当新媒体以手机等移动工具为载体，用更为通俗化、娱乐化的内容吸引和笼络了大批受众之后，媒介市场的竞争日趋激烈，如何既做到坚守传统媒体的高端性，又能做到拓展移动传播市场份额，重新夺回话语主动权和影响力，显得尤为紧迫。只有不断地在媒介融合领域拓展空间，嫁接起受众容易接受的传播形态，把宣传阵地移植过来，才能保持广播媒体的生命力。广播媒介与新媒体相比，最大的劣势在于容易与受众产生距离感，应消除距离感，破解发展难题，与移动媒体进行融合，开发对农广播的微传播成为目前国家相关政策的立足点。对农广播在进行融媒改革后，应该建立一些公众微信号和官方微博等微传播平台，通过认证后成为官方认证的账号，具有唯一性、权威性和可识别性，每天推送信息，与“声音节目”同步，在“声音节目”结束之后，通过微平台“发布一些农业科技的内容，除此之外，还可建立 QQ 群或是微信群，这样既能够增强线上、线下的互动，还能够获得更多群成员的关注，这种方法能够直接科普农业科技知识，甚至转化为农业生产力”①。

在对农广播的采编制作流程上，要实现广播台总编室及所属采编部门作为采集的总部门和信息中央处理部，将所有新闻与资讯的内容素材，生成各种多媒体形态，实现一份通稿形成多种新闻形式、多种资讯产品，多平台发布，“将原来各自独立的采编力量全部纳入到融媒体中心当中，每名记者采访的原始素材全部进入平台原料库”②，然后再根据广播融媒各

① 杨昌生．农村广播电视服务乡村振兴的思考［J］．西部广播电视，2021（01）：181.

② 李艳，鲁力立．融媒体·新技术·新资本·微世界——亚太新媒体高峰论坛综述［J］．现代传播，2012（06）：127－128.

平台的需要，提供内容与资源的配给。例如，在新闻稿的使用方面，事先要经过多媒体化的加工，以适合放送平台的“发布格式”去适应不同受众对不同文本、文体的阅读偏好，适应现代生活中人们偏爱移动化接触媒介的特点。在放送环节上，还可以利用既有的广播协作网和互联网，实现多种场合的放送，无论是无线车载广播，还是手机移动 App 广播，甚至可以集成在“人工智能家居的使用过程中，通过按键或语音对广播内容进行选择、切换、收听，逐渐形成无线电、移动互联网、车联网、智联网等多渠道覆盖的新型格局”①。

“互联网彻底改变了单纯以广播机构为单位的媒介生态，各种传播的激活，传播生态由以往单向度、不对等格局向互动性、对话式格局发展。”② 地方对农广播的对农宣传进行融媒改制，营造传播多维度影响力是我国社会主义广播事业适应新形势的重要举措和必经之路，“融入互联网，不只是需要互联网的表面形式，而是需要融入互联网的运营思维及运作机制”③。作为党中央领导下的分布于全国地市体系的新闻触角和舆论喉舌，在新的历史时期，作为传统媒体的广播要学习新媒体，用新形态讲好故事，通过融媒体平台深入群众。群众对广播及其融媒平台的信任和依赖是广播传播的“渠道构建和维系的关键，转型不能简单地做‘传媒+互联网’的加法，而是要以关系思维洞悉用户，构建有效的渠道体系，走出原有运作模式的窠臼”④。

（三）两个动起来，加强社会关联性

工作“动起来”表现在线上的活跃度和线下的活跃度两个方面，工作

---

① 李向荣．抱团取暖开放运营融合发展——与全国广播电台联手打造国家级音频集成播控平台［J］．中国广播，2018（03）：14－17．

② 张志安，曾子瑾．从“媒体平台”到“平台媒体”——海外互联网巨头的新闻创新及启示［J］．新闻记者，2016（01）：16．

③ 金昌龙，杨正毛．地市级主流媒体融合发展分析及路径选择［J］．新闻战线，2015（13）：78－80．

④ 喻国明．破解“渠道失灵”的传媒困局：“关系法则”详解［J］．现代传播，2015（11）：1－2．

“动起来”还要落实到“人要动起来”，以“广播人”的“动”带动受众的“动”，以这“两个动起来”，防止广播事业边缘化。

“新媒体的快速发展在为传统广播媒体带来严峻挑战的同时，也为其提供了新的延伸和拓展空间，挑战与机遇并存，使广播加速进入立体的全媒体资讯时代”①，新媒体的发展也有其基因自带的瓶颈阻滞因素，那就是缺乏独立性，内容的缺乏成为发展短板，很多新媒体由于没有专业化的记者、编辑，也没有采访、采风的业务行动，其传播内容很多是对其他媒体内容的转载或复制，无法创生出对农的原创报道和新鲜优质内容。因此，传统广播业务涉足新媒体，也赋予了新媒体生命的力量，二者是相辅相成的，传统媒体赋予新媒体内容上的“催动力”，新媒体给予传统媒体在形式上“动起来”的活力，现在主流媒体的传播话语权和舆论主动权仍在，融合发展对广播来说是难得的机遇。但是遗憾的是，囿于惯性思维，一些对农广播依然固守于传统的广播采、编、播的状态，沉浸在“想象”的传播效果当中，即使进行了融媒改制，有的只是盲目跟风，出于对国家任务的响应，没有切实建立好系统化的转型机制，没有真正“动起来”。

对农宣传工作“动起来”需要上上下下的努力，以山东的对农广播为例，作为非常重视农业生产的大省，山东省的农业增加值长期稳居中国各省第一，该省也是开办对农广播较早的省份。山东乡村广播的《第一书记朋友圈》，作为报道农村基层组织建设的广播栏目，以全局眼光报道全省农村基层政治和社会治理情况，站位较高，同时又俯身下来，面向全省1亿受众，通过打通多媒体平台进行播出，“齐鲁网、山东网络台、蜻蜓FM等都提供了即时收听与回听渠道，用户不必打开收音机进行调频就可以收听节目，微信公众平台则每天推送相关图文”②。山东省日照市是近年来蓬勃发展的一座城市，随着在港口运输、物流贸易、城乡经济互动方

① 杨蔓．新媒体时代下广播媒体发展优势及整合发展策略研究［J］．视听，2018（11）：5-7．
② 盖颐帆．媒体融合背景下农村广播节目的创新实践［J］．青年记者，2020（03中）：69．

面取得的重大进步，日照市的农业发展势头良好，为了响应日照市委、市政府在农业产业招商引资、供给侧改革、美丽新农村建设以及社会主义核心价值观培育等方面的工作部署，日照当地的对农广播全力配合市政府的中心工作，围绕上述对农工作内容，在"日照新闻网等客户端，同步开设'担当作为正当时''加快新旧动能转换　实现高质量发展''聚焦精准脱贫'等专题专栏，集中力量推出深度报道、图表、H5小视频等一批有深度、有分量、鲜活生动的新闻产品，与中心工作同频共振、共向发力"①。

当今时代的广播记者、编辑的使命职责没有变，但今后的工作思路和工作身份将有较大的转变。例如，融媒化后大量的工作内容是对新闻内容进行整合、解读、推送和共享，在推送与共享过程中，编辑、记者从传统型采编人员转变成生动活泼的平台主播的形象，或知识渊博、谈吐幽默，或善解人意，为群众指点迷津。换身转型后，编创人员也要动起来，"每天忙于和读者互动，陪读者聊天，做到有问必答、有求必应，解答用户所提的问题，解答用户的日常生活和情感困惑"②。

除了在线上搞活宣传，在线下，也要动起来，"人要动起来、思想要动起来、节目要动起来"，首先，人要走出去、走下去、动起来，到新时代的广大农村开眼界、见世面，通过多听、多看、多询问、多请教，形成对农传播的多感受、多触动传播工作。虽然"走基层、转作风"的号召已提出多年，而且已成为职业规范，但是很多采编人员下乡活动流于形式，蜻蜓点水，不能坚持和深入，思想上和行动上动不起来；第二，节目要走出去、走下去，形式要动起来，想要让广大受众知道有这个对农广播频率或节目的存在，那就要想办法打造品牌影响力，要依靠节目的动起来的活力，在坚持为三农服务的宗旨下，突出与群众为伍的性质，让广播不仅以声波的形式走进千万户，同时改变节目的制作和放送形式，把农业农村政

---

① 丁兆臻．融媒时代主流媒体传播力提升路径探析［J］．中国报业，2020（07上）：66．

② 王娟．积极推动与读者的深度情感融合［J］．记者摇篮，2017（07）：15．

策法规、经济信息、科学技术与知识、文艺、技能培训等属于对农广播业务范畴的工作内容，在线下有效对接农民需求。并根据地方三农的实际情况不时调整线下工作策略，统筹城乡经济社会两个发展，通过“两个动起来”，想办法让广播农业节目既有声，又有形，不被边缘化，对受众有意义，即使做不到人人皆知、家喻户晓，也要尽可能地做到在受众心目中有地位，使他们在生产生活中想要得到媒体的资讯或帮助时，第一时间想到这些对农节目，根据需要去接触、联系。

四、开门办台：有声有像的可感知化

（一）开门办台、办广播的内涵和意义

开门办广播是开创广播新闻工作新局面的有效模式，开门办广播包括亮相办广播和场地办广播等声音可视化传播和现场化传播，是依靠对农广播的集体智慧和集体力量完成的。在宣传乡村振兴的工作中，不断探索，以组织化传播、社群传播理念为依据，打通上下行传播的渠道，以媒体“开门”工作为主线，建构起媒体、政府、民众三者之间交流的现实途径，是各地方因地制宜地开展地方对农广播自选动作的创造性实践。

对于农业广播来说，采、编、播成本一般来说较低，在此基础上，通过运作使它在乡村振兴的发展过程中发挥驱动效力，是目前开展宣传工作要考虑的问题。发挥效力就要强化传媒的受众意识和能动意识，体现它固有的社会属性的外在、外向表现，特别是在广播媒介融媒发展后线上、线下的动起来的活动过程中，它是开门办广播的活动主体，它是传播活动的组织者、指导者、激励者，必须根据对农广播受众身心的特点，关注受众的个体差异和他们对资讯的不同需求，满足受众对于信息、知识、文化的求知、求索欲和好奇心，充分调动受众与媒介接触的主动意识。

开门办广播能够拓展对农广播的模式类型，丰富和繁荣对农广播各种

创生性的内容，在广播媒介格局发展上有举足轻重的促进作用。从传播模式角度和开拓媒介市场的角度来看，广播媒介是新的媒介传播结构的搭建者，是新的媒介内容和媒介活动的发出者，是媒介行为形成号召力的宣传者，在当前，要重新量身定制开门办广播的各种媒介活动，策划信息放送、文化放送的“开门”方式，拓展资讯的接收与互动渠道，施行“动起来、亮起来、走出去”战略，进行谋划、试验，锻炼能力，在众多媒介当中搭建起自己的舞台，挥舞起传播的臂膀，展示出“广播人”独特的魅力。

地方对农电台开门办广播，可以利用地理地缘上的接近性以及熟悉风土人情的优势，“制作的农业节目与本地农村受众更加贴近，能够切实根据当地的自然条件、风土人情，有针对性地为农民群众提供节目，因此，探索出一条适合自身做好农业节目的发展道路和运行机制”①，让农业节目更好地服务于乡村振兴。

（二）亮相办广播：打造广播可视化

1. 亮相办广播的概念与内涵

开门办广播，首先是“亮相”和“可视”，尽管对农广播的可视化工作跨专业、跨技术、跨平台，任务繁杂，但是必须认识和把握新形势下对农广播形式、形态转化的未来发展趋势，破解广播电台声音传播单一化、同质化、受众寡的窘迫局面，通过多媒体平台促使广播媒体的内容在表现形式上产生多样化和差异化，增强形象活力和市场竞争力。

自从1926年中国产生广播业开始，在传统广播发展过程中，我们习惯上称受众为“听众”，声音在信息传递中起决定性作用。声音作为一种集“音色、音质、声调、语气、速度、频率”等多种“副语言”为一身的信息载体，为人们收听广播带来最直接的信息刺激和听觉刺激，这种刺激最明显的衍生作用是促人联想，但是联想的发生和听众个体的知识储备和

① 蒲丽红．关于地市级广播电视台做好农业节目的思考［J］．中国广播电视学刊，2014（09）：81.

阅历储备有很大关系，每个人的联想是不同的，因此广播的传播效力对每个受众是不一样的。电视等媒介的兴起以声画合一的形式取代了广播媒体，通过声画合一，传递的信息更加清晰、准确，在某种意义上，人们更愿意用视觉获取的信息来代替不确定性的听觉信息。因此，开拓当代广播发展的新空间的一个新举措，就在于能否克服声音传播的单一性、单调性，将广播的潜能开发到极致，将广播与融媒平台结合，将声音可视化地表现出来，使单纯的听众升级为多媒体视众，同时制定适合新媒体平台发布的广播短视频战略。随着传统新闻媒介与以视频化、互动化为主要特征的新媒体的融合，“媒体间的界限越来越模糊，有时候，事件的特征需要我们运用摄像机，将事态经过录制成可目击的短片；有时候，消息的快捷性急需我们迅速使用笔记本电脑简单剪辑，以视频新闻即时播出，配以画面更能直观地反映事件全貌”①，主持人、播音员的形象，直播间、直播现场的场景跃然出现在受众面前，改变了传统广播的面貌，这些短视频因其储存在互联网平台上，可以按题目或主题的关键词进行检索，并可进一步按类别检索，所以能实现全网传播和多次传播，特别适合新闻影像类、农业科技类、教育培训类的内容传播。

2. 对农广播可视化的必要性和可行性

（1）对农广播的未来发展

随着数字通信网络以及人工智能 AI 的迅速发展，媒介技术的进步为对农广播的新发展提供了技术条件，也带来了更多的形式，“短视频、慢直播、VR 全景、智能传播等新的传播形式，将主流媒体的内容传播从平面呈现转变为立体化展示”②，广播可视化是可行的。广播可视化可以改变过去只闻其音，不见其人的声波传播形式，最简单的办法是利用现有广播室的条件，将人物、背景，如主持人、播音员、嘉宾以及标识、道具、实物等与同期编辑的图片、文字、视频素材结合起来，在音视频编辑的基

① 时文祥．努力提升广播记者的竞争力［J］．新闻爱好者，2009（06 上）：59.

② 娄杏杏．主流媒体的定位转向与传播变革［J］．视听，2020（07）：12.

础上，利用融媒平台的微博、微信和 App 完成直播或复播，这样就解决了以往广播缺少视觉化、交互性的问题，如此一来，广播就从幕后走到了台前，成为和受众发生视觉反应的面对面人际传播，主持人、编辑、嘉宾等的音容笑貌出现在图片或视频画面，直播时还能通过音视频连线互动辅以新闻链接等，增强广播节目的感染力。当然，上述做法只是广播可视化的初阶操作办法，中、高阶的办法是全面发展视频广播或全媒体广播，所谓全媒体就是要“做到网、端、微、抖音号等各媒体的联合采访，综合发力，形成即时采集、即时发稿的报道机制，第一时间推出既可读又可视，受众能够参与互动的多样化产品，并探索将新媒体产品生成二维码印到报纸上，为受众提供更多新闻获取方式。”① 为了全媒体能有丰富的素材，主持人和记者应利用走基层、“三下乡”的机会，采取视频镜头加音频解说等多种方式，反映社会主义新农村和新农人的崭新风貌，将本来安排在电台音频节目播出的内容变成可视化节目，比如繁荣热闹的农村集市、紧张喜悦的“三夏”工作现场，还有麦浪翻滚的沃野平畴、整洁美丽的农村住宅、窗明几净的乡村学校、先进现代的农村企业……把这些场景实地化、实物化、现场化地表现出来，丰富报道形象。

（2）受众的接收需求

焦作大学人文学院的刘文莉认为，对农宣传要积极进行受众研究，研究的范畴包括涉农人口的接收心理、接收渠道等，要关注涉农群体每日的所思所想、欲求与追求。从对信息的接收渠道来看，尤其是“从广大农民了解信息、接受信息的习惯方式来看，移动、数字阅读逐渐被大众认可，并融入大众日常生活，成为推动农业新闻传播体系转型发展的原始动力”②，切入新媒体传播渠道，利用自身的 App、官方微信等可视化平台，为广大农民了解外部世界提供生动、直观的资讯，是一种满足受众要求的

① 丁兆臻．融媒时代主流媒体传播力提升路径探析［J］．中国报业，2020（07 上）：66.

② 刘文莉．融媒体时代农业新闻广播宣传工作策略——评《农业新闻——公共服务与话语创新的理论与实践》［J］．热带作物学报，2020（10）：30.

变革，可视化“是通过图文、视频传播，内容更加直接、详细”①，多媒体化呈现的基于短视频平台的农业广播宣传体系，使传播的内容直观、鲜活、具体，可感知性强，可以利用手机等移动载体，使立体化的信息出现在眼前，比以往单纯的声波播送，更能有效提升农业广播新闻的传播效能。

在与受众互动方面，可视化节目在谁在传达、传达什么、观点倾向等方面直观地影响着受众，使受众的感知更完全、更精确，与受众互动的效率因为视觉对等的关系而得以提升。例如，在对三农政策的有关介绍和深度解读的节目中，主持人和嘉宾过去是与群众不见面的，听众不知道主持人和嘉宾的形象，也不知道他们的表情举止，而这些却恰恰是有声语言的“伴声符”和“副语言”。可视化的操作，不但使“涉农政策通俗易懂，容易让农民理解和消化”②，再经过播音员或主持人、嘉宾的诠释讲解，就会更清楚明了。广播节目的可视化，利用伴声化的姿态语言还能高效率地表现情感色彩，人与人之间的社会互动，实质上是基于符号、意义的交流，意义的基础是符号，表情举止都属于符号，带有意义。声音的副语言是伴声符，声音的抑扬顿挫、兴致的高涨或忧虑，都是伴声符，都能将所阐释的节目内容生动地表达出来。正因为有这样的情感加持，广播节目的可视化“互动性更强，用户除可以在 App 客户端的视频框下方实时参与留言，在留言过程中也可以加入图片、表情，除此之外，还可以刷弹幕参与节目的讨论，这些新的互动方式与以往的电话和语音留言相比，受众互动体验感更好”③。

除此之外，利用融媒体平台，受众也可以将自己拍摄制作的三农题材的可视化素材或作品进行投稿，“实现传播平台开放，吸收用户共同参与

---

① 胡剑玮．变“对农广播”为“兴农广播”促进城乡协调发展［J］．中国都市报人，2019（11）：44-45．

② 杨宇静．农村广播的时代责任［J］．中国广播电视学刊，2009（02）：79．

③ 王萌，肖爱云．融媒体时代广播节目可视化探究——以朔州新三农视频广播为例［J］．西部广播电视，2018（16）：178．

信息生产"[①]，使广播大平台出现更多的来自民间的 UGC 内容（User Generated Content，即受众创生的内容），这些内容来自三农社会的角角落落，对现实的反映更逼真、更接地气，在经过真实性和价值性审核后，可以与电台自有节目同时放送，加强与受众的联结。

（3）各地的成功经验和有益做法

互联网技术提供给了我们广播可视化的诸多方法和渠道，在融媒建设的过程当中，我们可以将原有的广播新闻节目和专题节目通过多种可视化平台和多种媒介介质进行推送传播，有效地将传统媒体的广播进行可视化展示。以江苏省的对农广播可视化发展为例，"在激烈的媒体竞争之下，来自最基层的传统广播媒体在长三角里排兵布阵，亮出了当下媒体的诸种兵器，使出了十八般武艺：微信直播、Vlog 视频小花絮、抖音小视频"[②]等，江苏连云港背靠广阔苏北平原，面向东海，农业发展可谓占尽自然优势，该地又是亚欧大陆桥的起点，无论是农业生产、农业物流都非常发达，有许多传播素材。在农业农村现代化的进程中，无论是农村产业化还是新农村小城镇建设都发展得如火如荼，可利用、可采撷的新闻素材特别丰富，当地的新农村广播作为地方对农广播，具有采集新闻的便利性、地缘的接近性优势，在美丽乡村报道上，为了展示农村社区村容村貌的巨大变化，开门办广播与当地发展绿色农业生态的思路做法相结合，宣传当地新建的各种农村现代景区，"将当地党委政府负责人和群众代表邀请到直播室现身说法，还积极策划'乡村振兴看乡镇暨美丽乡村音乐节'活动，通过手机台视频直播活动现场，不但提升了景区的知名度，也使乡镇绿色发展的理念更加形象地展示在世人面前"[③]，节目突出展示了当地农民依托当地 20 平方千米的绿色湿地景区，践行科学发展观，合理地保护、开发与利用环境，发展乡野民俗文化游、民宿康养游的情况。

---

① 马知远，刘海贵．都市报互联网基因的发掘与嬗变［J］．新闻大学，2015（06）：39.

② 毛萍霞．开展跨地直播　打造长三角县级广播共同体［J］．中国广播电视学刊，2020（01）：96.

③ 孟祥红．地市级广播乡村振兴宣传应着力把握七个关键词［J］．中国广播，2018（07）：89.

2019年年初，黑龙江省农村广播的可视化节目“科普田小妮儿”在下属各融媒体平台上线，这个节目依托第三方直播平台，特别是在东北地区媒介市场占有率较高的火山、抖音等小视频平台，面向47万平方千米的黑龙江大地、3 000万广大受众，“锁住农业方向，锁定农村农民，面向公众做垂直农业科普知识、技术、信息的传播，通过打造自有主持人‘田妮儿’的IP形象，深耕细分垂直化内容，丰富新媒体传播矩阵产品，力求成为在全国有影响力的农业科普融媒品牌”①，在全省农技人员的努力和省农村广播对农业科技的宣传推动下，全省无污染绿色食品品牌认证超过2 800个，12个地级市和大兴安岭地区的有机农业、林业种植面积超过8 100多万亩，绿色农业科技产品产量超过1 600万吨，农林牧渔以及服务业产值的科技收益效果显著，2019年比上年同期增加5.5%，这些都仰赖于类似于“科普田小妮儿”这样的节目形式。其他省的做法也值得推广，河南农村广播“所有节目的服务内容都通过微博、微信、手机客户端、节目群、河南广播网、映象网等进行融媒体的无限次传播，扩大了覆盖面、到达率”②，四川省的对农传播以“全面推动乡村振兴为目标，以融合、打通、协同、整合为理念，通过与政府各涉农部门的深度合作，更好地促进‘广电＋农业’融合发展”③，扩充配备专业岗位和专业技术人员，联合第三方直播平台，在全省各地市推广可视化建设。

江南的常熟、宜兴一带自古文风鼎盛，广播节目通过可视化短视频在融媒体平台上的播放，带领游客逛历史街区、品民俗文化，“媒体的责任就是要让受众了解家乡文化、接触家乡文化、热爱家乡文化，从而坚定文化自信，通过弘扬地域文化，推动社会主义文化的繁荣兴盛”④，常熟的

---

① 沈金萍．乡村振兴为对农广播融变赋能——访黑龙江乡村广播总监田尊师［J］．传媒，2019（05下）：30.

② 徐红晓．融媒生态下提升对农宣传服务实效的策略研究——以河南广播电视台农村广播为例［J］．中国广播电视学刊，2019（10）：99.

③ 西部广播电视编辑部．转型升级　融合发展　擦亮农业大省金字招牌——四川广播电视台在频道专业化道路上的积极探索［J］．西部广播电视，2019（14）：9－10.

④ 孙晓红．论地方文化传承与媒体责任担当［J］．中国报业，2018（06）：12－13.

市井文庙、宜兴的竹海民宿，这些景点通过广播节目的可视化展示，优美恬静的声音结合实景镜头推拉摇移产生的参与感，使地方景物更具吸引力和生命力。只有积极采取新办法，“深入挖掘所在地区的自然特色、历史特色、文化特色、产业特色，把小题材做到极致”[①]，三五分钟的可视化小题材，内容不冗长，制作周期短，受众的接收效果好，改变了过去在电视旅游节目才能获得此类内容的状况，极易使人们对这样的广播可视化节目产生接触愿望。

（三）实地办广播：打造广播现场感

开门办广播，还要实现场地化，要走出广播机房、走出广电大楼，奔赴波澜壮阔的农业建设现在进行时的时空，走向三农发展改革创新第一线。对农广播不仅要反映农村新情况，揭示农村新问题，对三农进行报道，更重要的是要通过我们的新闻工作，与群众连成一片，心往一处想、劲往一处使，弘扬新闻工作者无私奉献的精神，树广播形象，传时代精神。我们的新闻工作就是党的宣传工作，我们的下乡记者、编辑就是党的社会工作的特派员，是做农村社会调研的工作组，是与群众心连心的帮扶团，我们可以是科技、文艺小分队，通过切实地与三农群众深入接触，能广泛地发现、充分地挖掘三农新闻线索，了解实情；我们又是做群众工作的先遣军，能和群众交朋友，贴近群众，扩大做社会工作的影响力。记者、编辑如果不经常下乡进行采风、采访、做调研，很难听到真实的声音，即使有乡镇通讯员发来稿件，也不能完全代替记者的下乡工作。实践证明，群众对新闻工作者是信任且期待的，他们更愿意对采风的记者反映实际情况，愿意把自己的喜怒哀乐诉说出来，他们更关心身边的新闻，地市级广播电台有地缘接近的优势，应该在日常新闻工作中增强向乡镇派遣、派发工作的频率，以增强与当地听众的普遍联系。

开门办广播，下乡工作要常态化，不但是记者编辑下乡，播音员、主

---

① 叶岚．地方台在新媒体时代背景下的发展探索［J］．声屏世界，2018（11）：51.

持人以及创作团队也要下乡，送科技下乡、送文艺下乡、送知识下乡，只有这样，才能提升对农广播的宣传力度，才能受到当地农村听众的关注。这样的现场化、实地化广播形式，开门办广播，就是要弥补广播只见声音不见人的缺憾，播音员、主持人在与乡村听众现场互动的过程中，关系会变得更加融洽，能增进友谊，媒介影响力自然形成，金牌主持人和名牌栏目就是这样生成的。在主持人和播音员的带队下，现场节目“有科技人员、致富带头人的现身说法，既能增长知识，又能调节生活”[①]，村里来了广播台，村里来了大主播，人们奔走相告，这也是农村文化生活中的一件乐事。

“开门办广播，办看得见的广播，而最好的载体就是多搞活动，以节目和频率为依托，组织举办各种各样、丰富多彩的主题活动。”[②] 山东滨海地级市日照，是海洋农业、滩涂农业和外向型农业的排头兵，为了配合党委政府的中心工作，日照广播电台在“新中国成立 70 周年、地级市建立 30 周年、中国共产党成立 100 周年等节点，精细筛选，精心策划，先后组织开展了新年诗会、元宵灯会、中国·日照（太阳城）诗歌节、‘七夕城市’马拉松等对城市形象有较大宣传意义的活动，集宣传、推介、经营于一体”[③]，面向社会办广播，打造影响力，以影响力提升宣传效果。

现场办广播，还包括集思广益、内引外联，敞开大门办节目，可以利用“众包众筹”、热线提供、UGC、合作办新闻、联合办节目等形式，积极利用社会资金，搞活广播新闻生产与节目制作的方方面面，从内容创新到活动创新，在开门办广播的过程中加强与社会各方面的联系。例如，位于京津之间的河北廊坊，乡村民俗旅游发展十分火热，廊坊人民广播电台对农广播开辟了《乡村新发现》栏目，一方面展示当地原汁原味的民俗文化资源，另一方面结合乡村振兴和当地农业旅游讲述乡村发展故事，目的是开发乡土文化、吸引各地游客。节目生动地展现了廊坊两区、两市、八

① 黄锦虹．简论县级电台的对农广播［J］．新闻爱好者，2011（12 下）：115.

② 海楠，顾新文．新形势下如何进一步办好广播对农节目［J］．视听纵横，2012（01）：63 - 64.

③ 丁兆臻．融媒时代主流媒体传播力提升路径探析［J］．中国报业，2020（07 上）：67.

县当代农村的文化风采，从乡村乐园建设到农事研学活动的组织，忙得不亦乐乎，还把三乡四野的农民朋友请进直播室，让他们介绍本乡本村开展的社火、庙会、秧歌赛、采摘节等文化活动，听众们听得津津有味，还吸引了其他地区的农民朋友前去参观，城乡群众都拍手称赞。

2018年，福建省各市的新闻广播联合举办了“港澳台侨学生‘百村千人行’活动”，记者和学生共同下乡采风，组织1 000多名大学生进入乡村进行实地调研，这种方式既能够向外界展示福建新农人爱拼才会赢的时代风采，“还能够更好地服务该省的乡村振兴推广战略，学生下乡了解、感受当地经济社会的全面变化，认识乡村振兴战略所带来的巨大成就”[①]，对于促进两岸三地的乡村文化交流起到了重要的作用。

五、声波落地：做好振兴乡村的三个规定动作

广播信息应用移动化，发布广播通知化、地方化、互动化，积极酝酿并不断开展面向地方三农工作的规定动作，在“破局”中发挥乡村振兴中对农广播的政策喉舌职能、日常报道职能和文化普及职能，这三个任务性职能属于规定动作，必须完成好。

（一）作为党的喉舌承担政策普及任务

我们国家的广播作为一种宣传事业，是建设社会主义社会总事业的一部分，以国家所有制形式，配以人力、财力、物力等政府资源对其进行调配和管理，并赋予其政府派出宣传机构的地位。作为重要的宣传工具和主要的宣传渠道之一，广播在各个时期承担着宣传党的纲领、路线、方针、政策的职责，在农业农村领域，承担着宣传党和国家的农村建设方针、三农发展政策、农业法律法规，以及宣传各级党委、政府的地方农业发展策

---

① 孔祥智．实施乡村振兴战略的进展、问题与趋势［J］．中国特色社会主义研究，2019（01）：5-11.

略和具体措施的重要任务。

我们国家的对农广播首先是一种三农政务传播，它铿锵有力的声音像催人奋进的号角，引领先进的思想，指引前进的方向，描绘发展的宏图；它无微不至的关怀像滋润心田的雨露，传播知识、传承文化。“广播宣传应当发挥国家和农民之间相互沟通的桥梁作用，通过节目把农民朋友反馈的信息传达给有关部门，为国家有关政策的修订和制定提供事实和民情依据，使有关三农的各种政策与时俱进，使之更具保障性、建设性，发挥更大的政策威力和杠杆作用。”①

我们党历来重视发展路线和政策的制订，毛泽东曾对党的领导干部做出语重心长的指示，政策和方针是党的生命，各级领导同志务必充分注意，万万不可粗心大意。历史经验和实践证明，政策制定得好，是党、国家和人民群众之福，也是三农宣传的生命力所在。党的十一届三中全会以来农村各项事业的蓬勃发展，仰赖于党和国家出台的各项利国、利农的好政策，从包产到户发展生产力到促进乡镇企业发展，从取消农业税到农业产业供给侧改革，只有把党的农业政策宣传好，才能红旗招展鼓干劲，聚精会神谋发展，才能使人民群众得实惠，农业进步有方向。党的政策似春风，从中央辐射、传递到塞北江南，农业资讯又似及时雨，播撒到城乡各地，从山岭、田野到农户和厂房，传递到农业发展的各条战线。怎样聚焦三农领域，更加便捷、顺畅地把三农政策从中央传达到地方，怎样把各省市自治区党委政府谋划的地方农业发展大计传递到每个百姓的心间，是对农广播需要重点思考的问题，也是各项工作的出发点。

新闻工作的党性原则要求对农广播要围绕党和国家三农中心工作进行舆论宣传，始终与党中央的战略安排和决策部署保持一致，始终坚持“贴近实际、贴近生活、贴近群众”的工作方针，在三农报道任务中，要始终坚持为人民服务、为社会主义服务的根本立场和政治方向，不断提高为党和国家工作大局服务的自觉意识，这也是我们对农广播工作的根本原则。

---

① 刘俊华．关于办好对农广播节目的思考［J］．新闻爱好者，2010（08上）：97.

社会转型期社会思潮的变化引起人们思想的变化，在农村经济结构的变化过程中，农村的人口结构、社会结构也发生变化，很多人到城市打工，农村学生毕业之后也大多留在城市，使得往日乡村耕读传家的影像成为历史的“乡愁”。发展现代农业缺乏新型农民作为后备军的人力支撑，建设现代农村缺乏青壮年作承继主体，三农社会缺乏人力资源，发展农村未来的产业建设和文化建设缺乏底蕴和后劲。如何造就有理想、有文化、有技术、有担当的新农人，如何维护农业、农村未来的可持续发展，托起农业、农村“两个现代化”的未来，是三农工作需要考虑的三个方向。“新农村建设的问题日显突出，农村劳动力素质出现了结构性下降，农业劳动者后继乏人，谁来种地、怎么种地的问题已引起各级政府的高度重视”[①]，需要有公信力的媒体将国家的发展理念传递给亿万农民，无论他们是农业一线的劳动者还是外出务工者，让他们知晓家乡建设的发展目标，了解所在地的三农发展进程，这是十分必要的传播工作。

对农广播还是教育群众的媒介工具，需要将文化和新知传到农村。在全面振兴乡村的伟大征程上，对农广播要精准聚力，在“决胜脱贫攻坚，夯实农业基础，发展壮大乡村产业，拓宽农民增收渠道，激发乡村发展活力，完善乡村治理机制”[②] 等方面多做文章，在提高人们思想道德素质和扩充农村公共服务方面多做宣传。

（二）面向三农社会进行日常资讯报道

资讯是一种有价值的信息，三农资讯包括农业新闻性资讯、农产品与物资供求信息、地方三农发展动态等内容，资讯具有时效性和地域性，其时效性要大于新闻性，资讯的作用是可以给人们带来对周遭世界变动的认知，人们如果及时地获悉某类资讯，就可能会给自己带来信息性的满足，或经过对资讯的选择和运用，继而产生后续的实际效应，如根据某个农产

① 晁建立．关于高素质农民培育的认识与思考［J］．河南农业，2020（04）：47.

② 中共中央、国务院．关于坚持农业农村优先发展做好“三农”工作的若干意见［EB/OL］.（2019-02-19）［2021-11-09］. http：//www.xinhuanet.com/2019-02/19/c_1210063174.htm.

品价格信息适时地售卖农产品所带来的经济效应。农业资讯涉及面较广，媒体必须提供价值较高的资讯，如可以提升效益和质量的各种种植养殖信息、农资市场价格动态、应用前景较好的农业技术等。在更广泛的意义上，要有能够推动农村物质文明和精神文明向前进步发展的有用、有益的内容，如农业百科知识、农村政治建设、各地农村医疗、卫生、教育、文化的发展动态等都可以列入资讯的范畴。

对农广播就是要实时聚焦三农资讯热点，积极传递三农发展动向，带动人们紧跟国家三农发展步伐，了解最新鲜的消息要素，发挥资讯创造价值的功能，为对农广播受众带来传播红利、资讯红利。要积极收集各方面的涉农信息，特别是中央和地方对三农工作的各项安排，我们国家每年都要出台关于农业农村工作的中央 1 号文件，每年年末都要召开全国农业工作会议以及涉及农业的全国经济工作会议，每年三四月间召开的两会也是对农广播需要重点关注的，应该及时、准确地将这些资讯内容传递到农业基层。以河南洛阳和湖北荆门等地的对农广播为例，位于河南西部的农业大市洛阳，在乡村振兴的政策指引下，有关农业的各项工作井然有序地向前推进，该市的新闻综合频道大力宣传当地在乡村振兴中涌现出来的新经验、新成果，“在《洛广早新闻》的基础上又增加了《乡村振兴正当时》等一些专栏，这些专栏围绕统筹推进、脱贫攻坚等多个方面进行深度宣传，在当地营造了较好的舆论氛围”①；位于江汉平原腹地的鱼米之乡湖北荆门，地方涉农广播节目丰富，其中“《农谷行》栏目下设 7 至 8 个子栏目，并各有侧重，‘田间小喇叭’‘村头黑板报’进行政策性的宣传，‘农谷超市’‘农情快递’侧重于信息服务，发布一些农用生产资料、生活用品价格信息，成为农民朋友们跟市场对接的一座桥梁”②。

要发挥资讯产生实际作用的积极效能，农业资讯要多从“身边的人、身边的事，尤其是一些能够在农村地区带领大家脱贫致富的领头人、青山

---

① 沈维安．县级广电媒体在乡村振兴战略中的机遇与挑战［J］．中国有线电视，2019（02）：136－137.

② 喻卫东．地方媒体做好三农报道的几点思考［J］．新闻前哨，2020（12）：87.

绿水的守护者等说起，分享身边经验的方法更能够带领大家参与实践”[①]，在加强地方对农广播资讯传播建设过程中，因为地方性的“地缘优势，在地理和心理上都容易与当地农村和农民建立紧密联系，获得及时而准确的第一手信息，能够为农村和农民提供本地需求的信息和具体的手把手式的技术指导，帮助本地农民开拓市场、表达心声”[②]。以浙江绍兴的上虞区为例，上虞区位于浙东宁绍平原，周边都是城乡经济发达的地区，地理位置优越，是全国绿色发展百强区县，是第二批国家农产品质量安全县。2019年以来，上虞台的对农广播版块“希望的田野”在继续办好“三农最前线”“致富农家”“乡村故事”“897农民信箱”“乡村发现”等栏目的基础上，又适时推出了“节气与农时”“美丽乡村行”“农事指南”等许多针对性强的栏目[③]，特别是在“美丽乡村行”节目中，通过广播宣传推介上虞的农副土特产品，使当地出产的越红黄酒、崧厦霉千张、崧厦榨菜、梁湖年糕以及上虞柳编、曹娥江越瓷等在浙江省内小有名气，销量保持稳定。

农村地区人口数量比较庞大，存在因受教育程度、职业行业、文化接受习惯等差异而产生的对不同类型节目的需求差别。一般来说，受教育程度较高者，如农业农村基层干部、农村教育工作者、涉农企业的经营与技术管理人员以及热爱文化的农村知识分子，这些受众对于政策热点、新闻动态、社教资讯等高端型资讯较为关注，农村个体或集体工商户关注的焦点则是农商信息，土地承包大户关注的是农机、农技发展及补贴资讯，而大量外出务工人员则希望涉农广播能够每日提供各地的招工、招聘等就业信息，面对受众的广泛需求，目前对农广播在节目数量和内容建设上都还有较大潜力可挖。

近些年由于地方经济的不断发展，各地有条件在资金、设备、人力资源等方面加大投入，提升资讯的传播质量，依靠国家赋予的地位优势、地

① 联合调研组．以优秀传统文化推进乡村振兴［N］．大众日报，2019-12-25（09）．

② 车英，刘小林．市级电台对农广播弱化原因初探［J］．现代视听，2010（S1）：59．

③ 陈园．县级广播媒体对农节目的创新路径［J］．视听，2019（04）：13．

缘优势，广开传播渠道，以农为本的广播节目应着重在以下几个资讯方面多做选题：一是发展农业生产力，促进农民收入增长方面；二是农村基础设施建设，农民生产生活条件改善方面；三是农村环境卫生整治，文明美丽乡村共建共创方面；四是农村民主政治建设，农民法制意识和公民意识提升方面；五是农村教育、医疗卫生和科技文化等社会事业的进步方面；六是对于公序良俗的宣传，对家庭和睦、民风淳朴、互助合作、稳定和谐的乡村软环境的营造方面。在这几个方面，多关注、多采撷，突出资讯内容本身所蕴含的针对性、启发性，下大力气开展宣传工作。

（三）开展乡村科技教育文化娱乐活动

文化是人类历史发展过程中基于物质层面的精神和意识的积累产物，是一系列的、能够将人从仅具有自然属性影响并作用到具有社会属性的二元衍生体系，包括社会规范、社会道德、风俗习惯、制度约规、文化艺术等。文化具有“知、情、意、行”四个层级，分别是“文化认知”“文化情感”“文化意识”和“文化行为”，具有潜移默化的教育作用，具有“成风化人”的功能，它能确定善恶是非的标准，阐释自然美、人文美，它以多种方式影响人的理想追求和现实社会行为，农村文化作为文化的分支体系，也具有上述的内涵和功能，在类别上它包括传统的乡土文化，也包括现代文化，包括普世文化。文化是人们生活必不可缺的原初要素，是人们的精神依托和“人之所以为人”的意义纲领，是维系乡土社会共同体的重要纽带，是乡土社会可持续发展的重要精神支撑，是乡村“致未来书”的重要组成。“如何以精当又对口的新闻节目丰富农民生活，从而凝聚人心，创造和谐、积极、奋发的农村文化环境，这是办好农村广播需要深思的问题。”①

广阔农村生活着众多三农人口，他们有自己的精神需求和文化需求，

① 朱秀凤．立足三农办好农村广播节目［J］．科技传播，2010（06下）：7.

要丰富乡村文化生活，就要不断满足劳动人民对文化知识以及科技教育等方面的精神需求，使人们过上美好幸福的生活。同时，农村社会属于乡土社会，乡土社会是我们国家重要的文化资源和优秀的民俗文化的蕴藏地和产生地，如何发掘蕴藏在乡土地区的大量文化资源，又如何将现代化知识和文化传递到农村，是我们新闻工作者的重要任务和职责。

优质的乡村文化在促进农业农村的生产发展、乡风文明方面有举足轻重的作用，要提高农民的文化自觉意识，弘扬优秀民俗文化，发展为社会主义服务、为农民服务的民族的、科学的、大众的乡村文化，多渠道、多形式地丰富和活跃农村文化的开展，在这方面，对农广播大有可为，应该从科学与知识文化、人文与艺术文化和休闲文化等几个方面做起。

在广播节目中，紧密结合乡村振兴的战略部署，引导和教育涉农群众爱知识、爱文化，学知识、学文化，在工作中还要对农村传统文化进行挖掘、保护和合理利用，与时俱进，传承优秀乡村文化，普及现代农业文化，提高群众的综合文化素质。

过去的对农文化节目多以广播书场、小说连播、戏曲折子戏、影视剪辑和音乐欣赏等为主，也有的广播电台将其他媒体中的节目进行转播或翻新，播出一些综合艺术、文化讲座类的节目，利用声音的吸引力，以声传情，诱发联想，起到了很好的传播效果。但是随着时代的发展，很多节目形式和内容已经不能满足当代受众的“审听”需求，特别是一些传统的文艺形式如相声和评书，已经没有很大的听众市场。天津农村广播针对区域内农村城市化、农民市民化、城乡一体化趋势的不断演变，演播内容也作出重大倾斜性调整，跟进时代发展主题，更多地展现城市化进程中的农村生活。“情满星空”作为该台的一档社教节目，每天的节目类型不同，但是都突出乡村发展的时代化特征，“周一是人物访谈，所邀嘉宾均是‘天津好人榜’每月评选出的道德模范人物；周二是音乐节目，讲述歌曲背后的故事，通过聆听歌曲，感悟人生；周三是话题讨论，听众可在情感类的话题中各抒己见；周四是美文欣赏，通过阅读美文、分享美文，倾诉心中的故事；周五是交友互动，为各区县的朋友提供交友的平台”[①]。

“相对于城镇，农村文化教育水平参差不齐，因此，应着重培育农民的内涵修养，要注意节目的审美取向”[②]，这对于提高受众个人修养和文化品味、倡导做心灵美、语言美、行为美的合格公民大有裨益。但是，在一些广播节目中，存在大量较为浮躁的泛娱乐化的内容，由于媒介市场和创作人员的原因，庸俗、媚俗的节目时有出现，这都是对农传播应该注意的问题。电台的广播面向的是广大受众，传播文明要营造的是社会的“精、气、神”，应明确传播内容起到的作用是什么，是否能对乡村发展起到正向促进的作用，应以先进的理念充实人的大脑，以正确的三观引导人的意识，以文明向上的精神感染人的心灵，以优秀的内容塑造人的情操。很多地方台在这方面做得特别出色，它们特别注意主旋律文化的传播。2019 年，河南农村广播在《献礼新中国，成立 70 周年》报道中，提前做好策划、设计，播出了《献礼新中国》《我热恋的故乡》《我们的新生活》《我的脱贫日记》等多种主题的系列报道[③]。

在乡村振兴战略中，规定动作的完成是自选动作得以实施的基础，而自选动作是要通过发挥主观能动性，创造性地开创广播新闻工作新局面的实践过程。

六、开门办广播，发挥地方广播四大功能

（一）开展新型农民培训

对农广播的实地化，离不开扎实的工作内容，对农广播有没有真正做

---

① 李灏桢．天津农村广播的现状调查及发展策略研究［D］．陕西师范大学，2014：30.

② 季淑霞．县级广播电视台农业栏目的功能定位与价值取向［J］．安徽农学通报，2013，19（24）：11.

③ 徐红晓．河南农村广播：品牌节目与活动助力“三农”［J］．传媒，2019（06 下）：37.

到伏下身去用心帮助农民朋友，要看有没有以农村全面发展为核心，协助乡村振兴发展。对于乡村振兴，人是关键要素，现在的农村工业化、农业产业化、农业现代化对劳动者资质的要求与过去不同，第三次工业革命以来，一些农业产业的发展要求普通劳动者至少具备初中及以上文化程度。过去的农村教育，使经过高考的农村户籍人才在毕业后一般留在城市发展，而大量的青壮年劳动力又去往发达地区，农村成为人才洼地。生产力的发展对农村劳动力的后备资源储备提出了要求，目前的农村发展目标也对农村劳动力资源的类型与规格提出了要求，在这样的情况下，对农广播应该利用宣传体系的自然优势，开展多种培训项目，“与政府项目相结合，向主管机构要任务，开展农村实用人才培训、冬春科技培训、基层农业科技人员知识更新培训、青年农场主培训、产业扶贫带头人培训等”①，定期或不定期地开展科技惠农的宣传，在农村举办教育活动，帮助外出务工人员和返乡创业人员提高科学文化素质，培育能适应农村发展的新型农民。

对农广播实地培训的内容应该因地制宜，围绕主导产业，跟随当地农业产业的发展方向，培训时间与培训课程的安排跟着生产季节走，在对当地农业深入调研的基础上，听取农业专家、农村干部和一线农民的意见，根据自愿、自主的原则，在设施农业（如大棚种植、鱼塘养殖）、特色林果、病虫害防治、农产品电商物流等方面开展培训，造就更多的爱农业、爱本行、懂技术、会经营，有市场眼光的新型职业农民。

发挥开展农民终身教育的主力军作用，要把对农广播的开门办培训办成发布农业市场信息、宣传农村政策的服务平台，成为传播农业科技知识和农村劳动力转移就业的绿色通道，成为培训农村党员干部、提高农民素质的社会课堂，发挥农业广播在科技教育培训中的龙头作用②，在开门办培训的过程中，还要主动联系其他专业化培训机构，共同组建

① 中央农广校编辑部．河北省把农民手机应用技能培训作为各类培训的主要内容［J］．农业信息化，2019（10）：17.

② 周高新．农业广播电视教育与促进县域经济发展［J］．商场现代化，2009（11上）：66.

科技教育协作化团队。如“农民观察员团队、三农专家评论员团队、农产品市场分析师团队以及农技专家团队等，这一支支不同领域专家学者和基层农民汇聚在一起的团队，对提高报道水平无疑起到了很好的支持作用”①。

对农广播的培训内容应该广泛，除了重视农业领域的科技知识之外，还应注重思想政治教育、道德文化教育、审美情趣教育等，人的发展应该是全面的，社会劳动的分工容易导致人的片面式发展。因此，我们的教育应是与生产劳动相结合的教育，既是培养全面发展的农业劳动者的教育，也是培养适应现代社会生活的成员的教育，既是促使农民个体个性创造性发展的教育，也是促使农民个体社会化发展的教育，是培育具有共同体精神的公民化教育，改变容易泛滥的私性主义。因此在培训过程中，要坚持社会主义方向，深入挖掘培训过程的思想性，培育正确的人生观和科学的世界观。

对农广播开门办培训，除了作为知识体系的组织者，还要做传受双方“共生关系”的对话者，做农村教育的研究者，挖掘对农业社会未来发展方向的引导作用，对农民素质的发展进行引导。同时自身也要做不断进步的学习者，对农广播的编创人员不但要发挥广播为受众提供免费教育、终身教育的有力功能，自身也要树立终身学习的观念，在思想品格、知识结构、社会阅历和人文底蕴方面不断提升，以满足对农培训工作的需要。

（二）帮扶农特产品营销

经济发展是乡村振兴的第一要务，广播事业为农村经济发展服务，要牢固树立为广大农民群体谋利益的思想，把有助于、有利于涉农群众的根本利益作为开展工作的突破口，积极想办法解决生产与销售中的难题，积

① 刘智力，靳雷．中国乡村之声：在守正创新中壮大对农广播影响力［J］．传媒，2019（05上）：15.

极关注城乡经济生活的变化，帮助农民掌握市场营销的主动权，帮助农民朋友树立发展农业生产的信心。

吉林省东丰县广播局的孟广礼和高瀛认为，对农广播应在反映农民心事，解除农民烦恼，尤其是主动帮助农民解决买难、卖难等方面，有求必应，有问必答，有事必帮，在媒体与三农之间架起连心桥[①]。现在农产品市场已经成为买方市场，除了一些名优特的产品之外，很多农产品产量的增加也会带来销售困难的问题，这时候，对农广播可以利用公益广告助力打开销路，或者是开展助销、促销活动。主持人、记者可以到农村社区的各个村组，开展音视频连线直播，带动农民利用新媒体平台进行远程直播营销，帮助农民朋友解决了解市场不全面、营销手段滞后、营销面狭窄、网上营销策略掌握慢等问题，组织人员，帮助农民解决在产品价格制订、购销合同签订等方面存在的问题。例如，浙江诸暨广播电台心系三农，电台设立专门的部门，在日常业务中已经形成了"信息超市、服务基站、商业卖场的传播格局，取得了内容传播＋产业效益的实际效果，既为当地农产品做了宣传，又为广大受众的游乐购做谋划"[②]，通过介绍当地农村的山川风物、特色农产品以及美食小吃，打开当地农副产品的知名度。

帮扶农特产品营销还可以采取外协的方式，与当地农业龙头企业、种植养殖大户、电商平台等合作，向外推介农副产品。山西省作为北方的农业大省，特别重视对农广播的扶农助农事业，山西农村广播与各地市、县联合举办大型商品节日活动，帮助地方介绍土特产品，进行广播售卖和网络售卖，取得了良好的经济效益。也为电台赢得了良好的声誉。2016 年与山西省乡宁县委相关部门联合举办以售卖苹果为主题的电台直播活动，取名为"苹果红了"。"直播间就设在乡宁的一个果园里，通

---

① 孟广礼，高瀛．关于县（市）广播电视为"三农"服务的几点思考［J］．大舞台，2010（12）133.

② 赵卫明．诸暨广播：大舞台开演 3D 对农宣传服务大戏［EB/OL］．Http：//www.sohu.com/a/169629683_770746.

过与太原直播间的联动，短短两个小时就为果农卖出了几百箱苹果，现场很多果农都表示没想到媒体有这么大的影响力，他们需要对农媒体的推广和助力。”①

帮扶农产品的营销，除了实地化助销之外，还可借助对农广播的融媒平台进行网络化营销，网络化营销可改变过去广播的单一兵种状态。浙江省的新农村工作一直走在全国的前列，在宣传美丽乡村、精准扶贫、共同富裕等方面颇有新意，善于融合传播。2017 年夏初，浙江上虞、诸暨、新昌三个县级对农广播电台创造性地试行信息共享的交互稿输送机制，在名称统一的栏目“农＋乐联播”里共播出稿件近百篇，内容分别有市场信息、创业与致富典型等，动用多种新媒体每月一次、三地直播，既汇聚了产品、产业、农民、市民、买家，又锻炼了各台的广播采编队伍②。

对农广播和涉农群体在农产品的销售上，积极利用广播融媒网络，可以做到积极地调剂余缺，保障产销衔接的顺畅。广播电台可以利用中央厨房式的信息配送形式将众多农产品销售信息通过多平台传播出去，使得各地经销商和消费者通过手机等移动互联平台能够快捷地接收到农产品的售卖信息；同时，同一条售卖信息，通过对农广播融媒平台的多次推送，经过受众的关注、转发、评论等，又可以产生更好的营销传播效果。现在，基于融媒平台的网络化营销，使得“手机之于农民不再只是通信工具，更是联系生产、生活、销售的好帮手。‘一部手机能做百样事’，如今它更是成了农民拓宽增收渠道，提高农民收入‘新农具’”③。对于农产品销售，融媒体平台有检索模块和迅捷的搜索与问答功能，用户可以随时了解产地、价格、物流等方面的信息，能解决诸多面向营销市场方面的技术性问题；商品的需求方通过名称搜索与质量甄别，与农村销售

① 张玲．新媒体时代办好三农节目的策略：农村广播和农产品加工联动为例［J］．农产品加工，2018（12）：96.

② 陈园．县级广播媒体对农节目的创新路径［J］．视听，2019（04）：13.

③ 王伯文．点赞“新农具”手机秀三农［J］．农业信息化，2019（10）：6.

方进行联系，双方不用见面，可以通过融媒网络平台完成农产品的销售活动，许多农民借助网络，甚至将产品铺货到全国范围，促进了商品物资的交流。

（三）下乡办“乡土乐园”

乡村振兴要全面，农村文化建设是新农村建设的重要组成部分，推动乡村文化大发展是对农广播应尽的职责，要通过工作推动具有积极意义的健康向上的乡村文艺和乡村娱乐的发展。对农广播有能力、有条件做好这项工作，因具备很多有利因素，这项工作可以常态化开展。当前一些农村文化建设滞后，公共文化供给不足，乡村原生、内生文化驱动力不足，乡村文化呈现空心化状态，农民在开展文化建设方面，缺思路、缺资金、缺人才，优质乡土文化面临底蕴逐渐被消解的危险，容易被腐朽文化、享乐文化以及低级趣味的内容挤压生长的空间。因此，对农广播除了在线上开展文化宣传、文化哺育之外，还要积极开展线下的文化下基层活动，将“送文化”“展文化”“种文化”的乡村文化培育工程与提高审美情趣的文化提升工程有机融合。

对农广播要承担作为农村文化建设传播主体的重任，避免见物不见人的现象，要实地送文化、下乡办文艺，在夏忙、秋播前后以及秋冬农闲时节，在民俗节庆节事、乡村集市、农村学校和乡村广场等地组织现场化、实地化的各种宣传和文艺演出活动。辽宁丹东的东港等地，农业发展势头猛进，特别是以大棚种植为代表的设施农业经济发展稳中向好，农民增收致富的步伐加快，家家户户盖起样式新颖、功能齐全、宽敞明亮、冬暖夏凉的集“二水、两气、三网”（二水：供水净化、下水净化；两气：燃气入户、沼气入户；三网：有线电视网、移动互联网、固定互联网）为一体的现代化、智能化宅院，靠着智慧和勤劳，老百姓的日子过得一天比一天好，生活富足，不少家庭同时拥有生产运输用车辆和家用生活轿车，拿他们自己的话来说，就是“日子过得比城里人还滋润”。在当代农村生产跨越式发展和物质积累极大丰富的同时，东港广播认为，只有继续加强农村的文化建设，才能为农村的进一步发展提供精神动力和智力支持，才能使农民群众在奔小康的征途上有收获感、有方向感、有幸福感。东港对农广播审时度势，利用地方台的地域接近性、文化接近性、服务接近性优势，实地送文化、下乡办文艺，办得红红火火，“广播‘响’在农家院、歌声‘飘’在村中广场”，只有广播节目真正“沉”下去了，“沉”到百姓中间，节目影响力才会“升”起来。该台下乡开办的文艺节目“咱村也有文艺人”是输出农村文化的重要途径，对农节目定期开展文艺下乡活动，将演出大篷车开到农村，把演出舞台搬到乡下，把直播间搬到村委会大院和村民广场，“引来农民朋友自发地敲锣打鼓到村口来迎接，与各乡镇文化广场结合，开办户外版的‘文艺人’现场：珠山村百姓大联欢、小甸子村歌舞纳凉夜、合隆满族乡民族广场舞大赛等，主持人和村民们同台演出”①，每逢此时，欢歌笑语满乡村，这样的平台和活动，使得身居农村的群众有机会成为展示文艺才能的演员，不但方便群众参与，还能面对面获取群众对电台工作的建议，集百家之言、听中肯意见，这是坐在办公室里开会所得不到的实践成果。这样的举措，能提高节目和节目主持人的知名度，开门办文艺广播，效果好，群众喜闻乐见，广播节目的实地化、现场化实现了与乡村舞台的对接，扩大了对农传播的社会影响力。

在文化传播中，要善于挖掘符合现代审美的乡土文化元素，提取本土文化特色，突出展示乡村风土人情。就像是肥沃的黑土地一样，东北地区地灵人杰，是孕育群众文艺、乡土文艺的民间大花园，人们对于黑土地文艺情有独钟。黑龙江广播乡村台积极开展“农村文艺之星”的评比活动，挖掘二人转、龙江剧等传统文化的继承人，推出歌舞、杂技、小品等文艺领域中受当地农民喜爱的草根文艺演员，通过比赛吸引选手。参赛的农民先通过入场选拔，再通过“现场展示，进行比赛，然后组织选手组成乡村艺术团”②，通过这样的组织策划，由选手中的佼佼者编队组成的乡村艺

---

① 朱明丽．创新理念实现县级广播新突围——辽宁东港电台创办对农广播十年记［J］．中国广播电视学刊，2020（04）：120.

② 王宇，孙鹿童．省级对农广播频率的节目现状与创新［J］．中国广播电视学刊，2013（09）：65.

术团被电台推荐到农村文化演出市场，在电台专业人士的指导下，乡村艺术团编排的节目既能彰显“白山黑水”地域性的文化元素，又能使传统审美与现代审美完成融合，在文艺作品的脚本创作上，结合目前城乡一体化的文化融合生态，力求做到城乡共赏、雅俗共赏，文艺演出的音乐、服装、舞美等设计，既有乡土性又有现代性，做到了传播文艺与搞活文化市场的有机统一。黑龙江广播乡村台的“农村文艺之星”节目推出了农村文艺新人，又宣传了自身，可谓是一举两得。

江西历史上就有物华天宝的美誉，豫章大地沃野千里，赣北地区鄱阳湖周边平原以及上饶、新余、宜春等地市农业基础好，赣南的赣州和吉安又是革命老区，精准扶贫工作取得了重要成果。为了推动全省对农宣传事业的向前发展，江西农村广播从 2006 年举办“动感之星”赛歌会开始，就把组织大型娱乐文艺活动推向乡村和学校，推动树立对农广播节目在农村和当代大中专学生心目中的形象，培育潜在的未来受众作为工作重点。江西台的对农文艺工作者，十分重视对农文化报道，重视对农文艺节目在艺术上的创新，举办“农歌大家唱红歌会,每一场音乐活动都创意独特，规模空前”[①]，在完成文化传播的同时，在实施过程中实现了主流思想意识、先进文化理念的传播，发挥文化铸魂作用。

在开展农村文化传播的过程中，播音员和主持人付出了辛苦和心血，功不可没，他们是媒体与观众之间的桥梁。一个优秀的三农广播节目主持人，一定是观众喜闻乐见的老朋友，他们的热情真诚、平易近人以及待人接物时流露出来的人格魅力、学识修养可以给人以感染和启迪。江苏盐城的新媒体“两微一端”智慧盐城 App 专门邀请主持人参与活动，2015 年推出了“中国大纵湖首届户外露营节”活动，活动邀请了江苏广电、盐城广电 12 位知名主持人全程参与，主持人带领粉丝玩转露营节，起到了很好的宣传推介效果。文艺节目的主持人并非必须是科班出身，农业专家、

① 邓萍辉．绿色的强音　希望的旋律——江西农村广播发展回顾及思考 [J]. 声屏世界，2010（07）：44.

知名网络媒体主播都可以成为主持人，我们可以借鉴过去央视七套（现为央视十七套）农业节目的做法，在2005年左右，该栏目聘请的主持人就是著名的相声演员笑林，笑林老师在主持时，时刻注意三农节目的特点，在选词造句时，根据受众的理解力进行斟酌选择，尽量不用生僻的术语，话语真诚亲切。一个专业、机智、幽默、可亲的主持人和播音员是广播节目“活”的标识，应形成主持人、播音员形象建设体系，形成观众的节目期待，以主持人为桥梁做好受众和媒体的联动。

（四）通过“家访”做群众知心人

我们国家的新闻事业和其他国家不一样，我们强调的是政治家办报、办台，每一个新闻工作者都是动员群众、组织群众的战斗员与宣传员。新闻工作是党的事业，也是人民的事业，新闻记者下乡是党和政府了解基层情况的重要手段，也是反映社情民意的重要渠道，新闻记者带着进行思想政治教育、引导社会舆论、服务社会发展的任务走向群众，对农广播的编辑、记者、主持人肩负着面向群众的宣传工作的责任。要做三农群众的知心人，经常走到农村百姓当中，和农村群众唠家常，了解问题，反映问题，这样的采风报道和制作出来的节目才能被听众叫好称赞，这样的节目才能把问题说到农民心坎上，与听众形成深刻的情感联系。

新时期广播记者走基层的一项重要任务是做社会工作，在多元信息涌动的社会，以广播媒体走基层的主流视角充分发出来自基层的声音，有效地对人们的思想、行为、决策产生广泛的影响，引导和形成来自基层的主流社会观、价值观是十分重要的工作。但是也存在个别采编人员下乡采风时处于游山玩水、走马看花的状态，报道中缺乏农民视角，缺乏对农村生活的真实感悟，内容不深刻，浮于表面。如果采写制作的节目内容与农村、农民的实际状况有较大的出入，会使听众逐渐流失。很多农村题材的影视剧，有不少角色是由那些从小生活在城里的年轻演员演绎的，甚至连编剧、导演都从未在乡下体验过乡村生活，是想当然地闭门造车，而且这些编导和演员在接到剧本前后，也不去农村体验生活，不但创作主题脱离农村生活，内容不现实，而且表演做作，表演痕迹过重，拍摄出来的影视作品的收视效果差。20 世纪 80 年代那些电影演员为了拍好农村题材的作品，会专门去农村蹲点，那个年代的农村题材的电影《喜盈门》《咱们的牛百岁》《失信的村庄》等能够得到好评，就是因为演员拥有认真踏实的作风、为艺术奉献的精神。著名演员王馥荔在饰演农村大嫂时，到山东农村体验生活半年，还专门模仿农村妇女吵架，饰演的角色惟妙惟肖。我们的新闻工作者也应该学习这些老一辈工作者的精神，20 世纪 80 年代的新闻记者为了采写第一手素材，上高原、下海岛，他们的采访身影出现在从上海造船厂的电焊现场到帕米尔高原的雪域边防哨的各个角落，无论是大漠戈壁风沙还是江南杏花春雨，他们的脚步在田头、在矿山、在农家、在校园从不滞缓。那个时候虽然没有专门的对农广播频率，也没有现代化的设备，但是节目依然深受广大农民欢迎，究其原因，是扎扎实实的工作作风带来的真实而朴素、生动活泼的报道风气。他们的采访不仅在挖掘新闻素材，而且带给基层人民稳定人心的好政策、催人振奋的好消息，他们是民意民情的反映者，是群众冷暖的知心人，是人民喜爱的好朋友。

现在，我们依然需要踏实的工作作风，把群众工作做扎实。河南濮阳人民广播电台新闻部的袁鑫说，在广播占据主要市场的时候，电台每逢春节就开展记者“除夕日访农家”活动，台里“20 多名采编人员深入沿黄三县的农民家中，与农民一起共守岁，话家事、谈打算、说希望，整个活动电台进行现场直播，引起强烈反响”①。其他一些地方的对农广播的社会工作也做得有声有色，浙江省绍兴市上虞区的上虞广播电台开办的农业节目通过记者走入乡村，走进村居农舍，带来信息的现场感强，家长里短娓娓道来，形成了充分的互动，在“‘西湖村芦苇荡里过夏天’‘马剑建辉村过小年’和‘东茗乡下岩贝村看美景’等活动中，广播媒体的主创人员

① 袁鑫．办好农村广播节目探究［J］．才智，2010（15）：225．

纷纷亮相，而且并机连线全程广播，微信直播、网站和客户端同步推送，其中微信在线收听收看的人数超过 30 万”①。在线下，地方对农广播应该利用地缘接近性的优势，立足地方实际，多方策划，找准新闻活动与三农社会经济发展各事物之间的切入点，发挥地方电台对农宣传的联系纽带作用，可以为地方涉农企业的招商引资牵线搭桥，可以为地方乡镇与驻地机关、部队、学校之间开展联谊活动做中介。例如，宁波市有 430 个社区、2 000 多个村，社区服务与管理工作单靠政府来完成远远不够，让多方力量参与进来，是一种社会管理的新尝试，广播电台的工作应与社区治理结合，积极走入农业小城镇、农村新社区，和社会各界一道参与农村基层的网格化管理与服务的宣传，宁波电台新闻广播走基层稿件《走近片区经理人》，《活跃在周巷街头的“党员老娘舅”》② 等就突出地反映了这一系列社会管理新局面的状况。

在做群众工作时，要对群众关心的问题进行答疑解惑。例如在农村基层组织建设的宣传中，村干部作风问题和换届选举问题一直受到群众关注，但是很多村民对其中的政策和原则却不甚清楚。村民自治是目前我国的主要农村政权组织与社会管理形式，俗话说“村看村、户看户，群众看党员、党员看干部”，一个村是否村风正、民心齐、产业旺，往往和村“两委”团队的带动作用有关。走基层、做群众工作的时候，特别是在每次村“两委”换届选举的时候，要通过多种渠道加强对民主选举与法制竞选的宣传，除了派出记者进行新闻采写线下监督选举情况，还可以在“两微一端”平台“设立村民自治政策解读版块，以专家解读、基层认知等方式分享特定的信息，进行深层次的挖掘和交流”③，营造风清气正的政治环境，助力乡村基层“两委”换届工作顺利进行，为提升乡村治理水平打下基础，在实地工作宣传和各种新闻报道中，还要多介绍其他地区农村“两套班子”建设的好方法、好经验，以形成对照

① 陈园．县级广播媒体对农节目的创新路径［J］．视听，2019（04）：15.

② 钱耀敏．新时期城市广播记者走基层的主要特征［J］．中国广播电视学刊，2012（02）：43.

③ 陈勇．个性化微博信息流推荐技术研究［D］．兰州交通大学：2014.

和激励效果。

我们的群众工作应多走入农村百姓生活，对那些在就学、就业、就医等方面有困难、家庭遭受变故，以及对老弱孤寡等弱势群众多进行报道，解决他们在生活中遇到的困难，开展有实效的社会公益活动，一点一滴地通过这些线下活动和线上报道拉近党的广播与地方基层人民群众的距离，消除百姓和新闻行业的距离感。对做社会工作最容易与群众接近和产生感情的广播主持人、播音员和直播编辑来说，他们首先应该是对农村、农民、农业有感情的人，熟悉广播节目的听众都知道，并不是声音甜美就是亲切，并不是语言朴实就是贴心，亲切和贴心都源自节目的编播人员对听众的情感[①]，黑龙江农垦广播电视台的王雪在谈农业类广播节目编辑该具备的资质说：“在我们做节目的时候，经常会出现农民需要马上解决的事情，这个时候我们一定要拿出热心肠，与听众心贴心，有与他们在一起的情感，去帮助他们，或是解决、协商，或是出主意找办法，不要怕麻烦，我们要努力多问一句、多帮一下。也许我们的小小的付出，对于我们的听众就是大大的收益。”[②]

结语：实象传播　连情传意

农业广播作为地方主流媒体，是农业传播的重要载体，对普及现代农业生产生活观念和各类农业信息，推进当代农村社会面貌改观，满足农民对农业信息与文化的需求方面优势突出，特别是它的采编专业化和收听“伴随性”的特点是其他大众媒体不可替代的。对农广播尽管受到其他媒介形式和媒介内容的冲击，发展前景不容乐观，但是作为党和政府的宣传机构、作为宣传事业的有机组成部分，广播的便捷性决定了它不但不可能被媒介市场围猎，相反，对农广播还要在未来二三十年农业农村的两个现

① 张玲．新媒体时代办好三农节目的策略：农村广播和农产品加工联动为例［J］．农产品加工，2018（12）：96.

② 王雪．谈农业类广播节目编辑该具备的资质［J］．新闻传播，2014（04）：295.

代化以及乡村振兴中建功立业，发挥巨大作用。特别是借助移动媒体技术平台进行融媒改革后，对农广播就像配备了新的引擎，形成了一种传输、多种到达的运营态势，“一种传输”是指对农广播要做到以电台的空中广播为主业、为核心，以广播编辑部为司令部和编播总枢纽，职责是制订整个广播媒体矩阵的中长期发展规划，从而指导各个时期、各个平台的报道宗旨、报道思想、报道模式和报道计划；多种到达是指不但要以广播的“空中声音”为主体，还要以广播网站、移动手机平台等终端为触手，以线上线下的节目和活动为补充，通过多种形式，“确保信息内容落地到达，确保对农文化、价值引领落地到达，确保对农品牌影响落地到达，确保助力三农目标落地到达”①。

对农广播要善于进行机制创新，“以‘对内联动、对外联合、上下联通’三种工作方法，打通资源渠道，使工作取得最大的成效，达到‘社会效益与经济效益’相结合，助力乡村振兴这一核心战略”②。当下办对农广播要注意以下三点：一是要多借助于微信公众号、农信短信、记者主持人微博等多种平台将信息传播出去；二是要通过多种户外活动，办“看得见”的广播；三是电台的主创人员要与农业专技人员、农业管理部门、乡村基层干部联合协作，通过各种活动引领群众、文化和舆论。

地方对农广播要走可视化、实地化的路子，故步自封是不可取的。只埋头耕耘一小块自留地，将离受众的需求越来越远，节目的竞争力和影响力就更无从谈起。传统广播人要尽快适应和形成用户思维，变节目为产品，把最优质的、用户最感兴趣的内容推送给用户。③ 亮相办广播、现场办广播特别适合地方农业广播，因为地方农业广播离乡村最近，而且，农民群众也最需要他们的指导，也欢迎他们的到来，他们的到来，带来

---

① 姚莹．对农广播理念与传播运营模式创新——以黑龙江乡村广播为例［J］．中国广播，2017（09）：13.

② 沈金萍．乡村振兴为对农广播融变赋能——访黑龙江乡村广播总监田尊师［J］．传媒，2019（05下）：29.

③ 方勇涛．广播对农节目应用短视频转型意义与路径［J］．声屏世界，2020（06上）：75－76.

了知识科技，带来了欢声笑语，带来了文明新风、带来了温馨关怀，所以群众格外关注农业广播。开门办广播这种方式将听众变成活动的受众，通过多种方式吸引他们收听广播、阅读公众号，多角度地了解和参与农业社区事务，可以增强地方对农广播在涉农群体日常生活中的“活跃”影响。

第六章 地方对农主流媒体“公共性传媒”发展机制

一、两个高端性与两类接近性

（一）以事业高度的两个高端性

所谓高端性，第一层含义是指对农主流媒体作为国家宣传机构，是各级党委宣传部门的得力干将，是各地文宣广电机构的重要部门，国家和地方政府通过权力赋予、资金扶持，给予这些主流媒体足够的资源，如在发行订阅、经营地位以及传播频率等方面进行扶持，党委、政府对各报纸、电视台、电台以及融媒体矩阵工作寄予厚望，将“全民所有、奉献全民”的地位和责任授予主流媒体事业，希望对农传播作为国家的代言人，以国家在场的形式，传播信息、报道新闻、反映舆论、引导舆论、服务三农、服务社会。

高端性的第二层含义是指我们的工作要把握主流，对农主流媒体要站在乡村振兴战略的高度谋划传播策略、组织报道内容，要用全球化的视野观察农业社会的发展情况，紧紧跟随国内外与农业有关的政、产、研的发展前沿，与受众一同感受农业发展脉动。在竞争对手众多的媒体市场中，积极办好对农主流媒体的目的是推动三农社会的发展，在农业农村两个现代化的建设中，不断推进全面深化改革，为新型工业化、新型城镇化建设凝聚社会共识。例如，在播报新闻的时候，注重新闻的述与评，通过对“三农方面的述评，使新闻栏目既有大量的信息，又有一定的理论含量，在给农民传递信息的同时，也在一定程度上提高他们的理论水平和内涵”[①]，让广大受众在收看收听节目、阅读微传播资讯，或在实地化的线下互动中，碰撞思想、产生智慧、生成干劲，而这些是普通自媒体或其他非农传播形式所不具备的。

媒体在信息采集、生产、传播或交易的过程中，获得了四种资源：信息（内容）资源、渠道资源、用户资源和公信力资源[②]，对于主流媒体来说，这四种资源都具有传播事业性质的固有高端性，作为国家的传播事业，对农主流媒体工作的内容资源、发布渠道和公信力的高端性是本身事业属性所决定的，而受众资源具有潜在的高端性，也意味着对农主流媒体对受众所产生的作用和影响可以上升到引导与教育的层次。有一些栏目，如某些对农主流媒体电台开办的《红色基地》《美丽中国生态力量》等，都是记者深入田间地头采访的鲜活实例，用这些声音讲道理，受到了受众的喜爱[③]，这些栏目使人的思想和素质得到改进，通过主流媒体可以对全社会施行潜移默化的文化和理性教育，完善受众的世界观和人生观，也是塑造、成就新一代全面发展的“新农人”的媒介途径。

在“高端性”的对农宣传上，要把握整体理念，既要不断宣传农村的物质建设、美丽乡村的生态建设，又要关注新型农民教育培育的人力资源建设，关心农村乡土传统文化传承和现代社会主义核心文化体系的建设，这些内容涉及农业物质文明、农村精神文明、农村环境保护、农业科教文卫发展等方面，要抓住当前国家提出的乡村振兴的总体宣传战略。当前宣传的理念重点是：农业农村在科技引领发展的基础上，全面提效提质传统农林牧渔等第一产业，继续推进农村地区第二、第三产业的发展，继续推动宜居生态环境的良性循环发展，推动优秀乡土文化的共有共享，不断实现和满足人民群众对美好幸福生活的追求，努力完成农业强、农村美、农民富的战略目标。

---

① 张立旺，黄美娟．办好农村广播 宣传服务“三农”——安徽农村广播开播四周年运营谈[J]．中国广播，2009（07）：90－92.

② 颜景毅．媒体组织的双重属性及其经营创新[J]．编辑之友，2018（09）：30－34.

③ 沈天红．广电媒体参与乡村振兴的三个维度[J]．声屏世界，2018（09）：17－19.

（二）从受众出发的两类接近性

接近性是指事实在地理上的或心理上与受众的接近程度，最常见的表现是地理上的接近人们对离自己工作和生活所在地越接近的事实，越是关注，因为这些事实对人们实际生活的影响更大。[①] 同时，人们还容易对与自身职业、爱好、利益等相近、相似或与自身所处群体类型、民生类型相同、相近的信息产生渴求心理，在需求方面具有相似感和接近感，因此这类信息的传播容易产生作用、催生共鸣。

两类接近的思想源头是“三贴近”。贴近实际、贴近生活、贴近群众是新闻宣传工作的重要指导思想，体现了工作密切联系实际、联系群众、关注社会现实、“从群众中来，到群众中去”的原则，要相信和依靠群众，秉持全心全意服务群众的工作原则。在对农实际工作中，我们用“三贴近”指导两类接近，所谓两类接近，一个是地域上的接近，一个是内容上的接近，这样的新闻工作产生的实地感、实效感会更强。

相比中央、省一级媒体的大视野、大手笔、大制作，（看似）‘声小’的地市级报纸、电台、电视台等主流媒体需要更多在贴近群众生活，及时挖掘本土新闻，及时跟进事态发展方面下功夫。[②] 从身边事出发，以独特的视角进行报道[③]，地方涉农新闻最大的特点就在于各种信息、资源都是便于就近采集的，无论是本县、本市农村的大事小情，还是对于农民购买农资、销售产品，具有在同一地域范围内的具象性，这种具象性表现在对发生在当地新闻事件的可感知性、生产经验的可参考性、农业资料的可便利获得性、生活模式与活动模式的可模仿性、可操作性等上，而且能够有效消除当地社交媒体等自媒体中内容的虚假性，具有真实性和准确性，可为当地农业部门的工作提供新闻素材，为地方基层政府提供决策依据，为当地农民群众指引方向。

---

① 新闻学概论编写组．新闻学概论［M］．北京：高等教育出版社，2009：52.
② 吴涛．地市级广播如何提升新闻竞争力［J］．中国广播电视学刊，2018（08）：64－65.
③ 才杰．自媒体环境下如何发展广播新闻［J］．中国广播，2018（10）：71－73.

地方对农主流媒体在新闻报道方面要讲究地域接近和心理接近的实际效果，通过加强地方党报、电台、电视台等新闻主流媒体“对本土新闻的整合力度，在资源种类与数量上加以丰富和补充，进而体现出地域性的新闻特色”[①]。要从接近生产和生活的角度，带着新闻人的职业精神去帮助农民，以满足他们的需求来产生传播的作用力，突破口之一是聚焦对农村民生的报道。民生新闻与当地听众有自然的亲近性和明显的地域性，做好民生新闻，是提升地市级新闻竞争力的重要环节[②]，在报道业务上，要使提供的信息与三农人口在距离上、时间上、农务上、工务上和人的发展上做到接近，做到随着季节的变化，不断调整编播内容，挖掘真实的、可感受的日常素材，如按农时农事传播农业生产经验。比如怎样进行大棚反季节种植，怎样减轻农业自然灾害，让农民们在土地上创造出更高的价值；还要报道和展示农村生活动态，指导群众务农与打工等，使人们的日常生活在媒体的接近性资讯的引导下有安排、有打算、有目标，走上可持续发展的致富之路。

要发挥地方主流媒体为地方农业消息进行汇总的作用，把农业管起来，将国家和地方的时政要闻、三农新闻，特别是与本地区发展相关的各种乡土政策与信息，如土地流转办法、新农合措施、宅基地收并政策、农业贷款利率以及农资市场资讯、省内外招工信息等准确、及时地传递出去，并进行详细深入的讲解、说明，给群众在农业生产、农村生活、外出务工等各个方面提供帮助。

为了在报道中增强接近性，要多和涉农群众打交道，了解一线情况，才能做到有的放矢。还要多关注农业生产和人民生活中经常遇到的问题，诸如测土配方、施肥打药、抗灾防疫等具体的措施和办法，进行主流媒体培训和田间指导，而且要注重细节化传播。例如在防止新冠肺炎疫情传播的宣传中，对如何洗手、如何佩戴口罩等都要讲解得细致入微。为了在报

---

① 马秀波．地方新闻广播的突围之路［J］．新闻传播，2016（04）：51－52.

② 吴涛．地市级广播如何提升新闻竞争力［J］．中国广播电视学刊，2018（8）：64－65.

道中增强接近性，还要及时跟进三农热点问题，例如农村劳动力的就业、农业产销联合体的建设等，帮助三农管理部门研究怎样在种植、养殖、加工、仓储、运输等农业产业链中增加就业机会，就地、就近解决农村剩余农村劳动力，告诉大家如何利用合作增加收入、规避风险，缓解农村社会治理压力。

二、组织化语境下的公共传媒与中介传播

（一）政府与媒介共搭对农工作结构

中国传媒体制改革的总体变迁渐进式的战略过程，是喉舌理念、市场理念和专业理念并存的过程，三者共同作用于传媒公共性的功能发挥。[①]让传媒真正还原、回归到公共利益的价值规范和公共服务的基本立场，这应是未来我国传媒体制发展与探索的新方向，也是传媒公共服务体系构建、公共传播制度设计的基本逻辑。[②]

现在很多地方的农业管理部门都在积极探索多种机构、多种业务相配合的政府主导作用下的组织化宣传战略，包括将政府组织、媒体组织、社会组织进行有机结合，加强联系与协作，共同开展对农工作。例如，江苏盐城新闻主流媒体积极配合上级广电局的工作部署，在2020年下半年，联合当地政府、乡镇部门和旅游局等单位，把聚焦打造一流乡村生态旅游目的地作为工作重点，在宣传“花开盐城”“舌尖盐城”，以及“抖说”运河家乡美短视频大赛等方面积极策划，把斗龙港农渔产业新村、大丰区草庙镇麋鹿生态小镇、亭湖丹顶鹤风情小镇、射阳黄沙港特色渔港小镇等作为2020—2021年度新农村建设的宣传重点，配合了盐城市政府相关单位的工作目标，进一步以宣传乡村旅游带动乡村振兴，加快了当地农户富民

① 许鑫．传媒公共性：概念的解析与应用［J］．国际新闻界，2011（05）：63－70．

② 李良荣．论中国新闻改革的优先目标——写在新闻改革30周年前夕［J］．现代传播，2007（04）：1－3．

增收的步伐。盐城作为苏北地区重要的农业产业大市，除了通过报纸、电视等渠道配合农业管理部门做好三农报道，还"运用所开发的新型民生信息发布平台——智慧盐城手机 App，充分运用资讯类 App 推介当地的绿色农业品牌，运用服务类 App 搭建绿色农产品销售平台，借助娱乐休闲类 App 策划现代生态农业品牌营销"①。盐城新闻电台除了通过电波和网络做好对农宣传工作之外，在延续新闻立台的基础上，还与当地经济社会发展的主要工作部署同步，在宣传部门的统一领导下，与其他单位合作，积极建构发展公益性、助农性的"传媒＋社会"的服务体系，以公共利益、公共服务为目标，形成了以地方发展、农民受益为宣传主线的工作理念。

无农不稳，三农工作始终是我们国家各种工作的重中之重。对于农村各项工作的开展来说，对农宣传任务是摆在政府和媒体面前的重要任务。新闻媒体与政府以及政府所属各农业部门的合作十分必要，共建乡村振兴的宣传体系，形成声势浩大的宣传阵线，对于推动农业农村进步发展十分必要。时代的变化对农村社会结构、经济结构变化的推动，使农村社会面貌发生深刻的变化，例如种植、养殖结构和品类都发生了变化，土地变鱼塘、藕塘，稻田成蔗林、蕉田。在社会转型期三农社会大变化的情况下，亟须政府和媒体携手，共同开创对农工作新局面，在经济社会转型期，应该重新审视三农主流媒体如何与时俱进地接轨乡村社会转型的"公需"，这种"公需"，既是国家三农社会发展的"公需"，是政府三农工作的"公需"，也是群众生产生活的"公需"。

传媒公共性是传媒作为社会公器服务于公共利益的形成、表达的实践逻辑②，有学者提出要建构一种"以政府为主导，立足于公共利益和公共服务的传媒制度，转变对农与涉农的传播理念，突破既有体制

① 乐四青．广播电视媒体借手机 App 助力现代农业发展［J］．今传媒，2015（11）：105.

② 潘忠党．传媒的公共性与中国传媒改革的再起步［J］．传播与社会学刊，2008（06）：1－16.

的束缚和壁垒，以传媒公共性为价值规范，成就公共性传媒结构性力量”①。这种结构性力量有一个主导和一个主体，主导就是政府，政府拥有组织与指导能力，主体就是各级对农主流媒体。政府与农业决策部门、管理部门、科研部门只有有意识地、主动地发挥主导作用，将对农主流媒体各个时期的中心任务指导好、监督好，把对农主流媒体事业的能动性和创造性激发出来，才能更有效地促进对农主流媒体在乡村振兴的宣传作用。

（二）媒体公共关系运营下的间性传播

在对农主流媒体事业的发展上，除了需要政府在“在财政上给予一定支持，以社会效益为主导”②，不断加大公共财政对播出机构开展对农节目服务工程建设的扶持和奖励力度，但不是一讲公共财政就全是政府的事，在加强公共服务，履行社会责任方面，播出机构自身也要舍得投入必要的人、财、物，要积极争取各合作协作部门增加投入③。江西农村主流媒体在财政扶持资金有限的情况下，积极探索主流媒体的产业化运作，注重递延产品的开发，以保障自身业务的顺利进行。具体体现在2009年“成立了绿广传媒有限公司，同年下半年又搭建了一头连接商户、一头连接消费者的‘绿广空中商城’，不到一年时间，实现销售额40多万元，尤其是商城的土鸡蛋项目会员已有几百人，每月收益稳定”④。江西农村主流媒体空中商城还利用自身与相关职能部门的联系优势，帮助客户注册合作产品的商标，与客户合作建立农产品深加工基地，延伸农产品从田间到超市的产业链和消费链，把地方特色优质农产品的产、销、购全面激活，同时自身也成为农民和商家信赖的中间人，通过提供中介服务与社会协

---

① 冉华，戴骋．变革与超越：中国公共性传媒的建构——基于电视对农传播的现实［J］．江汉学术，2019（6）：120.

② 齐欣．陕西关中地区对农广播现状与发展策略研究［D］．西北大学，2011.

③ 胡瑞庭．广电传媒理当建设好对农节目服务工程［J］．现代传播，2009（04）：10.

④ 邓萍辉．绿色的强音　希望的旋律——江西农村广播发展回顾及思考［J］．声屏世界，2010（07）：45.

作，获得了主流媒体业务再发展的资金。

从江西对农主流媒体发展的例子，我们可以看出对农主流媒体的公共性质还表现为可以做社会的中介体，形成提供公共服务的中介化传播，这种中介化传播，也是一种"间性"传播，所谓"间性"，即借助一定的中介物或中介活动，实现媒体与社会二者之间的更高效率的传播交往，间性传播最大的好处在于，由于有中介活动、中介机构，可以使传受主体在没有任何强制性和压力感的情况下形成交流与对话，达成理解与合作。间性传播是西方传播学当中的重要理论，其理论的主要奠基人是德国的哈贝马斯，哈贝马斯主要研究媒介与公共领域，公共领域是传播所面向的重要阵地，由于间性传播并不特别突出新闻工作这一"主业"，而是以传播机构与民间的日常化交往活动作为传播中介，借助商业活动、文化活动等中介形式，为媒体与民众搭建关系，潜移默化地施行媒体对社会的广泛影响。这种中介化的间性传播其实也是媒体开展公共关系运作的一种形式，目的是通过"非主业"公共活动，如开办外围公司、开展商品促销、举办助农活动，促进民众对主流媒体的进一步认知、理解及支持，达到树立良好的组织形象的目的。

中介化传播要遵循说行统一原则，说行统一是既要说起来，又要动起来，要善于联系各方，"说行统一既是媒体的优势，又是社会职责"①，是媒体利用自身的喉舌优势，充分开发和利用可以合作、协作的各种社会资源，依托节目和活动，立足当地、面向广大受众进行的公共关系活动，这不但加强了媒体与地方经济社会各部门、各单位、各群体、各阶层的联系，还是自身影响力扩展的一条有效路径，活跃了与涉农群体、企事业单位之间的联系，成为在社会上具有与其他领域产生广泛工作联系的"农友""商友"，成为一种公共性的中间体，其实，这也是对农主流媒体作为组织机构，与公众环境之间开展的一种有意识、自觉的传播关系运作。

① 姚莹．对农广播理念与传播运营模式创新——以黑龙江乡村广播为例［J］．中国广播，2017（09）：14-16.

三、融合经营，壮大地方主流媒体声势

（一）搞活流通，发展递延产业

近年来主流媒体的传媒市场日趋缩小，影响力不突出，其发展更是由于受到其他媒介的冲击和挤压，在竞争中不断地被边缘化，订阅率、阅读率、收听率、收视率等逐年降低，有的媒体甚至沦落到了无人问津的境地，即使业务工作做得扎扎实实、有条不紊，也同样处于弱势地位。

为了走出这种困境，对农主流媒体应该打破条块分割和地域限制，通力协作，加强农业节目的集团化制播力度，利用发展融媒体矩阵进军媒介市场，通过开门办媒体、亮相办媒体积极发展“三产”等递延产业，这种多种经营结合的做法与思路是首先通过盘活资源、发展媒体递延产业，集聚起能够蓬勃发展、壮大存量的态势，然后逐步建设传播声势，不断壮大规模，通过规模效应产生品牌效应，继而做大做强。甘肃农村广播的赵稼祥认为，要使农业主流媒体在当前的媒体矩阵中立于不败之地，就必须要加强媒体影响力的提升，影响力和品牌化只有在日常的运营过程当中才能形成，为了加强影响力，必须盘活主流媒体的日常经营，像市场营销一样盘活资源，盘活渠道。这是因为，从媒介市场的角度看，媒介内容的生产，即新闻生产属于精神生产，精神生产在某些方面与物质商品的物质生产相似，主流媒体的新闻生产、节目生产也是一种商品生产。同理，和企业的品牌宣传一样，主流媒体也需要宣传，对农传播的内容生产，其实“也是在生产对农的商品，是商品就要包装，就要拿到市场上去参与商业活动”[①]，现在，受众的媒介接触与消费习惯已发生较大改变，“不同年代的群体都有自己特定的媒介使用方式，媒体除了要做内容提供者，也要重

① 赵稼祥．新时期农村广播发展初探［J］．中国广播，2010（12）：76.

视服务消费”[①]，可以考虑建立由媒体主办的电商平台，采用电子商务的形式参与媒介市场与社会经济。

《中国广播》杂志曾经刊出多篇文章，讨论主流媒体发展的供给侧结构性改革实践，从产业化发展、集团化运作等方面，特别是从中央关于媒体多种经营的政策出发，阐述主流媒体如何利用自身固有地位和优势，改革经营策略，使其在现有地区性的传统主业基础上，逐步建立起多种产业、多种经营并行的格局，成为面向受众与媒介市场的新型经营主体。例如，可以“破墙”发展，进行房地产租赁开发，可以开展多种社会化服务，例如教育培训、广告代理等，还可以涉足所代理商品的物流邮购、国内外文化旅行以及牵头组建演出团队等；有条件的媒体，还可以进军资本市场，进行投融资经营，组建国有资产授权的具有资本运作能力的子公司。

要善于做信息产品的市场化经营，主流媒体因内容具有实用性、权威性，本身就是一种高含金量的有价值的资讯或节目，所以除了以上提到的若干可以借鉴的方法，还可以走更加多元化的将信息与市场对接的道路，媒体除了与互联网融合进行融媒发展，还可以与出版单位和影视制作单位合作，推出以自有数据库资料为内容、分门别类且包含各种主题的系列媒介内容的衍生品，如三农系列出版物、地方音视频纪录片等；还可以和涉农职能部门、涉农科研部门、涉农商业机构合作，通过合办节目、定制节目等方式，为农业企业做广告并获得冠名赞助。

（二）跨地协作，合作交流互鉴

异地跨区域协作也是开门办主流媒体的一种方式，为地方主流媒体壮大声势打开了另一个突破口。例如，为了打造覆盖整个长三角地区的强大影响力，位于江南腹地的浙江诸暨电台敏锐地抓住了长三角一体化这一国

① 曾鼐．专家热议媒体融合 建议“引入退出机制”［EB/OL］．http：//roll.sohu.com/20141122/n406279932.shtml.

家战略，主动对接上海、安徽以及江苏三个省市的兄弟电台，以“大三农”视角，联合推出对农广播融媒体大型跨地行动——长三角特色小镇1+1，“通过县与县、镇与镇的对话形式，展示长三角各地市、多个精品特色小镇的风情风貌，总结和推广各地在经济、社会、生态、绿色以及发展等方面的成功经验”①，长三角地区上至皖江、下至黄浦江，面积广大，相关县区级广播媒体同心、同声、同行，从长江水系皖江流域的安徽肥东到下游黄浦江流域的上海金山，各电台主创人员在多个农村小镇开展电台联合宣传。在安徽肥东包公故里包公镇，开展“寻根文化、族谱文化、孝亲文化”的广播活动；在江苏常熟沙家浜镇开设“风起芦苇荡，心动沙家浜”直播现场，以主持人打卡新四军抗日根据地为内容，进行实地采访，以展示现代红色旅游景区，讲述红色故事等方式，展示沙家浜镇70年的发展情况；在上海金山，主持人带领大家走进上海首家中国历史文化名镇枫泾，领略古镇风貌，探访金山农民画发源地中洪村，介绍生态宜居、众创入乡等水乡发展经验。

“长三角特色小镇1+1”地方对农广播协作活动特别注重围绕当前农村经济提质转型做文章，配合长三角未来的经济发展战略，对发展农村经济的宣传进行策划，以期引起宣传示范效应。在浙江，FM98.2诸暨电台的主持人章溜纯、马野驰携手肥东电台的主持人张冉然、程胜带领大家走进诸暨“大唐袜艺特色小镇”，宣传当地的农村工业化进程，展示该镇怎样从“手摇袜机、提篮小卖”起步，经过40年的艰苦创业，发展成能够举办国际性袜业博览会、袜子年产量占全国70%、袜子年产量占世界30%的国际袜都的辉煌历程，广播实况场面盛大，并通过“视听诸暨”“大美肥东”等公共平台并网、多地直播，对长三角区域产业转移与承接以及“皖江崛起”“苏北、苏南一体化发展”等发展理念进行推广。

① 毛萍霞．开展跨地直播　打造长三角县级广播共同体[J]．中国广播电视学刊，2020（01）：94.

四、培育对农宣传工程的优秀传媒“施工员”

“施工员”是开展基建工程建设的人员组成之一，是建筑业人力资源领域的术语，我们借用这个名词，用以说明对农主流媒体工作者的责任和意义。施工员的角色尽管不像项目经理那样负责全局指挥，也不是像建筑工人那样从事实际操作，但他却在整个建筑的施工过程中有重要的责任和意义，不仅对待工作细心细致，也是将建筑物从图纸变成实体的各项工作的安排员、引导员、监督员，在他的指导下，建筑工人把一砖一瓦筑成辉煌壮丽的大厦，施工员的角色功能与工作职责对作为“百年大计”的建筑质量很重要。同样，对农传播的记者、编辑、主持人等也类似这样的角色，他们虽不是三农政策的发出者，也不是三农社会的政府管理者，只是国家三农工作中的主体之一，但他们却是联系各方的桥梁和纽带，他们的思想素质和业务素质关乎对农宣传事业能否顺利进行和优质发展，关乎整体宣传框架的建设质量，就像施工员一样，他们负责国家三农发展理念的宣传推广工作，对各项三农工作的贯彻实施进行新闻报道，他们是实实在在的传播者、发现者、守望者。

（一）家国情怀底色的理想与务实

目前，对农主流媒体的融媒发展以及亮相办媒体、开门办媒体的发展策略，对主流媒体的主创人员在思想上、知识上和业务上提出了新的挑战，目前亟待解决的思想问题和业务问题是要逐渐改变旧有思维，从以资讯发布为主向以公共服务与资讯发布共同为主的方向进行转变，提高并拓展对农主流媒体的线上线下业务能力，在政务传播、服务传播、公益传播、互动传播上不断创发新形式，在媒体工作的各渠道上建构起与受众之间常态化的、有效率、有影响力的互动机制。

在思想上，要“心系农民，担当三农问题的守望者；勇于负责，成为农村受众的代言人；深入调研，当好社会信息传递者”[①]，中国的记者，首先是政治记者，在思想上首先要具备政治敏感，“政治敏感和新闻敏感不是一回事，但二者密不可分。这里说的政治敏感，就是对党的路线、方针、政策的理解和把握，它是新闻敏感的核心”[②]。目前对农新闻工作最重要的思维主线要集中在以乡村振兴为理念引导下的农业与农村的两个现代化建设，探索和谋划出一条不以牺牲农业和粮食为代价，不以牺牲生态和环境为代价的新型农业化、新型工业化、新型城镇化的“三化新途”，宣传农业农村科学发展的新思路。在新闻宣传和舆论引导这些工作上，对农传播各媒体人作为主流媒体工作者重任在肩，这是配合农村经济社会发展，具有开创性、全局性、战略性的光荣使命。

主流媒体人要做务实的理想主义者，既然选择了这一行，就要甘愿劳苦奔波，在日常工作中，为了做到贴近受众的实际需求，打造群众喜闻乐见的三农节目与活动，编辑、记者、主持人等主创人员要不时走基层，深入农村广阔天地，走千家串万户，访真实情况、唠百姓家常。有的优秀记者，为了采写出有价值的稿件，为了采写准确、生动的新闻消息，足迹遍及当地的山岭、平原，跋山涉水，不辞辛劳，靠着满腔的热忱将工作做得扎扎实实。对农传播需要的是满怀新闻职业理想的踏实、肯干的工作者，在他们身上有着一种家国情怀，这种家国情怀来自历史深层的感召，来自现实的带动，这种家国情怀根植于土地、家园，是对历史上农民群体艰苦劳作的感同身受，是对未来中国农业现代化崛起的坚强信心，优秀的对农传播的工作者是默默奉献的人，他们只争朝夕、不求回报的精神，像催春的红梅，伫立在农业宣传各条战线。“如果没有家国情怀作为底色，个人的职业理想会失去正确的方向”[③]，正是因为有了无私无悔的家国情怀，他们才能沉下心来、俯下身来，深入进去，成为三农发展历史进程中的思考者、鼓动者和参与者，成为建设三农宣传事业大厦的媒介“施工员”。

---

① 张微．对我国农村广播电视业的几点思考［J］．新闻窗，2009（03）：80.

② 杨弘筠．广播电视新闻记者综合素养提升措施［J］．记者摇篮，2021（07）：20.

③ 罗明，田科武．我们需要这样的记者［J］．新闻与写作，2014（01）：18－19.

（二）新闻人责与义理念下的精业

目前的农村电视节目无论在管理运行机制还是在从业人员观念上，无论是在经营策划的理念上，还是在节目的内容安排上，对广大三农人口的期盼和要求来说仍有提升的空间。

记者要深入农村一线，倾听农民的心声，了解农民的需求，从而准确把握农村受众的需求和农村节目的定位，使节目内容丰富而实用，节目风格应朴实且亲切。但是一些记者把“三下乡”、走基层当做表面任务，工作态度浮躁，有些报道缺乏深度，或蜻蜓点水，或走马观花，贴近性与针对性都不是很强，无法满足广大农民想要了解政策和致富信息的愿望。还有一些刚毕业的采编制作、播音主持人员，缺乏对三农知识的认知，也不愿沉下心去系统化地学习，忽视农业节目社会性、人文性、知识性的特点，无论是在电视画面的制作还是电视语言的运用上，都不做研究。比如在画面编辑上，惯于采用电脑游戏式的表现手法，滥用镜头的推拉摇移技巧，使得画面闪动不定，受众难以接受，造成节目的收视效果不佳；有些农业节目主持人则在主持过程中找不到自身定位，或在节目中越位，突出自身、表现自己，在访谈节目中，不是把所邀请的嘉宾和农民朋友放在主位，在外景节目中，不去展现新闻画面，而是在整个节目中将自己当成主角；特别是在展现农村乡土风情、自然风光的某些旅游类的节目中，个别主持人占据了画面的主位，喧宾夺主；还有的主持人用都市化的形式去表现乡土性的内容，使观众感到疏远陌生。

一些记者、编辑人员的文化素养、农学常识以及个人修养和编辑喜好有所不同，在一些农村电视栏目中，由于主创人员对农村生活、农业生产、农村现状以及电视观众的了解不够、下功夫不足甚至不愿去了解实际情况，致使在节目内容的选择、文本写作、画面摄录以及节目制作包装设计等方面与三农受众的需求不合拍，存在一些问题，一是缺少“农味”；二是缺乏深度；三是广大农民朋友“欲知和应知”的内容，数量不够，看似播送了几十条信息，实则空洞无物，缺乏实用资讯；四是报道主旨偏移，有过于时尚化、城市化的栏目发展倾向。如果记者、编辑没有爱农、惜农之心，是难以从农业、农村、农民的角度来做出合乎实际的策划与采写的。

从对农主流媒体的主创人员的知识和阅历结构来看，现在不少年轻的电台编播人员从小缺乏对农村生活的体验，缺乏对三农社会的直观认知，缺乏对三农问题的深刻见解，对农业本身就缺乏兴趣、缺乏热情，不懂农业、不爱农村，缺乏具有担当精神的骨干人员，缺少对国家三农发展各领域、各专门问题有真知灼见、有深入研究的主创人员，导致很多节目插科打诨、内容肤浅，或者重形式大于重内容。目前对农宣传的人才供给不足，一些媒体的工作人员不愿意去农村地区花费时间去做调查研究，没有主动倾听农民心声的意识，这样的结果是，电台的稿件或来自纸质媒体或上级媒体，再加上一些地方报纸和电台、电视台的节目本身就处于被冷落、隐匿的状态，对农传播难以有突破性进展。

农业电视工作者应逐步加强自身工作对于农村发展有建设性作用的认识，加强自身在乡村振兴中的责任感和使命担当感，积极转变工作作风，怀着对国家三农事业的满腔的热忱投入工作，明确工作宗旨，带着党和政府的宣传任务，奔赴农村基层，一心一意谋发展，聚精会神搞宣传，助力发展现代农业、培育现代农民。应基于乡风文明建设、文化提升的总体要求，在宣传农村党政建设、文化建设、基础设施改造、美丽新生活等方面，形成节目的号召力和影响力。在人力资源与宣传队伍建设上，培育愿意走下去、伏下身的有志人才，培育有理想、有担当、专业优的采编播人才，将电视镜头向农村延伸，集成、整合、制作播出大量农业节目，丰富节目体系，提高节目质量，促进电视节目与乡村振兴事业的有机融合，想农民所想，急农民所急，建立节目调查、反馈机制，补足短板，通过多样性的农村电视节目，形成推进新农村建设的强大合力。一个地方性的电视台，农业相关的宣传部门尽管只是拥有几名记者编辑或十几个人的工作团队，但他们的工作很有意义，是推进乡村振兴的重要生力军。

（三）终身学习的观念与业务本领提升

记者、主持人等要加强业务学习，包括对新闻业务和农业知识的学习，要抱着饱满的工作热情、甘心当学生的精神，多下基层，多请教农业专家、农村干部和农民，说话办事要符合农村的习惯，要以踏踏实实反映农村建设的作风沉下心做节目。以制作农业新闻节目为例，要把握好农业新闻的基本特征，在进行新闻采访时，如何发现新闻线索，怎样设计采访路线，事前如何进行采访的各项准备，事后运用何种报道模式和新闻体裁，都要不断进行总结，农业消息、通讯、评论具有不同的写作特色，要熟悉和掌握农业新闻报道的融媒体技术，要对发展我国农业的现状特征与未来趋势有准确和科学的认知和研判。

在技术业务上，为了做好主流媒体的新闻资讯在融媒平台展示的可视化，例如广播的可视化，就“要求整个节目制作团队最大限度地提升节目质量，从团队意识到主持人、编导、灯光、摄影、化妆，都要提升工作能力和业务水平，形成符合视频报道气质的表达方式和工作方式，让接收者能感受到视频广播与传统广播的差异”①，这样才能在当前的媒介竞争当中更具有生命力，要实现这个目标，媒体应该配备数字多媒体专业的各类技术人员，对采编播等各技术环节提出升级要求。在主流媒体可视化的业务中，要突出传播界面对声音与画面的真实记录，要求主流媒体节目具有真实性和实证性，制作节目时，拍摄场地应在农村，镜头直接对准庄稼田、种植园、农户人家、村办企业等，使节目充满感染力。

现代社会需要人们终身学习，要利用一切可以利用的条件，如单位的图书资料、网络上的各种知识性、学术性、信息性、情报性材料，利用慕课、开放大学的空中课堂去学习和把握最新的农业情况，及时捕捉最新的农业信息。我们新闻工作者要积累农业宣传工作的经验并拥有丰富的知识

① 王萌，肖爱云．融媒体时代广播节目可视化探究——以朔州新三农视频广播为例［J］．西部广播电视，2018（16）：179．

储备，“给观众一杯水，自己至少要有一桶水”，想做好群众的教员，必须要用足够丰富、全面的知识武装自己的头脑，知识结构要完备；下乡走基层时，我们的记者、编辑还要学会不耻下问，虚心向农业相关部门的干部、技术人员学习，向经验丰富的农民朋友请教。

在业务上强调不断学习。过去的记者一般是单独完成采风、采写任务，根据现今媒体的融媒发展趋势，“记者需要同时为网络、手机，甚至是电视等多种平台服务，因此记者要具备跨媒体传播的意识，培养多媒体报道的思维和理念，了解不同媒介的传播效果，知道如何针对不同的媒介，将信息转化成不同的媒介产品”[①]。记者在采访时要练就能在各移动网络工作平台进行采、编、发的能力，随时随地根据需要加强与被采访对象以及总编室和受众的联系，改变过去在单纯样态的传播形式下，采编与播发传输形式单一和互动滞后的局面，要“要致力于精通‘十八般武艺’，把自己打造成一名‘背囊记者’，能够掌握多媒体技能，同时承担文字、图片、音频、视频等报道任务”[②]。

除了记者之外，在对农主流媒体的节目运营过程中，常常需要线上、线下多种类型活动的相配合，这些活动的工作主角往往是主持人或播音员，他们的工作将会对受众黏性、节目收益等产生重要影响。因此，在节目创作过程中，还需要主持人或播音员以核心者的身份完成节目或活动的线上线下的策划、执行、分析。为了以主播的综合传播形象提高节目的影响力，应积极在队伍中发现人才，培养记者型的内、外景主播，记者型主播身兼外部条件和内涵素质，他们有深厚的对农宣传报道经验和丰富真实的三农社会阅历，可以带领全体主创人员以对采、编、剪、播四个环节进行整合以及对节目、活动的编排进行综合、统一谋划，有利于团队对节目和活动核心要点的把握，由于全程“参与节目创作的整个流程，承担着穿针引线的作用，因此，记者型主持人的加入能够让节

① 王丽君．青岛广播培养全媒体记者的实践 [J]．青年记者，2013（10下）：60.

② 时文祥．努力提升广播记者的竞争力 [J]．新闻爱好者，2009（06上）：59.

目更贴近主题、贴近群众”[①]。

（四）人才梯队配置与源头教育改革

1. 人才工程建设和人力资源梯队

在影响农业电视节目内在质量的诸多因素中，主创人员的专业素养对农业电视节目的发展很关键，农业电视的采编人员不应只是电视编导制作等专业毕业的人员，还应包括各种研究型、分析型的创作人员，他们对三农事业的发展能够做出预测、预判，指导人们抓住机遇，规避风险，对三农社会发展存在的问题能够做深刻解析，能够指出症结所在、困难所在以及发展焦虑所在；编创人员的专业构成要有多样性，农业、经济、法律、新闻、数据处理、美工、音乐等各类专业人员也要齐备，形成创作合力。同时，涉农媒体在招聘新闻人才的时候也可以多从农林院校进行挑选，选聘那些人品正、文笔好、热爱农业宣传事业又有专业知识的人参与农业电视宣传工作。

专业梯队构成应老中青相结合，以免节目出现不符合各个年龄阶段层次收视喜好的情况出现，编创队伍中的年轻人要主动向老同志请教，老同志要爱护关心年轻人的成长，单一年龄层的编创人员，因为知识与经验积累的多寡以及社会阅历的不同等因素，难免会导致在节目中出现考虑不周全、挂一漏万的现象，或者是出现要么策划过于新颖，要么形式过于老套的现象，只有互取所长，才能形成具有互补性的创作合力。

主流媒体工作人员，不应只是传统的文字和音频的记者、编辑以及播音主持专业毕业的人员，今后的人力资源结构应该呈现多专业复合化、协同化的特点，应该加大吸收农学、区域经济学、法学、文学以及图像图像处理、数据新闻采写、美工方面的专业人员加入节目团队。在人力资源的结构与梯队建设上，要“安排新记者在总编室、下属台站等每个相关岗位锻炼一两个月，力争达到迅速融入环境、尽快适应工作、熟悉媒体平台、

① 武东茂．如何打造记者型广播新闻节目主持人［J］．记者摇篮，2020（12）：180.

快速成长的目标”[①]，老记者要做好“传帮带”，同时老记者也要积极学习新事物，不能有侥幸的心理，如广播业务，即使“一期节目有瑕疵也没关系。而融媒体时代，反复回听已经不是一件困难的事情，这就要求牢牢树立‘每一期节目都是精品’的意识，以工匠精神用心对待每一期节目，确保任何时刻都能经得起反复收听的检验”[②]。

2. 从职业教育源头提升从业者素质

目前主流媒体融媒化、可视化技术的发展对熟悉网络运行、移动编辑以及App软件设计的技术性人才需求量较大，对一批批不断走入社会和工作岗位的新闻类、编导类的毕业生来说，他们刚刚接受最前沿的各科教学内容，经过一段时间的培养和历练后，应该能够在融媒体等新兴平台上独当一面，但实际情况却不尽如人意。

发展农业信息化，要和农民的切身利益挂钩，只有熟悉农村生活，才能做到有的放矢，为了做好对农节目的采访、编辑工作，要塑造一支了解农村、了解农民、真正为农民服务的节目制作队伍。从目前对新闻人才的后备力量的教育、培养来看，大多数新闻学专业和编导专业的毕业生在上学期间没有对系统的、全面的农业科技、农业产业方面的知识进行学习，很多农业新闻从业者出生在城市，对农村缺乏感性认知，因此参加工作后，必须及时补足相关知识。

一些高校的新闻传播和广播电视编导类专业的专业设置、课程设置、人才培养方案尽管年年修订，但很多是换汤不换药，有的不顾本校实际盲目模仿，有的只是根据所谓的社会热门需要增加一些“花点子”科目，有的是按人设课，看起来忙得不亦乐乎，其实没有抓住素质教育这一理念的根本，素质教育不是琴棋书画，而是以道德素质为核心、为统领的认知素质、方法素质、交往素质等的教育，这些是新闻类、播音主持类、编导类等社会科学专业人才所必备的素质。但是实际上，很多从业者过去所学的

---

① 朱雨婷，牛盼强．媒体融合背景下新闻采编人员的角色转型［J］．青年记者，2016（06中）：49.

② 黄春平．融媒体时代广播播音员主持人应对策略［J］．视听，2019（09）：126.

基础课程和专业课程，在理论视野上和社会视野上过于狭窄，不但人文素质难以得到综合性提高，在动手能力、作品水平和社会实践方面也达不到三农传播实际对从业人员业务素质的要求。近10年来，尽管我国高校专业的广播电视编导和播音主持专业有长足的发展，但是很多教学内容还停留在发声学等技术教学的层面，即使是在节目的演练上，也还是一些传统的表演型节目，“在实际的工作中，这些知识与实际操作相差甚远，在新媒体时代的今天、单纯的知识已经不能够满足于实际应用”①，难以满足时代对新闻传播业从业者知识储备、文化素养和技术能力的要求。

当前从业者在农业常识的掌握方面更不乐观，笔者作为高校教师，曾对农村生源的新闻专业的学生进行过农业领域的课堂提问测试，70%的同学不知道家乡近年来小麦的大概平均亩产量是多少，90%的同学从来没有下地干过农活，还有个别同学连自家的地块在哪里、种植的是什么作物都不知道。目前很多高校已经注意到这一点，着重改变培养模式，近几年已经输送大批厚文化基础、精传播专业、宽技术口径的毕业生，特别是向社会输送大批在道德素质和文化素质方面过硬的专业人才。

（五）工作能力上新闻眼力的社会历练

1. 仔细观察社会，谨记真实性原则

农业电视节目最主要的内容是传播农业各类信息，这是农民最想知道的，也是办好农业节目最应注意的。但是，现代社会有各种渠道的传播信息，在有些渠道的农资信息以及就业与致富信息中，不乏虚假信息，有时造假者甚至不惜采取各种手段鱼目混珠，欺骗媒体、欺骗消费者。在某些热点事件上，还有一些别有用心者以及不法分子利用自媒体，故意制造和传播谣言，散布不实的小道消息，混淆视听，影响社会舆论，危害农村社

① 陈晓坚．新媒体背景下广播电视编导创新人才培养探析——以华南农业大学珠江学院为例［J］．传播力研究，2020（11）：175．

会治安，这些发生在农村的事情，记者们若缺乏社会历练，缺乏辨别力，不经调查、不经仔细分析和科学判断，人云亦云，甚至将虚假信息当作重大爆料去传播，如果传播了这样的信息，那么节目的信誉度就会荡然无存。其实很多虚假、伪造的信息，只需要稍加常识性判断就可知其真假。比如，涉及诈骗农民资金的各种社会集资和网络P2P（点对点借贷）项目，还有所谓的特种植养殖、代收代销等虚假欺骗信息，如果甄别之后，不及时告知受众，受骗的农民财产会受到损失，威胁到农村的社会稳定；如果不进行甄别，直接发布这些信息的媒体，信誉度也会下降。所以，农业电视节目对预发布的这些信息应仔细审核，去伪存真，为农民提供真实可靠的信息。如果有些致富项目合乎法律规范，但是存在投资风险或收益风险，对这类农业产业和投融资项目，可以在相关节目的内容中提出警示，如在每条致富类、产业类、小微投创类的广告屏幕上标出“投资须谨慎”等警示字样，一是承担起告知义务，二是防止出现负面事情后，个别别有用心的人前来纠缠，甚至无理取闹、无良讹诈，产生法律纠纷，防止给相关电视节目造成不必要的负面影响。

真实性除了体现在事实的真实、链接材料的真实以及地点（如细化到村组名称）、人名、数字等细节的准确和精确上，还体现在所撰写的解说词、串场稿上，文稿必须科学、严谨，为了将科学、严谨的文案写好，脚本创作最好采取多种方式。如“讲读式”的文案写作，适合以播音朗读的方式表述严肃、严谨的涉农会议、公报性材料；“讲说式”文案，适合于对专题性节目进行有理有据、首尾连贯的论说；“讲述式”文案，侧重于生动形象地描绘事件，如人物报道、新闻小故事；还有“讲解式”文案，适合对较复杂的农业科技问题进行较系统且严密的说明和解释，便于理解和应用。

2. 练就火眼金睛，破解复杂问题

由于社会的复杂性，在实际工作中，要擦亮双眼，多加历练。三农工作千头万绪，某些社会问题或新闻事件，因为人的主观因素或过程中的客观因素交叉在一起，较为复杂。如果是简单的社会问题，如个别地区的基层部门在三农政策的贯彻执行中出现一些错误和偏差，影响了社会的公平正义，导致部分农民群众的生产利益、生活利益遭受损失，在农村社群中容易产生矛盾和隔阂，在报道和处理这类具体问题时，应不畏惧任何势力，要积极为受害者发声。而有些事情，新闻线索模糊，当事人各执一词，则应首先搞清楚事实，不偏袒任何一方。例如，在某些民事调解工作中，不要为了息事宁人而不讲原则，更不要做老好人去和稀泥，道德和法律的界限要区分清楚。个别地区的个别栏目组的主创人员，既缺少法律常识，又缺乏社会经验，缺少社会历练，往往在接到热线爆料后，不问事实真相，偏听偏信，往往那些在舆论上造势、喊得最响、振振有词的某些群体或个人，在事实上是胡搅蛮缠的“邪恶势力”，他们也最善于伪装、获取社会同情、最能迷惑和欺骗大众，个别节目组遇到此类情况，不问是非曲直、不问善恶荣辱，单纯以谁闹谁有理、谁‘弱’（实为恶）谁有理为准则，为了提高栏目的社会影响力，以媒体“帮忙”为名，实为“帮讹”，败坏社会风气，导致讹人事件不断发生，好人战战兢兢，恶人“有恃”无恐，在广大受众中产生恶劣影响，受到差评。这样做，是个别记者因自身缺乏社会历练和缺乏工作经验抹黑了媒体，新闻工作、群众工作的公信力、权威性受到严重“自我污名化”，应引起深思。如此类事情已经发生，“应当对一些模糊性的信息及时解释澄清。如发现新闻报道中存在不实报道，则应当勇于承认错误，并及时纠正错误”①，向社会和当事人道歉。

结语：高屋建瓴　组织保障

我国媒体的公共性表现为媒体的全民所有制性质和国家管理性质，在地方对农媒体“公共性传媒”机制上，要配合好党与国家的三农中心工作，围绕地方情况，开展三农宣传工作，既要站得高、望得远，胸中具备

① 衷海波．广播电视新闻记者应该具备的素养［J］．记者摇篮，2021（04）：27.

大格局，还要把地方三农事务调查研究得仔细入微，心中要有地方观和具体事，在开展日常工作时，除了发挥自身的主观能动性，还要依靠各级党委政府，在组织化宣传报道的工作框架下，把对农新闻工作不断向前推进完善。

要遵循新闻传播规律和新兴媒体发展规律，“从内容生产、体制机制、财政支持、评估体系、法律法规等多个方面进行保障和考虑”①，在内容上要体现主流媒体性质，要打高端牌，切忌流俗，不能模仿其他社会自媒体的内容与风格。要不断探索既适应时代媒体发展特征又符合主流媒体身份的传播模式，并完善相应的配套机制，在政府组织化的乡村振兴传播共建下，不断谋划和聚拢对农传播方面的资金、设施等保障性要素，发展面向社会的多种经营方式，利用媒体身份，开展各种公共关系活动，不断扩容、壮大力量、集聚传播声势，以高端引领力和内容的接地、接近性，去研究和报道农业农村发展的新情况。

地方媒体面向三农的传播是农民精神生活、信息和文化生活的重要组成部分，同时，地方主流媒体的发展，也应放到农村政治、经济和文化建设的大格局中来考虑，充分认识到它所肩负的使命和责任。同时，媒介从业者的素质关乎媒体内部的组织管理与人力资源发展，关乎媒介组织的未来发展，更关乎乡村振兴的宣传任务与要求能否保质保量地完成。在工作中，应积极培育那些有理想、有担当、有历练的爱岗敬业的工作者，让他们“挑大梁”，让他们带领团队，以踏实的工作作风和丰富的社会经验，保障三农宣传工作的质量与效率，维护媒体的公信力形象，并一步步配合发展形势，勇于打市场，善于出精品，这既是当前地方媒体组织发展面临的基本问题，也是所有农业新闻工作者的责任和义务所在。

① 吴廷昊．广西农村广播电视公共服务体系优化研究［D］．广西大学，2014.

第七章 地方对农传播主流媒体的品牌影响力

一、三农传播的品牌形成

（一）品牌内涵：使用与满足

1981 年，西方传播学者温达尔提出“使用、满足、效果”的传播链理论，他强调将影响力研究和媒介的“使用与满足”研究结合起来。媒介的使用与满足是指：媒介的影响力以及品牌的形成其实是一种基于受众对于媒介的忠诚和依赖的传播过程，当受众产生了对某种媒介的忠诚度和持续性依赖，则必然会产生媒介影响力，继而形成品牌。在这个概念中，“依赖”是指人们渴望或接触或使用某个媒介可以获得对某种信息或情感的满足，而这些满足可以消除人们的信息不确定感，可以消除人们内心的情感焦虑，使人能产生共鸣，这样的媒体在受众心目中具有形象影响力和品牌声誉度。受众如果认为通过阅读、收听、收视某个媒体能够获得以上这些满足，在一次或数次接触这个媒体之后，发现自身的资讯与情感需求能够被这个媒体满足或具有可被满足的潜在趋势，人们就会逐步信赖或依赖这个媒体，这个媒体就必然对其逐渐产生影响力；再通过受众的口耳相传，把信息传给更多人，从此逐步形成和扩大媒介的受众影响力。

20 世纪美国的传播学之父施拉姆也提出，人们使用和接触媒介的第一目的是为了满足他们的某些特定信息需求、文化获取和情感认同，而这些特定的需求本身具有预期心理被满足的性质，而心理的满足与平复又能产生继续接触这种媒介的行为，人们会有再次被满足的动机和愿望。因此，媒介的传播方式和传播内容如果能够契合人们这些原生性质的心理需求，便会促使受众形成接触和使用该媒介的习惯性行为，而后则必然产生品牌效果。

（二）媒介品牌形成的两个环节

从技术层面看，一个媒体是否能产生受众依赖和品牌效应，有两个重要环节。

第一个环节是媒介接触的“三性”，即接触的可能性（accessed）、便利性（flexible）和经济性（cheap type），媒体在形式上，如果没有大众化和移动化的普及使用，如果不能用更为便利、小巧、便携的载体为受众提供适合多种终端的传播服务，便不容易产生这“三性”。比如，若干年前报纸、广播、电视等以单向传播为主的“文字—读者”“声波—听众”“画面—视众”的模式，加之报纸等传播载体需要订购或电视机等媒介接收载体形制巨大，即使有小巧的收音机也存在功能单一的局限，是无法使受众与主流媒介的接触形成生活化、工具化的使用依赖的，而现在融媒发展下以移动载体为传播内容的载具则能够在一定程度上解决这些问题。

第二个环节是该媒介是否可以一直满足人们对发现社会、认识世界、促进个体发展的现实需要，这种性质这叫做传播的一贯性（persistence）。人们一般会根据既有的认知经验去接触媒介，接触后的结果一般有两种，即既有需求得到满足或是未果。根据这个结果，人们会再一次修正对该媒介的既有印象：如果几乎每次或大多数时候人们都能从该媒体的传播中得到积极反应或良性反应，即得到在接触媒介过程中的功能性正向满足，则人们会继续维持对该媒介的观感，经过同样的多次功能性正向满足后，会一次次地加深对该媒介的正面印象，于是媒介良性品牌就逐渐形成；但是，如果每次得到的满足结果不定，或者得到的满足程度不定，或者大多数时候达不到心理满足的“阈值点”，所谓“阈值点”，即受众带着兴趣接触某种媒介后，却发现该媒介从形式到内容连最低的、能够引发兴趣的触点功能都很难达到，没有达到受众对接触该媒介的期望值，那么尽管该媒介的包装宣传做得很好，或者受众以前有过对该媒介的一些好的印象，也会逐渐改变或放弃对该媒介的期待，良性品牌效应就不易形成。所以传播的一贯性、连续性（constancy）或质量稳定性（steadiness），对于媒体来说是非常重要的传播素质。

受众对某种媒介印象的良性持续是根据媒介印象确定的，媒介印象不是一朝一夕可以形成的，正如知名品牌的形成，它产生于人们从首次听闻此媒体到持续接触此品牌所产生和积累的长时间的认知经验，中间过程如果出现任何使人们对其质量产生怀疑的负面事件，都会使该品牌声誉产生一些微小变化；而对于媒介来说，播发几次客观性的不实新闻，有可能造成不可弥补的社会影响，人们是否持续性地选择接触某种媒介，关键在于媒介能否带给人们持续性的良性感觉，而这很大程度上取决于媒体的品格。品格决定内容、形式与风范，媒体是否具有“客观、公正、理性、宽容”的品格，特别这四种品格所隐含的无私奉献、追求真理的“公益”精神和“公义”性，并能够在纷繁芜杂的社会生活中、在辛苦奔波的新闻工作中能够具有一直秉承自身风格的坚韧性，是媒体争得品牌荣誉、立于不败之地的法宝。

二、以品牌建设赋能三农节目的影响力

（一）电视和广播节目的品牌效应与传播效率

电视和广播节目的包装是时代审美的需要，是受众对高质量节目的要求，也是媒体自身发展的需要，是向质量效益型发展的转变。农业电视、广播的频道、频率和节目在众多的频道和节目中要有自身特色，这在乡村振兴传播格局中具有重要价值，随着乡村振兴各项工程的强力启动，农村电视、广播节目收视市场的开拓，广阔农村将成为农业电视、广播等媒体大展身手、塑造品牌的新“战场”。

节目包装理论认为，电视、广播等频道频率与节目的包装与一般商业

性产品的包装属于同一范畴，都属于市场营销的策略和产物，频道、频率与节目的包装更具有文化性，易于产生收视记忆，易于产生口碑效应，对于在观众心目中形成品牌化和美誉度，以及提升频道、频率和节目的识别度、吸引更多的受众、产生突出的社会效益和传播效应有重要作用。电视、广播的频道、频率与节目的包装包括整体性的战略包装，也包括栏目性、战术性的包装策划与设计，可以从栏目的整体性和每一期内容的具体性两个层面进行包装。目前，涉农电视、广播在整体品牌宣传与栏目的包装策略上还有很大的空间。

地方农业电视、广播节目要有品牌意识，品牌形象和发展程度是同步进行的，要根据不同层次受众的不同需求将农业电视进行包装。例如，在频道整体的内容包装上，要对各种栏目进行逻辑组合，在栏目、节目总编方面，将相关节目内容按照新闻、资讯、影视剧、音乐戏剧、综艺等的循环关系进行组合，运用“节目预告方案系统”推动节目“先声夺人”的效果，通过在其他频道、频率或其他媒体播发自己节目的预告性广告，达到预先招揽收视群体的目的；在频道、频率节目总编排上，还应按照受众的收视习惯将各时段内容的起承转合设计好，如 23 点之后，一般来说，工作了一天的人们即将进入休息状态，大脑都比较疲惫，不适于进行深入的思维活动，影响听众的睡眠和第二天的工作，因此，建议此时段不要播放政论性、科技性较强的内容，收视效果差。可以在电视节目中播出一些国内外影视剧，特别是经典老片，能够唤起人们的怀恋情绪，使听众容易进入心身安逸的状态，逐步地进入夜间休息状态，效果较好。这尽管只是最简单的时段安排，其实也属于频道的整体性包装范畴，至于其他方面，如频道的 VI、BI、MI 等各种 CI 设计等细微层面的包装要素，也都值得深思熟虑。

节目包装的第一要务是策划，策划的基础是对各种知识的运用，是一种运用智慧与策略的营销活动与理性行为，目的是不断创造、维系和发展品牌。节目策划是借助特定的信息、素材，为实现预期目标而提出的创意、思路、方法和对策，只有不断发掘更多的报道事实和节目形态，才能找到节目发展的新维度。在所传信息相同的情况下，不同电视台、电台类型相同或相似的节目与节目之间的差别，不在于获得的事实内容上的差别，而在于对事实的观察角度和切入点的差别。因此，农业节目除了要在选题上准确把握时代主题和政策主题的共性外，还要从自身角度进行创作，打差异牌是地方节目核心竞争力的体现，是产生核心价值，容易形成影响力的策略之一。差异其实也是新意，也就是创新，要做到人无我有、人有我特，抄袭模仿永远会步人后尘，大胆探索才是创新常态，所以要开动脑筋、破开框架，抛开既有思维的约束，“想，都是问题，做，才有结果”，要想在激烈的竞争中立于不败之地，就要有计划、有针对性地去做，不为异样眼光和舆论所左右，培育这些与其他频道、频率和节目有差异的节目和主持人，也许在施行不久之后，就会建成具有影响力与号召力的品牌，这也是媒体战略对垒中的重要一环。

品牌包装是栏目和频道、频率的核心竞争力，农业电视、广播应因地制宜，尽可能不断优化策划、包装，夯实影响力基础。频道、频率经营与节目经营走向品牌化，可以构筑鲜明的频道、频率形象，打造拳头栏目，打造高知名度和美誉度。中国媒体已经进入品牌经营时代，我们应该把频道、频率和节目当成打造知名商品一样来经营，使频道和栏目的传播效率实现最大化。

（二）对农传播节目品牌的目标形象赋能

电视、广播节目产品具有内在本质和外在表现两种内涵，内在本质由新闻素材、编辑制作组成，外在形式由内在内容决定，电视频道、广播频率的栏目包装要体现内在内容和外在表达的有机统一，达到传播效果的优化。塑造和传播品牌形象，以品牌影响力带动节目发展，这也是品牌营销、品牌赋能的主要任务，要尽可能对品牌目标形象进行科学策划，目标形象包括外观形象、功能形象、情感形象以及综合性的社会形象等。

外观形象是指对农频道、频率或节目的名称及标志语、标志图案，以及能体现与其他频道、频率和节目的区别、产生特殊风格的色彩、图形、动画等可识读的视觉、听觉等直观的设计与包装。为了突出地域特点，地方性的农业电视、广播更要进行全方位的包装与设计，要从传播理念、栏目设置到主持人形象、外景主播选取等诸多方面进行全盘考虑、统一规划。对各种节目的包装，还要体现在片头、片花等的制作上，要多下功夫，从台标字体设计以及游飞字幕的字体、字号、字色的选择到片头、片尾的图片和声音的制作，不一而足，要建立专门的节目设计包装部门，充分协调技术创作力量，合理分工，节目画面的美术编辑、图文设计等工作最好分别由艺术设计（如计算机辅助设计）专业、美术学以及中西绘画专业的几类人才构成，避免设计包装的风格单一。在节目的形象塑造中，如果涉及主持人，还要根据具体节目类型具体选取，基本原则是选择那些端庄大方、优雅从容且有农村生活体验和历练的主持人员担纲，并非一定要把播音科班出身作为选取依据，也不一定要依靠聘请大牌主持人来生成形象。

功能形象是指节目内容所具有的，能够让受众通过收看节目产生的功能性感受，诸如资讯的实用性、消息的可靠性、内容的科学性、获取知识的便利性等，而且这些性质被广大受众所普遍认同。一般来说，外观形式或形象再好，也要通过强化内容才能进一步具体体现，否则，只是金玉其外、无实其中。外观形象取决于内在内容，同时还要服从于内在内容，也就是要服从于实际功能，内在内容也有质量标准，这个标准是指在内容上是否具备指导性、准确性、可用性，而且还要具备一定的视听审美层次的高度。虽然包装正在变得越来越重要，但包装的目的是吸引广大受众对节目产生兴趣，高质量的频道包装，必须配有相对应的优质节目。要实现策划包装的最佳效果，除了要明确频道、频率与节目的定位和属性，还要将频道、频率和节目的内在质量和外在包装统一起来。

对于农业电视、广播品牌化节目的情感形象的理解，可比照对于商品广告中所透露的品牌精神，如“安踏”“特步”代表了自由与激情、“格力”代表了民族企业精神等。只有真正做到了与三农社会同脉动、与三农人口共呼吸，以“先天下之忧而忧、后天下之乐而乐”的忧患意识去工作，才能把工作做好。每一期的节目都要当成精品来制作，精品来自节目组成员对三农热点的关注和关切，对解决发展难点、焦点问题的重视。

地方农业电视、广播节目必须需重视“节目的营销、策划，通过各种活动，宣传自我形象，提升栏目知名度、扩大栏目、节目的社会影响力，对农电视、广播不只是制、播节目，还得用企业市场营销的理念经营节目”[①]，把频道、频率作为商品来经营，引进制播分离等节目生产制作模式，我们以央视第十七套农业农村频道的乡村婚恋节目《乡约》为例，来看如何打造栏目的品牌。《乡约》节目自2014年1月改版以来，连续八个季度实现收视率持续攀升，比改版初期提高了200%，在业内十分罕见，2016年12月，在V地标（2016）中国电视媒体综合实力调研榜中被评为年度优秀三农节目，曾获得中国最具品牌价值电视栏目、中国十大最具原创精神电视栏目、中国十大最具商业投资价值的电视栏目、电视民生栏目社会影响十强、中国传媒百强最具创新性栏目、影响中国传媒十大品牌栏目等荣誉称号[②]，属于有口皆碑的电视品牌。它采用的包装策略有四个，一是体现在制作上，节目采用最新的高清摄像技术，使节目画面清晰、色彩鲜艳亮丽，乡村美丽风景一览无余，令人赏心悦目；二是主持人的选取，主持人郭东坡深谙农村人文风情，主持风格生动接地气，语言诙谐幽默、思维敏捷灵活；三是内容策划好，节目选取全国各地有特色的乡镇村落，或是经济发达的江南水乡，展示新农村的现代风貌和年轻人的现代婚恋思维，或者是少数民族乡村，展示多彩多姿的民族风情和婚礼文化，宣传健康、文明的婚恋观念；四是善于推广节目，《乡约》剧组每到一个地方，就推出系列宣传活动，配合节目的现场摄录以及播出，整合电视、报刊、网络以及户外等媒体资源，进行多种形式的集中宣传，吸引各界注意。《乡约》注重策划，从片头、片尾的制作、嘉宾和节目地点的选取等

---

① 赖浩峰．增强四种意识 发展对农电视（2021.7.13）[EB/OL]. http://news.sina.com.cn/o/2005-03-14/10515354557s.shtml.

② 乡约．百科（2021.8.18）[EB/OL]. https://baike.baidu.com/item/%E4%B9%A1%E7%BA%A6/12424903?fr=aladdin.

方面着手，每一步都精心实施，使栏目形象逐渐变得高端大气又接地气，从吸引地方观众到吸引全国观众，产生知名度、形成品牌；各地的邀请巡演、外景地的扩大、内容素材的丰富，使节目的可视性进一步增强；演出地政府的扶持和吸引到的大量广告资金，可以进一步培植新的栏目增长点，进行品牌的进一步维护，走入良性循环发展的轨道。

栏目目标形象的赋能与品牌的生成也有其自身成长发展的周期和规律，要关注其生长期、成熟期，还要及时规避影响力的衰退期。从目前各地农业电视、广播发展的情况来看，各频道、频率和栏目组虽然都十分充分重视策划，还是在编排上缺乏形象和内涵上的深度建设，除了频道、频率内部对各节目缺乏统筹，节目类型不丰富之外，单体节目的目标形象也存在含糊不清、不鲜明的现象，容易在报道上出现主题扎堆，以至于出现了要么重复、要么缺失的内容“偏倚”“讨好”现象。例如，同一电视台的两个涉农栏目都进行田野采风，都是报道农户如何通过农家乐、渔家乐发家致富的典型案例，不仅内容高度一致且撞题，甚至报道风格也出现同质化，这说明了记者编辑对于新闻报道的工作态度问题，也说明了对于新闻热点、焦点的把握能力的不足和缺失，新闻策划的从众性导致报道方向不全面，在有些亟须涉及的报道领域鲜少涉足，如农村法制、农村思想文化建设等方面。特别是受当下受拜金主义、享乐主义的影响，农村社会优秀传统道德缺失，对社会道德层面的宣传亟待改善提高的情况下，很多涉农电视、广播节目对此关注的不多，开设的相关栏目也较少，这一点需要引起重视。

三、塑造地方对农主流媒体的三个品牌

（一）答疑解惑的品牌

对农主流媒体及其融媒体是地方消息的总汇，必须通过新闻报道来形塑影响力，这些新闻报道的内容，除了对当地三农政策的宣传之外，还要

对当前发生的重点事件发表看法、进行深度解释、说明，对人民群众可能看不清楚的问题进行答疑解惑，明确新闻主旨和舆论方向。

要把那些能够引起群众广泛关注和兴奋感的事件，进行有机整合后在媒体上进行推送，特别是要把采编的精力放在人民群众需要了解的内容上，去讲述地方发展的历程和故事，研判各项工作的问题所在以及成败得失，要让群众对三农社会有深刻的思想获得感和发展熟识度。内容要通俗易懂，并做好讲解员，对问题要表达清楚，阐释明白，做到分析透彻，讲解明晰。例如，在当下农业农村报道最重要的方面，要解释好什么是乡村振兴，什么是“巩固脱贫攻坚成果”且如何巩固，什么是小城镇建设，什么是新型城镇化，美丽乡村的内涵是什么，当地下一步农村工作的要点是什么等，不一而足，切实担负起瞭望三农社会的使命，担负起主动关注群众的疑惑和诉求的责任，要将报道视野聚焦在群众身上，以自身敏感的“新闻眼”主动帮助群众发现问题，分析群众所关心问题的症结所在，在社会生活的点滴变化中找出群众所需要的答案，做好三农社会事务和涉农群众的咨询员。

特别是当记者、编辑下乡去做采风时，要带着政策观点下乡，平时要积极学习党和国家出台的三农政策，通过学习政策，把农村工作精神吃透，提升答疑解惑的理论水平，做到有问必答、翔实准确。地方新闻工作者要对地方农村各县区、各乡镇的实际情况，如村落分布、人口数量、主要种植业、养殖业的发展情况、各乡镇农村经济的传统与基础等了熟于心，能够做到将各项基础数据和实际情况一一对应，这样做农村报道和群众工作，才能有的放矢，才能将政策和理论，把发展的点与面，把现在、过去和未来融会贯通，有依据地向群众讲解说明，既能站在政策理论高度和宏观角度，又能结合本乡本土、各村各镇实际情况依据事实说话、论理，这样的答疑解惑才能使群众容易接受、心服口服。

根据群众提问中的关键词，要能在大脑中快速地检索出涉及该问题的多方面内容，涉农记者要具备一定素质，然后能对问题进行多角度的深入浅出的阐释。例如曾经发生过某些地区的农民只愿意种经济作物而不愿种粮食作物的现象，出现过不愿意根据地方农业统一指导性政策去安排生产耕作的问题，为什么会出现这样的问题，解决的办法是怎样的，记者要从粮食安全、种粮补贴以及当地政策为什么推行、有什么利益保障性措施的角度对农户进行解释说明，怎样从国家、集体、个人的角度去平衡利益关系、消解问题，通过我们的新闻报道和群众工作，做到农户心理上接受、经济上不吃亏。同时，政府的政策又能得以顺利推行下去，国家粮食生产任务得以顺利完成，实现国家、政府、农民个人“三满意”的效果，有时，实现国家（如粮食安全）、政府（政策与任务）、个人（经济收益）“三满意”的效果是比较困难的，实际上，很多时候“三满意”的结果是很难在短时间内达成的，这恰恰说明我们答疑解惑工作的必要性和艰巨性，更说明了我们责任的重大，因此，我们要把答疑解惑工作当成一种常态任务去做。

《乡村振兴战略规划（2018—2022 年）》指出，要加强农业信息化建设，积极推进信息进村入户，建立产销衔接的农业服务平台，加强农业信息监测预警和发布，提高农业综合信息服务水平，这是近几年对农传播的主要目标。国家三农发展的形式日新月异，需要我们普遍宣传和答疑解惑的新任务持续增多，应不畏困难，到农村最需要的地方去进行新闻调查，倾听民意、采写焦点，关注粮食生产、粮食安全、高标准农田建设、小流域治理、农产品深加工、农村产业集聚区、农村 IT 网商质量监管等农业经济建设的关键领域，关注农村人口发展、农村住房、耕地保护、土地流转、外出劳务等常态化社会问题，并不断发现三农发展新动向以及存在的新矛盾、新问题，为政府提供决策依据，帮助涉农群众提高分析和解决问题的能力。

（二）扶难助困的品牌

在我们国家，新闻事业承担着辅助社会调查、到基层做群众工作、帮助困难群体解决实际问题的任务。记者是社会活动家，涉农媒体也应是群众的贴心主流媒体，要通过做扶难助困的工作践行和弘扬热心友善、互帮互助的社会价值观，要关注农村群众的衣食住行，关注农村医疗、卫生、教育事业存续及发展的情况，在日常下乡的采风过程中，要聚焦百姓的日常点滴，把目光对准人们对幸福生活的进一步需求，并以此作为工作的出发点，形塑善与美的品牌。

我们要积极宣传扶贫攻坚的成果，要积极关心三农社会中的困难群众，特别是要留意那些因为遭受家庭变故，以及因病、因遭受天灾人祸等特殊事件所导致的部分涉农群众经济困难、生活无助的问题，我们要把扶助工作的很大一部分力量放在那些三农社会生活中的小众困难群体，如农村残疾群众、鳏寡孤独者、社会流浪者等，把老、弱、病、残等生活困难的群众作为对农工作额外关心的对象，强化政府和社会对他们的特殊关爱，要利用媒体平台，统筹地方各种社会资源，联合社会各界，建构对他们的帮扶体系。只有工作感情为民所系、为困所谋，只有设身处地地反映群众的呼声，把自己当做困难群众中的一员，才能想群众之所想、急群众之所急，只有通过扎实的扶助工作，才能形塑群众对主流媒体的信任，这种扶绥、抚困、雪中送炭的精神，才是真正能够在人民心目中树立积极影响力的品牌精神，真正的品牌影响力是在解决群众亟须解决的实际问题中，依靠长期不变、始终如一的工作精神树立起来的，这些工作彰显了主流媒体人扶危济困的社会形象。

（三）守望正义的品牌

社会转型期，由于受到拜金主义的影响和真善美信仰的缺失，一些人或是出于本性，或是受不良思潮的影响，在社会政治与经济生活中，为了满足私欲，给社会和他人造成很大的危害和伤害。三农社会发展历程中，某些地区农村的精神文明建设和物质文明发展未能同步协调，各种社会不良现象频发，存在着价值观扭曲和低级恶俗、唯利是图的社会风气，经济繁荣的同时道德也不应滑坡。在一些地区的乡村中出现了一些影响社会公平正义、破坏社会公序良俗、妨碍社会成员正常生活以及阻碍社会协调发展的不良现象，在这种情况下，地方主流媒体要做舆论尖兵，要及时发现苗头、反映问题、揭露真相，对这些危害社会和群众的人和事，对不良社会思潮，要像秋风扫落叶一样，做好批评性报道，甚至要联合司法机关，打击这些违法犯罪，使这些不良社会现象消失，保持农村社会健康有序地向前发展。

在农村政治生活领域，要对乡村社会中出现的组织涣散、党风不正进行监督，“打蛀虫”“拍苍蝇”，特别是要关注农村地方上“微腐败”和“灰（非黑）色社会”势力，反腐倡廉，扫黑除恶；还要善于发现农村社会“肌体”上的“污垢和细菌”，纠正普通群众的错误认识，揭露拜金主义、享乐主义以及迷信、赌博等歪风邪气的社会危害，坚决打击敲诈勒索、恶意讹诈、碰瓷等违法犯罪行为。在新闻报道上，直击影响农村社会健康稳定发展的各种毒瘤和潜在危险的根源所在，培育善治的土壤，时刻加强对社会主义精神文明建设有关的理念和法律、法规的反复宣传，继续加强对仁义礼智信等传统道德文化的宣传，从道德建设和法制宣传两个方面，做维护农村社会安定和谐的新闻哨兵。

在民众生活领域，要加大力度开展对社会不良现象的批评性报道，加大对社会治安、食品安全、物价、教育、就业、劳动保障、环境保护等社会问题的关注力度，激浊扬清、针砭时弊。要对百姓日常生活中出现的消费欺诈以及诸如假疫苗、毒蔬菜等危害群众的行为及时曝光，对社会丑恶现象追根溯源、挖掘真相，把那些不道德、没有底线、不遵守国家法律的人和事公之于众，特别是要对那些缺乏是非观念、无视公共准则、扰乱社会秩序、危害公共安全、危害他人正常生活的具有现实危害性和潜在危害性的人和事进行曝光和揭露。例如在2020年前后，在某地乡村公路上，有假精神病患者在背后团伙操纵下，手持砖头要挟过路车辆，要钱要物，过路司机叫苦不迭，群众反映强烈，由于犯罪分子的狡猾和无耻，加之扰乱视听的胡搅蛮缠，对于这种执法机关处理起来都头痛的违法犯罪现象，我们的新闻记者要勇于揭露事件真相，对这样的社会现象要坚决曝光、坚决打击、毫不手软，因为对邪恶势力的迁就，就是对人民群众生命财产安全的漠视。对一些在农村经常发生、群众可能已经见怪不怪或者完全习以为常的不良现象，要做抵制宣传；对因正义缺场和某些不良风气泛滥造成的“公理”缺失现象，例如由于监护人看管不善，小孩在暑假擅自下河游泳导致溺水死亡，但家长质疑学校看管不力，进而无理敲诈、勒索巨额赔偿的违法事件，要坚决予以曝光和揭露。一些不良现象时有发生，极大地败坏了社会风气，在恶劣风气的一步步无耻紧逼下，正义和公理不能畏畏缩缩，党的新闻工作对这些社会恶现象绝不能麻木，应该通过新闻报道去揭露这些现象产生的根源并宣传治理的办法，而且要大声疾呼，让“世风清明有序、民心向上向善”成为普遍认识，营造地方三农社会和谐发展的大环境，为社会的正义贡献媒体的力量。

结语：承载信赖　助农扶农

当下新兴媒体的发展给人们带来了更多的媒介选择，主流媒体所催生出来的形式及内容应符合时代的节拍，要能消除那些源于人们内心深处的焦虑、疑惑以及满足对信息、文化、情感方面的需求，使受众形成媒介依赖。

对农业节目频道、频率或节目进行包装有着特殊的意义，这不仅可以营造突出的形象，从而固化、吸引忠实受众，同时，还能打造频道或节目的区别特征和文化灵魂，形成品牌效应，品牌是智慧的体现，是心血的结晶，是匠心独运的象征。

在讲好地方故事、传播地方声音，奉献有价值的资讯产品和服务的过程中，塑造主流媒体答解、扶助、监督的三个品牌功能，在传播的时、效、度上下力气，提升对农宣传的精准度、深入度，提升传播的效能和受众满意度。在政策、新闻、资讯以及思想、文化、知识的传递上，坚持为百姓民生服务，为地方基层治理服务，为农村物质文明、精神文明建设服务，并以此为第一要务。扶农助农、守望正义，是地方主流媒体的必要工作，也是自身壮大影响力的必要条件，只有这样才易于形成亲民、爱农的媒介品牌，这也是树立媒体形象的重要步骤和有效途径。

后记

对农传播：笔作银锄落，人歌动地诗

本书针对主流媒体对农传播进行了一定研究，分析了对农传播的一部分发展状态和趋势，而对农传播的工作永远是现在进行时。

一、发扬传统，继往开来

主流媒体对农传播要继承发展过去积累下来的优良传统，秉持为农村改革、发展、创新服务的理念以及打造新时期地方主流媒体影响力的理念，总结对农宣传经验，与时俱进，坚守自身的责义，发展新形态，讲好新故事。

主流媒体对农传播工作发展的状况，关系到我们的新闻工作能否具有实际能效，关系到三农领域的舆论得失，关系到三农社会的发展与稳定。在对农宣传的融媒体实践中，能否勇于直面当下传统媒体的存续与发展危机，主动接受并善于利用新事物去反映农村发展新气象，发展面向新型受众、服务乡村振兴的三农传播事业，既是摆在传统主流媒体面前的战略性使命，也是解决发展困境的战术性任务。要不断跟进媒体多维度发展的趋势，既要把握好新闻传播的规律性，又要体现出创新性、时代性，以农业农村两个现代化的宣传为抓手，服务社会主义农村物质文明、政治文明、精神文明、社会文明、生态文明的建设与发展，完成时代交给的宣传任务，为地方三农各项事业的发展助力。

二、内练素质，提升功能

要不断地学习和充电，消除本领滞后现象，不断提升作为对农宣传高端信源的传播效果，要对媒介机构融媒发展改革的内、外部有利因素和不利因素进行分析，要对自身建设发展的优势、劣势做好评估。

媒介转型不能简单地做传媒＋互联网的加法，而是要以农业传播影响农民思维的理念去洞悉受众、激活传播效果，构建媒体与受众之间平等、平视、平实的沟通交流体系，改变原有三农报道运作模式的传播方向的单一化、内容与风格的公文化。加强党的方针政策、地方政务社情与涉农群众三者之间以三农传播媒体作为中介渠道的政民互动，在对农宣传以及受众反馈方面，吸引受众，密切加强与受众的日常联结，增强传播活力。

注意对农宣传工作的场地变换，线上与线下都要践行党性原则，应以受众思维为基础，注重基于新闻与信息网络语境的农村党群、媒体、受众三者之间的关系，维系农业受众，深入乡村传播格局，发挥传播三农政策、报道三农资讯、引导乡村舆论、引领乡土风尚的功能，做意见指导，做群众工作。

三、外修品牌，塑造影响

涉农群体对主流媒体的信任和依赖是声誉维系的关键，地方主流媒体对农宣传影响力的维系和发展，要从媒介传播广度和深度两个方面入手，在对农宣传业务改进以及传播力提升过程中，要注重涉农传播的受众调查和对农报道的内容分析，注重受众并做好涉农传播的分众研究。

要坚持不断结合地方实际，充分发挥主流媒体对农宣传在所在地区经济社会发展和政治生活中的喉舌作用和宣传功能，在研究广大涉农受众对媒介的“使用与满足”的基础上，因地制宜，改造对农新闻资讯的生产方式以及节目的采编、制作、播发等流程，通过各种具有地缘接近性、内容接近性、情感接近性的活动，提高受众与地方主流媒体的接触率，使对农宣传媒介矩阵基于受众的信息抵达率、信息可获得性、获取便利性和信息经济性都有所加强，满足人们通过地方主流媒体的三农报道，认识农村发展现状、了解身边乡土变化的需求，满足涉农群体和个人在现实生活中的文化和情感需求，打造信息的及时性和现场感，内容的接地性和时代感，受众的参与性和荣誉感，塑造地方主流媒体在涉农群众中“无冕之王”的品牌。

四、助力乡村振兴：我们的工作永远在心里、在路上

乡村振兴作为今后我国三农经济社会发展的奋斗目标和行动纲领，为面向三农领域的传播发展指明了方向，未来的对农宣传报道工作也对农业新闻工作者提出了新的要求。

第一，要有不辞辛苦做农业工作的决心。走基层、转作风不是纸上谈兵，到乡间不能仅仅是采风，而是要深入下去、躬下身来，去“叩问大地”，自身的业务和体能等综合素质要适应乡村环境，要多到基层锻炼，记者、编辑、主持人等要经常到农村体验生活、亲自参加乡间的生产劳动，如翻地、施肥、打药、饲养牲畜等，只有亲身参与，才能对生产劳作产生真实感受，才有对一线农业生产的真实了解。我们只有与乡村的一切进行深刻的沟通，才能对土地和农业保存敬畏和感恩之心，才能与农民群众感同身受，才能深深依恋这片土地，才能思如泉涌，写出掷地有声的文章。

第二，要多接触实际，要多历练，实事求是。农村问题并不简单，乡土社会已经是“半耕社会”，农村的地理边界和思想边界被逐步打破，农村各种问题多元且复杂，看待问题不能停留在表面，要透过现象看本质，要注意思想意识应有深刻性。

第三，要充分利用农业技术员和专家的知识和智慧。给别人一杯

水，自己至少要有一桶水。梁启超说新闻工作者是社会的教员，新闻是社会的教科书。我们要做三农世界的教育者，必须具备农业技术人员和三农发展管理者与决策者的头脑，想诲人不倦必须自己先做到学而不厌，要以追求真理的意志，以科学的精神、务实的品质，投身农业新闻与宣传事业。

第四，要有新闻工作改革家的气魄。要善于发现三农传播领域目前存在的问题，要有忧患意识、市场意识、发展意识，居安思危，不要墨守成规，要勇于打破思维定式，不断根据社会需求和媒介市场变化，创造新的工作形式，打开报道局面，开创业务新领域。

地方对农新闻工作者与三农宣传工作最接近，十年磨一剑，要以虔诚的职业精神，在一方土地、一份事业上播种、收获，只要在自己工作的领域努力地做好每一件事，点滴汗水就会换来乡村振兴的进步，"始终为农民说话，始终为政府分忧，把对土地的深深热爱，奋力书写在锦绣万里的中华大地上"①，承担起责任既是一种品质，更是一种气魄，只有这样，才能不辱使命。借用毛泽东主席的一句诗，"喜看稻菽千重浪，遍地英雄下夕烟"，这英雄，不是别人，在今天乡村振兴的宏图伟业中，这句诗正是对对农新闻工作者的高度赞美。

为开创对农宣传事业生动活泼的新局面，为实现中国农村全面振兴，为农业强、农村美、农民富，为农村物质文明和精神文明的双丰收，让我们用责任和热情、乐观与自信，在广阔的农村天地，谱写乡村振兴宏图伟业的华丽新篇章，铺就三农事业发展的壮美新画卷。

---

① 徐杰，张辉．脚踩泥土 视角向下——对农广播记者争获全国新闻大奖的启示［J］．传媒，2019（05下）：47．